国 家 出 版 基 金 资 助 项 目
“十四五”时期国家重点出版物出版专项规划项目
现 代 土 木 工 程 精 品 系 列 图 书

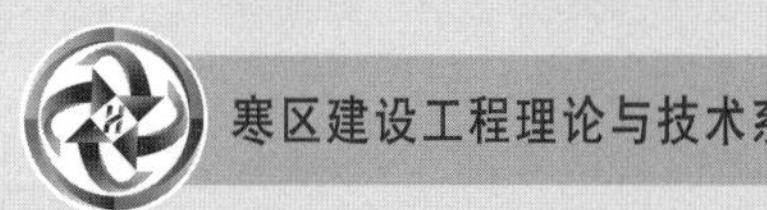

箍筋约束混凝土柱受力性能与设计方法

Design Method and Mechanical Performance of Concrete Columns Confined with Stirrups

郑文忠 常 卫 王 英 侯翀驰 著

内 容 简 介

本书介绍了箍筋约束混凝土柱受力性能与设计方法，包括箍筋约束混凝土柱轴压试验；箍筋约束混凝土柱在峰值受压荷载下约束箍筋拉应力计算方法；约束箍筋破断规律及箍筋破断时约束混凝土竖向压应力和竖向压应变的计算公式；考虑非约束混凝土抗压强度、箍筋牌号、约束程度、箍筋破断等影响的箍筋约束混凝土受压应力一应变关系曲线方程；箍筋约束混凝土柱抗震性能试验等内容。本书介绍了作者多年来取得的科研成果，可以使读者比较全面地了解箍筋约束混凝土柱的受力性能。

本书可供土木工程专业的科研、设计和施工管理的技术人员参考，也可作为高校土木工程专业研究生的参考用书。

图书在版编目(CIP)数据

箍筋约束混凝土柱受力性能与设计方法/郑文忠等著. —哈尔滨：哈尔滨工业大学出版社，2025.1

(现代土木工程精品系列图书. 寒区建设工程理论与技术系列)

ISBN 978-7-5767-0807-3

Ⅰ.①箍… Ⅱ.①郑… Ⅲ.①钢筋混凝土柱-受力性能-研究②钢筋混凝土柱-设计-研究 Ⅳ.①TU375.3

中国国家版本馆 CIP 数据核字(2023)第 100618 号

策划编辑 王桂芝
责任编辑 宋晓翠 李长波
出版发行 哈尔滨工业大学出版社
社　　址 哈尔滨市南岗区复华四道街 10 号 邮编 150006
传　　真 0451－86414749
网　　址 http://hitpress.hit.edu.cn
印　　刷 辽宁新华印务有限公司
开　　本 720 mm×1 000 mm 1/16 印张 17.25 字数 320 千字
版　　次 2025 年 1 月第 1 版 2025 年 1 月第 1 次印刷
书　　号 ISBN 978-7-5767-0807-3
定　　价 108.00 元

国家出版基金资助项目

寒区建设工程理论与技术系列

总 序

寒区具有独特的气候特征，冬季寒冷漫长，且存在冻土层，因此寒区建设面临着极大的挑战。首先，严寒气候对人居环境及建筑用能产生很大影响；其次，低温环境下，材料的物理性能会发生显著变化，施工难度加大；另外，冻土层的存在使地基处理变得复杂，冻融循环可能导致地面沉降，影响建（构）筑物及其他公共设施的安全和耐久性。因此，寒区建设不仅需要考虑常规的建设理念和技术，还必须针对极端气候和特殊地质条件进行专门研究。这无疑增加了工程施工的难度和成本，也对工程技术人员的专业知识和经验提出了更高的要求。“寒区建设工程理论与技术系列”图书正是在这样的背景下撰写的。该系列图书基于作者多年理论研究和工程实践，不仅系统阐述了寒区的环境特点、冻土的物理特性以及它们对工程建设的影响，还深入探讨了寒区城市气候适应性规划与建筑设计、材料选择、施工技术和维护管理等方面的前沿理论和技术，为读者全面了解和掌握寒区建设相关技术提供帮助。

该系列图书的内容和特点可概括为以下几方面：

(1) 以绿色节能和气候适应性作为寒区城市规划和建筑设计的驱动。

如何在营造舒适人居环境的同时，实现节能低碳和生态环保，是寒区建设必须面对的挑战。该系列图书从寒区城市气候适应性规划、城市公共空间微气候调节及城市人群与户外公共空间热环境、基于微气候与能耗的城市住区形态优化设计、建筑形态自组织适寒设计、超低能耗建筑热舒适环境营造技术、城市智慧供热理论及关键技术等方面，提出了一系列创新思路和技术路径。这些内容可帮助工程师和研究人员设计出更加适应寒区气候环境的低能耗建筑，实现低碳环保的建设目标。

(2) 以特色耐寒材料和耐寒结构作为寒区工程建设的支撑。

选择和使用适合低温环境的建筑材料与耐寒结构，可以提高寒区建筑的耐久性和舒适性。该系列图书从负温混凝土学、高抗冻耐久性水泥混凝土、箍筋约束混凝土柱受力性能及其设计方法等方面，对结构材料的耐寒性、耐久性及受力特点进行了深入研究，为寒区建设材料的选择提供了科学依据。此外，冰雪作为寒区天然产物，既是建筑结构设计中需要着重考虑的一种荷载形式，也可以作为一种特殊的建筑材料，营造出独特的建筑效果。该系列图书不仅从低矮房屋雪荷载及干扰效应、寒区结构冰荷载等方面探讨了冰雪荷载的形成机理和抗冰雪设计方法，还介绍了冰雪景观建筑和大跨度冰结构的设计理论与建造方法，为在寒区建设中充分利用冰雪资源、传播冰雪文化提供了新途径。

(3) 以市政设施的稳定性和耐久性作为寒区高效运行的保障。

在寒区，输水管道可能因冻融循环而破裂，干扰供水系统的正常运行；路面可能因覆有冰雪而不易通行，有时还会发生断裂和沉降。针对此类问题，该系列图书从寒区地热能融雪性能、大型输水渠道冻融致灾机理及防控关键技术、富水环境地铁站建造关键岩土技术、极端气候分布特征及其对道路结构的影响、道路建设交通组织与优化技术等方面，分析相应的灾害机理，以及保温和防冻融灾害措施，有助于保障寒区交通系统、供水系统等的正常运行，提高其稳定性和耐久性。

综上，“寒区建设工程理论与技术系列”图书不仅是对现阶段寒区建设领域科研成果的凝练，更是推动寒区建设可持续发展的重要参考。期待该系列图书激发更多研究者和工程师的创新思维，共同推动寒区建设实现更高标准、更绿色、更可持续的发展。

沈世钊

中国工程院院士

2023 年 12 月

前　言

箍筋的约束作用能够提高混凝土柱的轴心受压承载能力和受压变形能力。峰值受压荷载下约束箍筋拉应力的合理取值，对箍筋约束混凝土柱轴心受压承载能力的计算至关重要。一般而言，非约束混凝土抗压强度越高、箍筋屈服强度越高，峰值受压荷载下约束箍筋受拉屈服所需的体积配箍率越大。当峰值受压荷载下箍筋未屈服时，若直接采用箍筋屈服强度计算峰值受压荷载下箍筋的侧向约束应力，会高估箍筋的约束作用和箍筋约束混凝土柱的轴心受压承载能力。在约束程度不高的箍筋约束混凝土柱受力过程中，约束箍筋可能会在荷载－变形曲线的下降段发生破断。箍筋破断会导致约束混凝土柱承担的轴压荷载迅速下降，箍筋约束混凝土柱的后继受压变形能力降低。考虑约束箍筋牌号、箍筋约束程度、非约束混凝土抗压强度、箍筋在受力过程中破断影响的箍筋约束混凝土受压应力－应变关系，是深入开展箍筋约束混凝土柱受力性能研究所必需的。因此，研究箍筋约束混凝土柱受力性能和承载力计算方法，具有重要的理论意义和实践价值。

本书旨在介绍箍筋约束混凝土柱的受力性能与设计。提出了箍筋约束混凝土柱在峰值受压荷载下约束箍筋是否受拉屈服的判别式，以及峰值受压荷载下未屈服箍筋拉应力的计算公式；揭示了约束指标介于 0.33％～24.22％ 的箍筋约束混凝土柱在约束混凝土峰值压应力后约束箍筋的破断规律，提出了箍筋破断的下包面判别公式，建立了约束混凝土峰值压应力后箍筋破断时约束混凝土竖向压应力和竖向压应变的计算公式；提出了综合考虑非约束混凝土抗压强度、箍筋牌号、约束程度、箍筋破断等影响的约束指标介于0.33%～24.22%的箍筋约束混凝土受压应力－应变关系曲线方程；探究了箍筋约束混凝土柱的抗震性能。上述内容可为有关科研、设计和施工技术人员提供参考。

全书共分7章。第1章介绍箍筋约束混凝土柱轴压性能和抗震性能的研究现状；第2、3章分别介绍了螺旋箍筋约束混凝土圆柱和网格式箍筋约束混凝土方柱的轴心受压试验和数值模拟分析；第4章介绍了峰值受压荷载下未屈服约束箍筋拉应力的计算方法和取值方法；第5章介绍了峰值受压荷载后箍筋破断规律及箍筋破断时约束混凝土竖向压应力和竖向压应变计算方法；第6章介绍了箍筋约束混凝土受压应力－应变关系；第7章介绍了箍筋约束混凝土柱抗震性能试验。

本书的研究内容得到了国家自然科学基金(51678190、51378146)的资助。研究生王刚、张洁、万宇通、张程、王雅玲等人为本书的撰写与完善做了大量的具体工作。另外，本书在撰写过程中参阅了相关文献和书籍，向其作者致以诚挚的谢意！

由于作者水平有限，本书在理论和技术方面可能存在疏漏及不足之处，衷心希望广大读者批评指正！作者将努力在后续的工作中对本书做进一步完善。

作　者
于哈尔滨工业大学
2024年6月

目　录

第1章 绪论

箍筋的约束作用能够提高混凝土柱的承载能力和变形能力。深入研究箍筋约束混凝土柱的受力性能,可为箍筋约束混凝土柱的设计提供依据。本章详细地介绍了国内外学者对箍筋约束混凝土柱轴压性能和抗震性能的研究现状,总结了箍筋约束混凝土柱轴压性能和抗震性能的已有研究成果。

1.1 背 景

随着全球环境问题日益突出，我国对降低建筑领域碳排放的工作极为关注。据统计，我国建筑领域的碳排放量每年约20亿吨，约占每年全国碳排放总量的20%，若考虑建筑材料生产、运输等环节，将占到全国碳排放总量的40%。可见，建筑领域的低碳发展已成为我国实现碳达峰、碳中和目标的关键一环。建筑领域的低碳发展将对建筑材料和结构性能带来新的挑战和机遇，对促进高质量发展具有重要意义。

推广应用高强/高性能混凝土是一种能够有效降低建筑领域碳排放的措施。在建筑结构中，应用高强/高性能混凝土不仅可以提高结构的耐久性能，延长建筑使用寿命，减少运维费用，还可以有效减小竖向承重构件的截面尺寸，降低结构自重，减少材料用量，节省资源和能源。我国颁布的《高性能混凝土评价标准》(JGJ/T 385—2015) 旨在推行高强/高性能混凝土，减少水泥熟料消耗，减少资源、能源消耗，以达到节能减排的目标。据测算，用抗压强度为60 MPa的混凝土代替抗压强度为30～40 MPa的混凝土，混凝土用量可减少40%，钢筋用量可减少39%，工程造价可减少20%～35%。可见，高强/高性能混凝土的推广应用符合建筑领域低碳发展的要求。

随着混凝土抗压强度的提高，胶凝材料所占比例增大，混凝土的脆性增强。采用箍筋约束混凝土，对混凝土施加侧向约束应力，可使混凝土处于三轴受压应力状态，能够较好地限制混凝土的横向膨胀变形以及裂缝的开展，使混凝土的抗压强度得到提高，受压变形能力得到改善。在箍筋约束混凝土柱中，当试件截面尺寸、箍筋形式和纵筋配置一定时，增大箍筋体积配箍率，有利于箍筋抗拉强度的发挥，增强箍筋的约束效应，进而提高箍筋约束混凝土柱的受压承载能力和受压变形能力；当箍筋体积配箍率低于一定限值时，约束混凝土柱的约束箍筋可能不屈服。2017年，《预应力混凝土用钢棒》(GB/T 5223.3—2017) 将800 MPa、

970 MPa和1 270 MPa级中强度预应力钢丝纳入其中，并建议将中强度预应力钢丝作为箍筋使用；2018 年，《钢筋混凝土用钢 第 2 部分：热轧带肋钢筋》(GB/T 1499.2—2018) 新增了 600 MPa级热轧钢筋。探究上述强度等级钢筋作为箍筋的约束混凝土柱的受力性能，以及上述强度等级钢筋作为箍筋在约束混凝土柱中的合理配置，具有重要意义。

箍筋的约束作用可提高约束混凝土柱的受压承载能力和受压变形能力。峰值受压荷载下，箍筋拉应力的合理取值对箍筋约束混凝土柱轴压承载力的计算至关重要。相关资料表明，非约束混凝土抗压强度越高、箍筋屈服强度越高，在峰值受压荷载下箍筋受拉屈服所需的体积配箍率越大。当在峰值受压荷载下箍筋未屈服时，采用箍筋屈服强度直接计算在峰值受压荷载下箍筋的侧向约束应力，可能会高估箍筋的约束作用，进而高估箍筋约束混凝土柱的轴压承载力。因此，合理评估箍筋约束混凝土柱在峰值受压荷载下箍筋的拉应力，建立箍筋约束混凝土柱在峰值受压荷载下未屈服箍筋的拉应力计算公式，具有一定的现实意义。

相关研究表明，箍筋约束混凝土柱在轴心受压过程中约束箍筋可能破断(非强约束的箍筋约束混凝土柱的箍筋破断发生在荷载－变形曲线的下降段)。箍筋破断时约束混凝土的竖向压应力水平和竖向压应变与约束程度密切相关。当约束程度由低向高发展时，箍筋破断时对应的约束混凝土竖向压应力水平逐渐提高，竖向压应变逐渐增大。因此，探究箍筋破断的规律，给出箍筋破断的判据，建立箍筋破断时约束混凝土竖向压应力和竖向压应变的计算模型，提出箍筋约束混凝土受压应力－应变关系方程，具有重要的学术价值。

随着高强热轧钢筋和中强度预应力钢丝在工程中的推广应用，考察高强热轧钢筋作纵筋，中强度预应力钢丝作箍筋的约束混凝土柱的抗震性能和抗震设计方法已逐渐成为工程界所关注的问题。因此，开展高强热轧钢筋作纵筋，中强度预应力钢丝作箍筋的约束混凝土柱抗震性能研究，具有重要的理论意义和工程实用价值。

1.2 箍筋约束混凝土柱轴压性能研究现状

1903 年，Considere 首次提出了约束混凝土的概念。1928～1929 年，Richart 对螺旋箍筋约束混凝土圆柱的轴压性能进行了研究。试验参数包括：试件尺寸($D \times H = 254\ \text{mm} \times 1\ 016\ \text{mm}$)、非约束混凝土标准圆柱体轴心抗压强度

f'_{c0}(18.22 MPa)、体积配箍率 ρ_v(0.50% ～ 4.41%)和箍筋屈服强度 f_{yv}(262 ～ 462 MPa)。试验结果表明:箍筋约束混凝土的峰值压应力与非约束混凝土轴心抗压强度的差值约为4.1倍的侧向约束应力。基于试验结果,首次提出了箍筋约束混凝土峰值压应力的计算公式,见式(1.1)和式(1.2)。

$$f_{cc0}=f'_{c0}+4.1\sigma_1 \tag{1.1}$$

$$\sigma_1=\frac{\rho_v f_{yv}}{2}=\frac{2A_{ss1}f_{yv}}{sD_{cor}} \tag{1.2}$$

式中,f_{cc0} 为箍筋约束混凝土峰值压应力(MPa);f'_{c0} 为非约束混凝土标准圆柱体轴心抗压强度(MPa);σ_1 为箍筋侧向约束应力(MPa);ρ_v 为体积配箍率;f_{yv} 为箍筋屈服强度(MPa);A_{ss1} 为单根箍筋截面面积(mm^2);s 为箍筋间距(mm);D_{cor} 为螺旋箍筋所围的混凝土核心截面直径(mm)。

Richart 首次给出了螺旋箍筋约束混凝土峰值压应力的计算公式,该公式形式简单,被广泛应用。然而,当体积配箍率、箍筋屈服强度和纵筋配置相同时,随着非约束混凝土轴心抗压强度的提高,约束混凝土峰值压应力与箍筋侧向约束应力不再是线性关系,该模型对高强箍筋约束高强混凝土峰值压应力的适用性有待探讨。

1980 年,Sheikh 等人完成了 24 根网格式箍筋约束混凝土方柱的轴心受压试验。试验参数包括:非约束混凝土标准圆柱体轴心抗压强度 f'_{c0}(31 ～ 41 MPa)、体积配箍率 ρ_v(0.8% ～ 2.4%)、箍筋屈服强度 f_{yv}(371 ～ 391 MPa)、箍筋形式(菱形复合箍、井字形复合箍、八角形复合箍和菱形－井字形复合箍)和纵筋配筋率 ρ_s(1.72% ～ 3.67%)。试验结果表明:(1) 当非约束混凝土轴心抗压强度、体积配箍率、箍筋形式、箍筋屈服强度和纵筋配置相同时,箍筋间距的减小有利于提高约束混凝土的峰值压应力和峰值压应变。(2) 约束混凝土的有效约束区面积小于箍筋所围的混凝土核心截面面积。约束混凝土的有效约束区面积取决于试件核心截面尺寸、纵筋配置、箍筋形式和箍筋间距。(3) 用拱模型将约束混凝土核心截面划分为强约束区与弱约束区,并将强约束区定义为有效约束区,如图1.1所示。拱模型很好地揭示了箍筋和纵筋对混凝土约束效果的影响,因而被广泛用于箍筋约束混凝土研究中以考虑箍筋和纵筋对约束混凝土受力性能的影响。

1988 年,Mander 等人完成了 31 根螺旋箍筋约束混凝土圆柱和 14 根网格式箍筋约束混凝土柱的轴心受压试验。试验参数包括:非约束混凝土标准圆柱体轴心抗压强度 f'_{c0}(27 ～ 41 MPa)、箍筋屈服强度 f_{yv}(307 ～ 360 MPa)、体积配箍率 ρ_v(0.60% ～ 7.87%)和纵筋配筋率 ρ_s(1.08% ～ 3.69%)。基于试验结果和

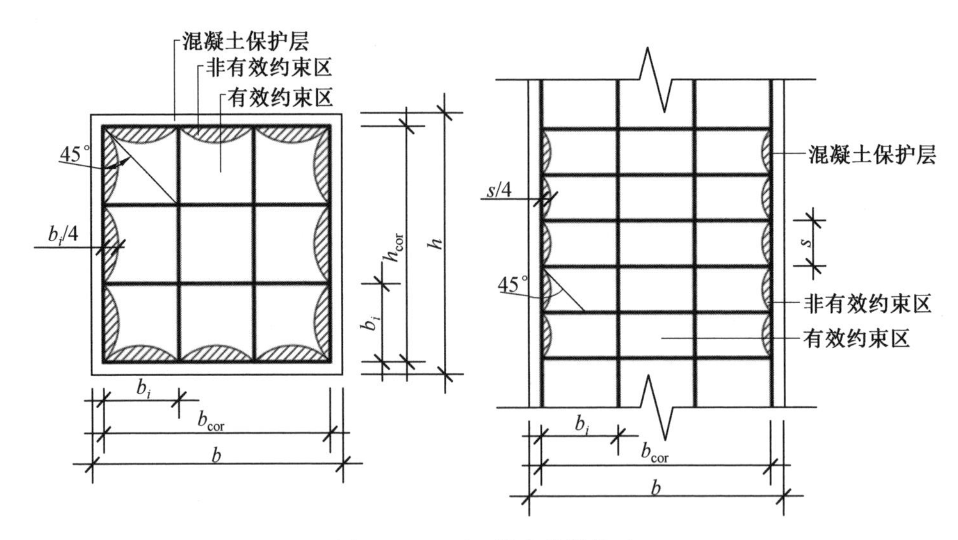

图 1.1　Sheikh 提出的拱模型

Popovics 模型，提出了一个考虑体积配箍率、纵筋配筋率、箍筋屈服强度和箍筋形式等因素的适用于螺旋箍筋和网格式箍筋的约束混凝土受压应力－应变关系曲线方程，见式(1.3)～(1.7)。

$$\sigma_{cc}=\frac{kf_{cc0}\dfrac{\varepsilon_{cc}}{\varepsilon_{cc0}}}{k-1+\left(\dfrac{\varepsilon_{cc}}{\varepsilon_{cc0}}\right)^{k}} \tag{1.3}$$

$$k=\frac{E_{c0}}{E_{c0}-\dfrac{f_{cc0}}{\varepsilon_{cc0}}} \tag{1.4}$$

$$E_{c0}=5\ 000\sqrt{f'_{c0}} \tag{1.5}$$

$$f_{cc0}=f'_{c0}\left(-1.254+2.254\sqrt{1+\frac{7.94\sigma_{ls}}{f'_{c0}}}-\frac{2\sigma_{ls}}{f'_{c0}}\right) \tag{1.6}$$

$$\varepsilon_{cc0}=\varepsilon_{c0}\left[1+5(f_{cc0}/f'_{c0}-1)\right] \tag{1.7}$$

式中，σ_{cc} 为箍筋约束混凝土压应力(MPa)；k 为箍筋约束混凝土受压应力－应变曲线上升段曲率控制参数；f_{cc0} 为箍筋约束混凝土峰值压应力(MPa)；ε_{cc} 为箍筋约束混凝土压应变；ε_{cc0} 为箍筋约束混凝土峰值压应变；E_{c0} 为非约束混凝土弹性模量(MPa)；σ_{ls} 为有效侧向约束应力(MPa)，$\sigma_{ls}=k_e\sigma_l$；σ_l 为侧向约束应力(MPa)，$\sigma_l=\rho_v f_{yv}/2$；ρ_v 为体积配箍率；f_{yv} 为箍筋屈服强度(MPa)；k_e 为有效约束系数，螺旋箍筋有效约束系数 $k_e=\left(1-\dfrac{s'}{2D_{cor}}\right)/(1-\rho_s)$，网格式箍筋有效约束系

数 $k_e = \left[1 - \dfrac{\sum b_i^2}{6b_{cor}h_{cor}}\right]\left(1 - \dfrac{s'}{2b_{cor}}\right)\left(1 - \dfrac{s'}{2h_{cor}}\right) / (1 - \rho_s)$；$s'$ 为相邻箍筋净间距(mm)；D_{cor} 为螺旋箍筋所围的混凝土圆柱核心截面直径(mm)；ρ_s 为纵筋配筋率；b_i 为沿矩形柱截面周边受两个方向箍筋约束的纵向钢筋间距(mm)；b_{cor}、h_{cor} 分别为网格式箍筋约束混凝土柱所围核心截面的宽度和高度(mm)；ε_{c0} 为非约束混凝土峰值压应变；f'_{c0} 为非约束混凝土标准圆柱体轴心抗压强度(MPa)。

Mander 首次提出了有效约束系数的计算公式。有效约束系数能够综合反映试件核心截面尺寸、箍筋形式、箍筋间距、纵筋配筋率以及纵筋间距对箍筋约束效果的影响。该有效约束系数对箍筋约束作用预测效果较好，被广泛采用。Mander 提出的箍筋约束混凝土受压应力－应变关系曲线方程是基于普通强度箍筋约束普通混凝土柱的试验结果得到的，认定所有试件的箍筋在峰值受压荷载下都达到了屈服强度，但 Mander 模型对高强箍筋约束高强混凝土受压应力－应变关系曲线方程的适用性有待探讨，此外，峰值受压荷载下箍筋能否受拉屈服所对应的体积配箍率尚需明确。

1995 年，Cusson 和 Paultre 完成了 27 根网格式箍筋约束混凝土方柱的轴心受压试验。试验参数包括：非约束混凝土标准圆柱体抗压强度 f'_{c0}(52.6 ～ 115.9 MPa)、箍筋屈服强度 f_{yv}(392 ～ 770 MPa)、体积配箍率 ρ_v(1.4% ～ 4.9%)、纵筋屈服强度(406 ～ 467 MPa) 和纵筋配筋率 ρ_s(2.2% ～ 3.6%)。试验结果表明：(1) 当非约束混凝土轴心抗压强度介于 52.6 ～ 75.9 MPa，体积配箍率为 4.8% 和 4.9%，纵筋配筋率为 2.2% 和 3.6% 时，峰值受压荷载下屈服强度为 680 ～ 770 MPa 的箍筋能够受拉屈服；当非约束混凝土轴心抗压强度介于 96.4 ～100.4 MPa，体积配箍率介于 2.3% ～ 4.8%，纵筋配筋率为 3.6% 时，峰值受压荷载下屈服强度为 392 ～ 410 MPa 的箍筋能够受拉屈服；当非约束混凝土轴心抗压强度介于 93.1 ～ 115.9 MPa，体积配箍率介于 1.4% ～ 4.9%，纵筋配筋率为 2.2% 和 3.6% 时，峰值受压荷载下屈服强度为 680 ～ 770 MPa 的箍筋未屈服。(2) 所有试件(全部 27 个试件) 的箍筋在约束混凝土受压应力－应变关系曲线下降段均发生破断。当非约束混凝土轴心抗压强度介于 52.6 ～ 115.9 MPa 时，箍筋破断时对应的约束混凝土竖向压应力水平(箍筋破断时约束混凝土竖向压应力与其峰值压应力的比值) 随着约束程度的增强而提高。(3)Cusson 提出用约束指标来表征箍筋对混凝土的约束效果。约束指标为峰值受压荷载下箍筋有效侧向约束应力与非约束混凝土抗压强度的比值。

1992 ～ 1999 年，Saatcioglu 和 Razvi 进行了 26 根网格式箍筋约束混凝土方柱和 22 根螺旋箍筋约束混凝土圆柱的轴心受压试验。试验参数包括：非约束混凝土标准圆柱体抗压强度 f'_{c0}(60 MPa、81 MPa、92 MPa 和 124 MPa)、箍筋屈服强度 f_{yv}(400 MPa、570 MPa、660 MPa 和 1 000 MPa) 和体积配箍率 ρ_v(0.41% ~3.33%)。试验结果表明:当非约束混凝土抗压强度相同时,提高箍筋的约束作用能够改善约束混凝土柱的轴压承载能力和变形能力。所有螺旋箍筋约束混凝土圆柱试件中,当非约束混凝土抗压强度为 92 MPa 和 124 MPa,体积配箍率为 0.79% 和 1.32% 时,峰值受压荷载下条件屈服强度为 1 000 MPa 的螺旋箍筋未屈服,且未屈服箍筋的拉应力为箍筋条件屈服强度的 61% ~ 72%;当非约束混凝土轴心抗压强度为 60 MPa、81 MPa 和 124 MPa,体积配箍率为 1.32% ~2.17% 时,峰值受压荷载下条件屈服强度为 1 000 MPa 的网格式箍筋未屈服,且未屈服箍筋的拉应力为箍筋条件屈服强度的 58% ~ 84%。当非约束混凝土轴心抗压强度、箍筋形式、箍筋屈服强度、纵筋配筋率相同时,箍筋约束混凝土柱在峰值受压荷载下未屈服箍筋的拉应力随体积配箍率的增大而增大,随非约束混凝土轴心抗压强度的提高而减小。基于试验结果,提出了考虑非约束混凝土轴心抗压强度、体积配箍率、箍筋形式和纵筋间距等因素的峰值受压荷载下未屈服箍筋拉应力的计算公式,即

$$\sigma_{sv0} = E_{sv}\left\{0.002\,5 + 0.04\left(\frac{k_e \rho_v}{f'_{c0}}\right)^{1/3}\right\} \leqslant f_{yv} \tag{1.8}$$

式中,σ_{sv0} 为峰值受压荷载下箍筋拉应力(MPa);E_{sv} 为箍筋弹性模量(MPa);k_e 为有效约束系数,对螺旋箍筋约束混凝土圆柱和纵筋间距较小的箍筋约束混凝土方柱,$k_e = 1.0$;对其他情况,$k_e = 0.15\sqrt{\left(\frac{a_{cor}}{s}\right)\left(\frac{a_{cor}}{s_1}\right)} \leqslant 1.0$;$a_{cor}$ 为对网格式箍筋取网格式箍筋内表面所围混凝土核心截面边长,对螺旋箍筋取箍筋内表面所围区域的混凝土核心截面直径(mm);s 为相邻二箍筋间距(mm);s_1 为沿方形柱截面周边受两个方向箍筋约束的纵筋间距(mm);ρ_v 为体积配箍率;f'_{c0} 为非约束混凝土标准圆柱体抗压强度(MPa);f_{yv} 为箍筋屈服强度(MPa)。

Saatcioglu 和 Razvi 给出了峰值受压荷载下未屈服箍筋拉应力的数学表达式,见式(1.8)。然而,Saatcioglu 和 Razvi 是将体积配箍率和非约束混凝土抗压强度的比值作为一个整体参数来建立峰值受压荷载下未屈服箍筋拉应力的计算公式,而未单独考虑非约束混凝土轴心抗压强度的影响。

在约束混凝土受压应力 - 应变曲线下降段存在螺旋箍筋和网格式箍筋破断的情况。当非约束混凝土轴心抗压强度介于 60 ~ 124 MPa 时,在约束指标(峰值受压荷载下箍筋有效侧向约束应力与非约束混凝土抗压强度的比值)介于 0.68% ~4.91% 的情况下,螺旋箍筋和网格式箍筋破断时约束混凝土竖向压应

力分别是其峰值压应力的 18% ～ 43% 和 18% ～ 39%；在约束指标介于 5.16% ～6.92% 的情况下，螺旋箍筋和网格式箍筋破断时约束混凝土压应力分别是其峰值压应力的 64% ～ 80% 和 42% ～ 57%。基于试验结果，提出了综合考虑箍筋形式、箍筋间距、箍筋屈服强度、体积配箍率和非约束混凝土抗压强度等影响的约束程度介于 0.68% ～ 6.92% 的约束混凝土受压应力－应变关系曲线方程，见式(1.9) ～ (1.12)。

$$\sigma_{cc}=\begin{cases}\dfrac{Kf_{cc0}(\varepsilon_{cc}/\varepsilon_{cc0})}{K-1+(\varepsilon_{cc}/\varepsilon_{cc0})^{K}} & (\varepsilon_{cc}\leqslant\varepsilon_{cc0})\\ f_{cc0}-0.15f_{cc0}\dfrac{\varepsilon_{cc}-\varepsilon_{cc0}}{\varepsilon_{cc85}-\varepsilon_{cc0}} & (\varepsilon_{cc0}<\varepsilon_{cc}\leqslant\varepsilon_{cc20})\\ 0.2f_{cc0} & (\varepsilon_{cc}>\varepsilon_{cc20})\end{cases} \tag{1.9}$$

$$f_{cc0}=f'_{c0}+6.7(\sigma_{ls})^{0.83} \tag{1.10}$$

$$\varepsilon_{cc0}=\varepsilon_{c0}+5\varepsilon_{c0}(40/f'_{c0})6.7(\sigma_{ls})^{-0.17} \tag{1.11}$$

$$\varepsilon_{cc85}=260(40/f'_{c0})\rho_{v}\,\varepsilon_{cc0}[1+0.5k_{e}(f_{yv}/500-1)]+\varepsilon_{c85} \tag{1.12}$$

式中，σ_{cc} 为箍筋约束混凝土压应力(MPa)；K 为箍筋约束混凝土受压应力－应变关系曲线上升段曲率控制参数，$K=E_{c0}/(E_{c0}-f_{cc0}/\varepsilon_{cc0})$；$E_{c0}$ 为非约束混凝土弹性模量(MPa)，$E_{c0}=3\ 320\sqrt{f'_{c0}}+6\ 900$；$f_{cc0}$ 为箍筋约束混凝土峰值压应力(MPa)；ε_{cc} 为箍筋约束混凝土压应变；ε_{cc0} 为箍筋约束混凝土峰值压应变；ε_{cc85} 为峰值后压应力降至 85% 峰值压应力时约束混凝土的竖向压应变；ε_{cc20} 为峰值后压应力降至 20% 峰值压应力时约束混凝土的竖向压应变；f'_{c0} 为非约束混凝土标准圆柱体抗压强度(MPa)；ε_{c0} 为非约束混凝土峰值压应变；σ_{ls} 为峰值受压荷载下有效侧向约束应力(MPa)，$\sigma_{ls}=k_{e}\sigma_{l}$；$\sigma_{l}$ 为峰值受压荷载下侧向约束应力(MPa)，$\sigma_{l}=\rho_{v}\sigma_{sv0}/2$；$\rho_{v}$ 为体积配箍率；f_{yv} 为箍筋屈服强度(MPa)；ε_{c85} 为峰值后压应力降至 85% 峰值压应力时非约束混凝土的竖向压应变，无可靠研究时，取0.003 8。

式(1.9) 未考虑箍筋破断对箍筋约束混凝土受压应力－应变关系曲线下降段的影响。该方程的下降段采用直线形式，未考虑约束指标和非约束混凝土抗压强度等因素对下降段斜率的影响。

2001 年，Li Bing 完成了 27 根网格式箍筋约束混凝土方柱和 17 根螺旋箍筋约束混凝土圆柱的轴心受压试验。试验参数包括：非约束混凝土标准圆柱体抗压强度 f'_{c0}(35.2 MPa、52 MPa、60 MPa、72.3 MPa 和 82.5 MPa)、箍筋屈服强度 f_{yv}(445 MPa 和 1 318 MPa)、体积配箍率 ρ_{v}(0.82% ～ 5.0%) 以及纵筋配筋率 ρ_{s}(方柱的纵筋配筋率为 0.79%；圆柱的纵筋配筋率为 1.50%)。试验结果表明：(1) 合理配置高强钢筋作为约束箍筋，能够显著提高约束混凝土柱的轴压承载能力和受压变形能力。(2) 当非约束混凝土标准圆柱体抗压强度介于35.2～82.5 MPa,体积配箍率介于0.82%～2.69%,纵筋配筋率为1.50%时,峰值受压荷载下屈服强度为445 MPa和1 318 MPa的螺旋箍筋能够屈服;当混凝土标准圆柱体抗压强度介于35.2～82.5 MPa,体积配箍率介于0.82%～2.69%,纵筋配筋率为0.79%时,峰值受压荷载下屈服强度为445 MPa和1 318 MPa的网格式箍筋仅在约束指标(峰值受压荷载下箍筋有效约束应力与非约束混凝土抗压强度的比值)大于10%的情况下屈服。(3) 当非约束混凝土标准圆柱体抗压强度介于35.2～82.5 MPa时,在约束指标介于22.37%～38.22%情况下,螺旋箍筋和网格式箍筋破断时约束混凝土的压应力分别是其峰值压应力的95%～98%和94%～97%;当约束指标介于7.88%～17.99%情况下,螺旋箍筋和网格式箍筋破断时约束混凝土的压应力分别是其峰值压应力的55%～84%和52%～82%;当约束指标介于1.88%～4.98%时,螺旋箍筋和网格式箍筋破断时约束混凝土的压应力分别是其峰值压应力的29%～44%和22%～34%。基于试验结果,提出了以非约束混凝土轴心抗压强度和有效侧向约束应力为参数的箍筋破断时约束混凝土竖向压应变的计算公式,见式(1.13)～(1.14)。(4) 基于试验结果,提出了约束指标介于1.88%～38.22%的综合考虑箍筋形式、非约束混凝土轴心抗压强度、箍筋屈服强度、箍筋间距和体积配箍率的三段式箍筋约束混凝土受压应力－应变关系曲线方程,见式(1.15)～(1.18)。

对螺旋箍筋或焊接环式箍筋约束混凝土圆柱:

$$\varepsilon_{ccu}/\varepsilon_{c0}=\begin{cases}2+(143.5-1.48f'_{c0})\sqrt{\sigma_{ls}/f'_{c0}} & (f'_{c0}<80\ \text{MPa})\\ 2+(89.8-0.74f'_{c0})\sqrt{\sigma_{ls}/f'_{c0}} & (f'_{c0}\geqslant 80\ \text{MPa})\end{cases} \tag{1.13}$$

对网格式箍筋约束混凝土方柱:

$$\varepsilon_{ccu}/\varepsilon_{c0}=\begin{cases}2+(122.5-0.92f'_{c0})\sqrt{\sigma_{ls}/f'_{c0}} & (f'_{c0}<80\ \text{MPa})\\ 2+(82.75-0.37f'_{c0})\sqrt{\sigma_{ls}/f'_{c0}} & (f'_{c0}\geqslant 80\ \text{MPa})\end{cases} \tag{1.14}$$

$$\sigma_{cc}=\begin{cases}E_{c0}\varepsilon_{cc}+\dfrac{f'_{c0}-E_{c0}\varepsilon_{c0}}{\varepsilon_{c0}^{2}}\varepsilon_{cc}^{2} & (0\leqslant\varepsilon_{cc}\leqslant\varepsilon_{c0})\\ f_{cc0}-\dfrac{(f_{cc0}-f'_{c0})(\varepsilon_{cc}-\varepsilon_{cc0})^{2}}{(\varepsilon_{cc0}-\varepsilon_{c0})^{2}} & (\varepsilon_{c0}<\varepsilon_{cc}\leqslant\varepsilon_{cc0})\\ f_{cc0}-\beta\dfrac{f_{cc0}(\varepsilon_{cc}-\varepsilon_{cc0})}{\varepsilon_{cc0}}\geqslant 0.4f_{cc0} & (\varepsilon_{cc}>\varepsilon_{cc0})\end{cases} \tag{1.15}$$

当 $f_{yv}\leqslant 550$ MPa, $f'_{c0}\leqslant 80$ MPa 时,

$$\beta=\begin{cases}0.2 & (\text{螺旋箍筋和焊接环式箍筋})\\(0.048f'_{c0}-2.14)-(0.098f'_{c0}-4.57)\sqrt[3]{\sigma_{ls}/f'_{c0}} & (\text{网格式箍筋})\end{cases} \tag{1.16}$$

当 $f_{yv}>1\,200$ MPa，$f'_{c0}\leqslant 80$ MPa 时，

$$\beta=\begin{cases}0.08 & (\text{螺旋箍筋和焊接环式箍筋})\\0.07 & (\text{网格式箍筋})\end{cases} \tag{1.17}$$

当 $f_{yv}>1\,200$ MPa，$f'_{c0}>80$ MPa 时，

$$\beta=\begin{cases}0.2 & (\text{螺旋箍筋和焊接环式箍筋})\\0.1 & (\text{网格式箍筋})\end{cases} \tag{1.18}$$

式中，ε_{ccu} 为箍筋破断时约束混凝土竖向压应变；σ_{cc} 为箍筋约束混凝土压应力(MPa)；E_{c0} 为非约束混凝土弹性模量(MPa)；ε_{cc} 为箍筋约束混凝土压应变；f'_{c0} 为非约束混凝土标准圆柱体抗压强度(MPa)；ε_{c0} 为非约束混凝土峰值压应变；f_{cc0} 为箍筋约束混凝土峰值压应力(MPa)；ε_{cc0} 为箍筋约束混凝土峰值压应变；β 为箍筋约束混凝土受压应力－应变曲线下降段斜率，与箍筋形式、非约束混凝土轴心抗压强度和箍筋屈服强度有关；f_{yv} 为箍筋屈服强度(MPa)；σ_{ls} 为峰值受压荷载下有效侧向约束应力(MPa)，$\sigma_{ls}=k_e\sigma_l$；σ_l 为峰值受压荷载下侧向约束应力(MPa)，$\sigma_l=\rho_v f_{yv}/2$；k_e 为有效约束系数，与Mander提出的公式一致；ρ_v 为体积配箍率。

上述 Li Bing 给出的螺旋箍筋和网格式箍筋破断时约束混凝土竖向压应变的计算公式未考虑约束程度对箍筋破断时约束混凝土竖向压应变的影响。Li Bing 提出的约束混凝土受压应力－应变关系曲线方程能够较为准确地反映约束混凝土受压应力－应变关系曲线上升段的特征，该方程形式简单，适用范围广。但该方程的下降段采用直线形式，未考虑约束程度和非约束混凝土抗压强度等因素对下降段斜率的影响。

2003 年，Legeron 和 Paultre 基于搜集的 210 个箍筋约束混凝土柱的轴心受压试验结果，提出了一个基于应变协调和横向应力平衡原理的约束模型来阐述箍筋对混凝土的约束机理，并且给出了一种峰值受压荷载下箍筋能否屈服的判断方法。在该判断方法中，假定有明显屈服点的箍筋为理想弹塑性材料，引入判断指标 κ 来判断在峰值受压荷载下箍筋是否受拉屈服，见式(1.19) 和式(1.20)：

$$\sigma_{sv0}=\begin{cases}f_{yv} & (\kappa\leqslant 10)\\ f_{yv}>\dfrac{0.25f'_{c0}}{\rho_v(\kappa-10)}\geqslant 0.43E_{sv}\varepsilon_{c0} & (\kappa>10)\end{cases} \tag{1.19}$$

$$\kappa=\frac{f'_{c0}}{\rho_v E_{sv}\varepsilon_{c0}} \tag{1.20}$$

式中，σ_{sv0} 为峰值受压荷载下箍筋拉应力(MPa)；f_{yv} 为箍筋屈服强度(MPa)；f'_{c0} 为非约束混凝土标准圆柱体抗压强度(MPa)；κ 为峰值受压荷载下箍筋是否屈服的判断指标；ρ_v 为体积配箍率；E_{sv} 为箍筋弹性模量(MPa)；ε_{c0} 为非约束混凝土峰值压应变。

2016 ～ 2018 年，Baduge 等人进行了 22 根螺旋箍筋约束超高强混凝土圆柱的轴心受压试验。试验参数包括：非约束混凝土标准圆柱体抗压强度 f'_{c0}(112 ～ 150 MPa)、箍筋屈服强度 f_{yv}(360 MPa)、体积配箍率 ρ_v(0.8%、1.0%、1.2%、1.4% 和 2.1%)、纵筋屈服强度 f_y(580 MPa) 和纵筋配筋率 ρ_s(1.7%)。基于试验结果，提出了螺旋箍筋约束超高强混凝土受压应力－应变关系曲线方程，见式(1.21) ～ (1.24)。

$$\sigma_{cc}=\begin{cases}\left(1+\dfrac{2.7\sigma_{ls}}{f'_{c0}}\right)\left[\dfrac{2\varepsilon_{cc}}{\varepsilon_{cc0}}-\left(\dfrac{\varepsilon_{cc}}{\varepsilon_{cc0}}\right)^2\right] & (\varepsilon_{cc}\leqslant\varepsilon_{cc0})\\ \dfrac{3H(\varepsilon_{cc})}{A_{cor}}+0.9f'_{c0}\exp(-500\varepsilon_{cc}) & (\varepsilon_{cc}>\varepsilon_{cc0})\end{cases} \tag{1.21}$$

$$\sigma_{ls}=\frac{k_e\rho_v f_{yv}}{2} \tag{1.22}$$

$$\varepsilon_{cc0}=\left[0.24\left(1+\frac{2.7\sigma_{ls}}{f'_{c0}}\right)^3+0.76\right]\varepsilon_{c0} \tag{1.23}$$

$$\varepsilon_{c0}=\frac{1.1f'_{c0}}{E_{c0}} \tag{1.24}$$

式中，σ_{cc} 为箍筋约束混凝土压应力(MPa)；σ_{ls} 为峰值受压荷载下有效侧向约束应力(MPa)，$\sigma_{ls}=k_e\sigma_l$；k_e 为有效约束系数，与 Mander 提出的公式一致；σ_l 为峰值受压荷载下侧向约束应力(MPa)，$\sigma_l=\rho_v f_{yv}/2$；f'_{c0} 为非约束混凝土标准圆柱体抗压强度(MPa)；ε_{cc} 为箍筋约束混凝土压应变；ε_{cc0} 为箍筋约束混凝土峰值压应变；$H(\varepsilon_{cc})$ 为箍筋和纵筋的水平力(N)；A_{cor} 为箍筋所围的混凝土核心截面面积(mm^2)；ρ_v 为体积配箍率；ε_{c0} 为非约束混凝土峰值压应变；E_{c0} 为非约束混凝土弹性模量(MPa)。

2018 年，Eid 等人比较了 ACI 318－14、Eurocode 8、CSA A23.3 和 NZS 3101 四个规范中约束混凝土柱最小箍筋用量的相关规定，发现 ACI 318 － 14、Eurocode 8、CSA A23.3 和 NZS 3101 规定的约束混凝土柱最小箍筋用量的规定分别适用于混凝土标准圆柱体抗压强度不高于 69 MPa、80 MPa、70 MPa 和 90 MPa 的情况。为验证四个规范中约束混凝土柱最小箍筋用量的规定是否适用于混凝土圆柱体抗压强度为 100 MPa 的情况，Eid 等人完成了 6 根螺旋箍筋约束高强混凝土圆柱的轴心受压试验。试验参数包括：非约束混凝土标准圆柱体

抗压强度 f'_{c0}(98.5 MPa)、箍筋屈服强度 f_{yv} 和体积配箍率 ρ_v(箍筋屈服强度为288 MPa,体积配箍率为 0.44%;箍筋屈服强度为 435 MPa,体积配箍率为2.03%、2.54% 和 3.12%;箍筋屈服强度为450 MPa,体积配箍率为 0.92%;箍筋屈服强度为 458 MPa,体积配箍率为 1.42%)、纵筋屈服强度 f_y(433 MPa) 和纵筋配筋率 ρ_s(1.88%)。试验结果表明:当试件截面尺寸为 250 mm、混凝土保护层厚度为 20 mm、箍筋屈服强度为 450 MPa、非约束混凝土圆柱体标准抗压强度为98.5 MPa、纵筋配筋率为 1.88% 时,体积配箍率应大于等于 2.5%,才能满足箍筋约束混凝土柱轴压承载力不低于不考虑箍筋约束作用的混凝土柱全截面的轴压承载力的要求。

ACI 318－14 通过控制约束混凝土柱轴压承载力不低于不考虑箍筋约束作用的混凝土柱全截面的轴压承载力,获得了螺旋箍筋和焊接环式箍筋约束混凝土柱最小箍筋用量的计算公式,见式(1.25) 和式(1.26);网格式箍筋约束混凝土柱最小箍筋用量的计算公式,见式(1.27) 和式(1.28)。该公式适用于箍筋屈服强度不高于 700 MPa,混凝土标准圆柱体抗压强度介于 17 ～ 69 MPa 的情况。

$$\rho_v \geqslant 0.45\left(\frac{A_g}{A_{cor}}-1\right)\frac{f'_{c0}}{f_{yv}} \tag{1.25}$$

$$\rho_v \geqslant 0.12\frac{f'_{c0}}{f_{yv}} \tag{1.26}$$

$$\rho_v \geqslant 0.60\left(\frac{A_g}{A_{cor}}-1\right)\frac{f'_{c0}}{f_{yv}} \tag{1.27}$$

$$\rho_v \geqslant 0.18\frac{f'_{c0}}{f_{yv}} \tag{1.28}$$

式中,ρ_v 为约束箍筋体积配箍率;A_g 为箍筋约束混凝土柱全截面面积(mm^2);A_{cor} 为箍筋所围的混凝土核心截面面积(mm^2);f'_{c0} 为非约束混凝土圆柱体抗压强度标准值(MPa);f_{yv} 为箍筋抗拉强度标准值(MPa)。

1984 年,戴自强等人进行了 30 根箍筋约束混凝土方柱的轴心受压试验。试验参数包括:非约束混凝土抗压强度 f_{c0}(20.3 MPa、32.5 MPa 和 47.9 MPa)、箍筋类别(冷拔低碳丝抗拉强度 f_u 为 798 MPa)、体积配箍率 ρ_v(0.99% ～3.58%)、纵筋屈服强度(407 MPa) 和纵筋配筋率 ρ_s(0.70% ～ 2.10%)。试验结果表明:当非约束混凝土抗压强度为 47.9 MPa 时,增大体积配箍率和纵筋配筋率有利于箍筋和纵筋强度的充分发挥,以及箍筋约束混凝土柱的轴压承载能力和受压变形能力的提高。

1985 年,过镇海等人完成了 58 个尺寸为 100 mm×100 mm×300 mm、混凝土强度等级为 C30 和 C50、体积配箍率为 0 ～ 2.0% 的方形箍筋约束混凝土柱的轴压试验。试验结果表明：方形箍筋的约束作用能够提高约束混凝土的峰值压应力和峰值压应变。当非约束混凝土抗压强度、箍筋屈服强度、箍筋形式和纵筋配置相同时，随着体积配箍率的增大，约束混凝土的峰值压应力和峰值压应变增大，约束混凝土受压应力－应变关系曲线下降段更加平缓。通过分析约束混凝土受压应力－应变全曲线的特征发现，非约束混凝土的受压应力－应变关系曲线方程形式同样适用于箍筋约束混凝土，但其中的参数需根据配箍情况进行调整。

2002 年，钱稼茹等人完成了 25 根混凝土方柱的轴心受压试验。试验参数包括：非约束混凝土轴心抗压强度(36.5 ～ 38.7 MPa)、箍筋屈服强度(308 MPa 和 335.5 MPa)、体积配箍率(0.27% ～ 6.42%)、箍筋形式(方形箍筋、十字形复合箍筋和井字形复合箍筋)、纵筋屈服强度(329.4 MPa)和纵筋配筋率(0.72% ～1.45%)。试验结果表明：在上述试验参数范围内，箍筋的约束作用有效地提高了约束混凝土的峰值压应力和峰值压应变。相较于非约束混凝土，约束混凝土的峰值压应力提高了 13% ～ 43%，峰值压应变提高了 2 ～ 5 倍。根据试验数据，提出了适用于配箍特征值介于 0.018 ～ 0.391 的普通箍筋约束混凝土的受压应力－应变关系曲线方程，见式(1.29) ～ (1.33)。

$$\sigma_{cc}/f_{cc0}=\begin{cases}a\dfrac{\varepsilon_{cc}}{\varepsilon_{cc0}}+(3-2a)\left(\dfrac{\varepsilon_{cc}}{\varepsilon_{cc0}}\right)^2+(a-2)\left(\dfrac{\varepsilon_{cc}}{\varepsilon_{cc0}}\right)^3 & \left(\dfrac{\varepsilon_{cc}}{\varepsilon_{cc0}}\leqslant 1\right)\\ \dfrac{\varepsilon_{cc}}{\varepsilon_{cc0}}\Big/\left[(1-0.87\lambda_v^{0.2})b\left(\dfrac{\varepsilon_{cc}}{\varepsilon_{cc0}}-1\right)^2+\dfrac{\varepsilon_{cc}}{\varepsilon_{cc0}}\right] & \left(\dfrac{\varepsilon_{cc}}{\varepsilon_{cc0}}>1\right)\end{cases} \tag{1.29}$$

$$a=2.4-0.01f_{cu} \tag{1.30}$$

$$b=0.132f_{cu}^{0.785}-0.905 \tag{1.31}$$

$$f_{cc0}=(1+1.79\lambda_v)f_{c0} \tag{1.32}$$

$$\varepsilon_{cc0}=(1+1.79\lambda_v)\varepsilon_{c0} \tag{1.33}$$

式中，σ_{cc} 为箍筋约束混凝土压应力(MPa)；f_{cc0} 为箍筋约束混凝土峰值压应力(MPa)；ε_{cc} 为箍筋约束混凝土压应变；ε_{cc0} 为箍筋约束混凝土峰值压应变；a、b 为由非约束混凝土标准立方体抗压强度确定的独立参数；λ_v 为配箍特征值，$\lambda_v=\dfrac{\rho_v f_{yv}}{f_{c0}}$；$\rho_v$ 为体积配箍率；f_{yv} 为约束混凝土峰值压应力(MPa)；f_{cu} 为混凝土标准立方体抗压强度(MPa)；f_{c0} 为非约束混凝土轴心抗压强度(MPa)；ε_{c0} 为非约束混凝土峰值压应变。

该约束混凝土受压应力－应变曲线方程由过镇海提出的模型改进得到，参数较少，便于应用；约束混凝土峰值压应力和峰值压应变计算公式能够反映箍筋屈服强度、体积配箍率和非约束混凝土抗压强度对约束混凝土柱轴压性能的影响，但该公式没有考虑纵筋配置的影响，也未对峰值受压荷载下箍筋实际拉应力进行讨论。

2011～2014年，史庆轩等人进行了31根箍筋约束混凝土柱的轴心受压试验。试验参数包括：混凝土标准立方体抗压强度 f_{cu}（70～80 MPa）、箍筋屈服强度 f_{yv}（411 MPa、716 MPa和1 120 MPa）和体积配箍率 ρ_v（0.82%～4.43%）。试验结果表明：在上述试验参数范围内，峰值受压荷载下屈服强度为716 MPa和1 120 MPa的箍筋未屈服。箍筋的拉应力水平或强度发挥程度与约束程度相关，约束程度越高，越有利于箍筋强度的发挥。(1) 史庆轩等人利用Nielsen迭代法得到的计算结果，通过回归分析，提出了峰值受压荷载下未屈服箍筋拉应力的计算公式，见式(1.34)。(2) 史庆轩等人引入有效约束系数 k_e，考虑箍筋形式、纵筋分布和试件截面尺寸对约束效果的影响，通过回归分析，提出了峰值受压荷载下未屈服箍筋拉应力的计算公式，见式(1.35)。该计算公式考虑了体积配箍率、箍筋形式、非约束混凝土轴心抗压强度和试件核心截面尺寸的影响。(3) 以非约束混凝土在其峰值压应力下的横向膨胀应变作为约束混凝土在其峰值压应力下未屈服箍筋拉应变的下限值，取 $0.45\varepsilon_{c0}$。其中，ε_{c0} 为非约束混凝土峰值压应变，取2 000 $\mu\varepsilon$。通过回归分析，建立了峰值受压荷载下未屈服箍筋拉应力的计算公式，见式(1.36)。该计算模型综合考虑了面积配箍率、有效约束系数和非约束混凝土轴心抗压强度的影响，同时为公式中的常数项赋予了物理意义。

$$\sigma_{sv0}=E_{sv}\left\{0.45\varepsilon_{c0}+36\,492\left(\frac{k_e\rho_w}{f_{c0}}\right)^{1.805\,7}\right\}\leqslant f_{yv} \tag{1.34}$$

$$\sigma_{sv0}=0.378E_{sv}\left(\frac{k_e\rho_v}{f_{c0}}\right)^{0.65}+79\leqslant f_{yv} \tag{1.35}$$

$$\sigma_{sv0}=12.29\frac{k_e E_{sv}\rho_w}{f_{c0}}+180\leqslant f_{yv} \tag{1.36}$$

式中，σ_{sv0} 为峰值受压荷载下箍筋拉应力(MPa)；E_{sv} 为箍筋弹性模量(MPa)；ρ_w 为面积配箍率；f_{c0} 为非约束混凝土轴心抗压强度(MPa)；f_{yv} 为箍筋屈服强度(MPa)；ρ_v 为体积配箍率。

2014年，魏洋等人完成了15根高强钢丝作为螺旋箍筋约束混凝土圆柱的轴心受压试验。试验参数包括：非约束混凝土标准圆柱体抗压强度 f'_{c0}（36.4 MPa）、高强钢丝（抗拉强度为1 803 MPa，最大力下拉应变为25 980 $\mu\varepsilon$）和体积配箍率 ρ_v（0.47%～1.88%）。试验结果表明：高强钢丝作为螺旋箍筋能够有效提高约束混凝土的峰值压应力和峰值压应变。试件的约束指标介于42%～47%，用高强钢丝制作的螺旋箍筋在约束混凝土受压应力－应变关系曲线下降段发生破断，箍筋破断时约束混凝土的竖向压应力是其峰值压应力的

89％～98％，约束混凝土的竖向压应变介于 6 400～18 000 $\mu\varepsilon$。高强钢丝最大力下拉应变较小，易在约束混凝土柱受力过程中发生破断。

2014 年，赵作周分析了 44 根箍筋约束高强混凝土方柱的轴心受压试验结果。试验参数包括：试件截面边长（150～260 mm）、非约束混凝土抗压强度 f_{c0}（46.7～99.7 MPa）、箍筋间距 s（25～152 mm）和配箍特征值 λ_v（0.01～0.27）。基于Legeron模型与Saatcioglu模型，提出了箍筋约束混凝土受压应力－应变关系曲线方程以及约束混凝土峰值压应力和峰值压应变与配箍特征值的关系式，见式（1.37）～（1.40）。该约束混凝土受压应力－应变曲线方程形式简单，适用约束指标介于 1.8％～12.20％ 的情况。该方程认为峰值受压荷载下箍筋能够受拉屈服，这是需要进一步探讨的。

$$\sigma_{cc}=\begin{cases}\dfrac{kf_{cc0}\dfrac{\varepsilon_{cc}}{\varepsilon_{cc0}}}{k-1+\left(\dfrac{\varepsilon_{cc}}{\varepsilon_{cc0}}\right)^{k}} & (\varepsilon_{cc}\leqslant\varepsilon_{cc0})\\ f_{cc0}-0.7f_{cc0}\dfrac{\varepsilon_{cc}-\varepsilon_{cc0}}{\varepsilon_{cc20}-\varepsilon_{cc0}} & (\varepsilon_{cc}>\varepsilon_{cc0})\end{cases}\tag{1.37}$$

$$k=\frac{E_{c0}}{E_{c0}-f_{cc0}/\varepsilon_{cc0}}\tag{1.38}$$

$$f_{cc0}/f_{c0}=0.452\lambda_v+1.070\tag{1.39}$$

$$\varepsilon_{cc0}/\varepsilon_{c0}=3.989\lambda_v+1.984\tag{1.40}$$

式中，σ_{cc} 为箍筋约束混凝土压应力（MPa）；k 为箍筋约束混凝土受压应力－应变曲线上升段曲率控制参数；f_{cc0} 为箍筋约束混凝土峰值压应力（MPa）；ε_{cc} 为箍筋约束混凝土压应变；ε_{cc0} 为箍筋约束混凝土峰值压应变；ε_{cc20} 为峰值后约束混凝土压应力降至 20％ 峰值压应力时约束混凝土的竖向压应变，取 $4.5\varepsilon_{cc0}$；E_{c0} 为非约束混凝土弹性模量（MPa），$E_{c0}=5\ 000\sqrt{f_{c0}/0.95}$；$f_{c0}$ 为非约束混凝土轴心抗压强度（MPa）；λ_v 为配箍特征值，$\lambda_v=\rho_v f_{yv}/f_{c0}$；$\rho_v$ 为体积配箍率；f_{yv} 为箍筋屈服强度（MPa）；ε_{c0} 为非约束混凝土峰值压应变。

2016 年，郑文忠等人完成了 6 根网格式箍筋约束活性粉末混凝土方柱和 7 根螺旋箍筋约束活性粉末混凝土圆柱的轴心受压试验。试验参数包括：活性粉末混凝土轴心抗压强度 f_{c0}（125.4～144.5 MPa）、体积配箍率 ρ_v（0.6％～6.78％）和箍筋牌号（HRB600 钢筋）。试验结果表明：当非约束混凝土抗压强度为 125.4～144.5 MPa，体积配箍率为 0.6％～6.78％ 时，在峰值受压荷载下 HRB600 钢筋作为螺旋箍筋和网格式箍筋不屈服。这是由活性粉末混凝土水胶比低、密实度高、无粗骨料、横向膨胀变形小造成的。

2018年，曹双寅等人完成了9根网格式箍筋约束混凝土方柱的轴心受压试验。试验参数包括：混凝土圆柱体抗压强度 f'_{c0}（38.3 MPa）、箍筋牌号（HRB400和HRB600）、体积配箍率 ρ_v（1.28%和1.91%）和箍筋形式（菱形复合箍和井字形复合箍）。试验结果表明：当非约束混凝土抗压强度和体积配箍率相同时，相较于HRB400钢筋作为箍筋，HRB600钢筋作为井字形复合箍筋能够显著提高约束混凝土的受压变形能力。

2019年，李明翰完成了11根网格式箍筋和螺旋箍筋双重约束混凝土方柱的轴心受压试验。试验参数包括：非约束混凝土轴心抗压强度 f_{c0}（48.1～54.5 MPa）、箍筋屈服强度 f_{yv} 和体积配箍率 ρ_v（箍筋屈服强度为420 MPa，体积配箍率为2.91%；箍筋条件屈服强度为785 MPa，体积配箍率为1.89%和2.21%；箍筋条件屈服强度为976 MPa，体积配箍率为1.89%和2.21%）、箍筋形式（内螺旋箍筋外方形箍筋和菱形复合箍筋）、纵筋屈服强度 f_y（420 MPa）和纵筋配筋率 ρ_s（1.01%）。试验结果表明：在上述试验参数中，除了非约束混凝土轴心抗压强度为50.57 MPa，箍筋屈服强度为420 MPa，体积配箍率为2.91%，箍筋形式为内螺旋箍筋外方形箍筋的试件在峰值受压荷载下箍筋屈服外，其余试件在峰值受压荷载下箍筋均未屈服。在峰值受压荷载下未屈服箍筋的拉应力随体积配箍率的增大而增大，随非约束混凝土轴心抗压强度的提高而减小。引入系数 k_r 评价在峰值受压荷载下未屈服箍筋的拉应力，见式(1.41)。系数 k_r 为在峰值受压荷载下未屈服箍筋的拉应力与箍筋屈服强度的比值。

$$k_r = 0.0271\frac{E_{c0}\rho_v}{f_{c0}} + 0.335 \tag{1.41}$$

式中，k_r 为折减系数；E_{c0} 为非约束混凝土弹性模量（MPa）；ρ_v 为体积配箍率；f_{c0} 为非约束混凝土峰值压应力（MPa）。

2020～2021年，邓宗才等人进行了9根网格式箍筋约束超高性能混凝土方柱的轴心受压试验。试验参数包括：超高性能混凝土边长为100 mm的立方体抗压强度 f_{cu}（143.0 MPa和153.9 MPa）、箍筋牌号（HRB400和HTRB630）、体积配箍率 ρ_v（2.1%～4.7%）、箍筋形式（方形箍、菱形复合箍和菱形十字复合箍）、纵筋屈服强度 f_y（470 MPa）和纵筋配筋率 ρ_s（3.04%）。试验结果表明：峰值受压荷载下未屈服箍筋的拉应力随体积配箍率增大而增大，随非约束混凝土轴心抗压强度的提高而降低。基于试验结果，建立了适用于非约束混凝土轴心抗压强度介于143～153.9 MPa，箍筋屈服强度为723 MPa的峰值受压荷载下未屈服箍筋的拉应力计算公式，见式(1.42)。基于朱劲松提出的非约束超高性能混凝土的受压应力－应变曲线方程，引入箍筋约束作用的影响，建立了约束指标介于

1.04% ～ 7.96% 时箍筋约束超高性能混凝土峰值压应力和峰值压应变的计算公式以及受压应力－应变曲线方程，见式(1.43) ～ (1.50)。

$$\sigma_{sv0}=1.745\left(\frac{k_e E_{sv}\rho_v f_{yv}}{f_{c0}}\right)^{0.5}+406\leqslant f_{yv}\tag{1.42}$$

$$\sigma_{cc}=\begin{cases}\dfrac{af_{cc0}\dfrac{\varepsilon_{cc}}{\varepsilon_{cc0}}}{1+(a-1)\left(\dfrac{\varepsilon_{cc}}{\varepsilon_{cc0}}\right)^{\frac{a}{a-1}}} & (\varepsilon_{cc}\leqslant\varepsilon_{cc0})\\[2ex]\dfrac{f_{cc0}\dfrac{\varepsilon_{cc}}{\varepsilon_{cc0}}}{\dfrac{\varepsilon_{cc}}{\varepsilon_{cc0}}+\alpha\left(\dfrac{\varepsilon_{cc}}{\varepsilon_{cc0}}-1\right)^{\beta}} & (\varepsilon_{cc}>\varepsilon_{cc0})\end{cases}\tag{1.43}$$

$$f_{cc0}=\sigma_{ls}+1.656\sqrt{1+7.418\sigma_{ls}f_{c0}}-0.656f_{c0}\tag{1.44}$$

$$\frac{\varepsilon_{cc0}}{\varepsilon_{c0}}=1+16.74\left(\frac{\sigma_{ls}}{f_{c0}}\right)^{1.31}\tag{1.45}$$

$$\frac{\varepsilon_{cc60}}{\varepsilon_{c0}}=1+29.248\,I_e^{0.752}\tag{1.46}$$

$$a=(1+111.17\,I_e^{2.43})A\tag{1.47}$$

$$A=\frac{\varepsilon_{c0}}{17.2f_{c0}+836.4}\times 10^6\tag{1.48}$$

$$\alpha=\frac{2f_{cc}\dfrac{\varepsilon_{cc60}}{\varepsilon_{cc0}}}{3\left(\dfrac{\varepsilon_{cc60}}{\varepsilon_{cc0}}-1\right)^{k}}\tag{1.49}$$

$$\beta=\begin{cases}11.480I_e^{0.98}+0.57 & (I_e\leqslant 0.075)\\0.836+2.42I_e & (I_e>0.075)\end{cases}\tag{1.50}$$

式中，σ_{sv0} 为峰值受压荷载下箍筋拉应力(MPa)；k_e 为有效约束系数，与 Mander 提出的计算公式一致；E_{sv} 为箍筋弹性模量(MPa)；ρ_v 为体积配箍率；f_{yv} 为箍筋屈服强度(MPa)；f_{c0} 为非约束混凝土峰值压应力(MPa)；σ_{cc} 为箍筋约束混凝土压应力(MPa)；a 为箍筋约束混凝土受压应力－应变曲线上升段初始刚度控制参数；f_{cc0} 为箍筋约束混凝土峰值压应力(MPa)；ε_{cc} 为箍筋约束混凝土压应变；ε_{cc0} 为箍筋约束混凝土峰值压应变；α 为箍筋约束混凝土受压应力－应变曲线下降段坡度控制参数，由特征点(ε_{cc60}，f_{cc60}) 确定；β 为箍筋约束混凝土受压应力－应变曲线下降段凹凸度控制参数；σ_{ls} 为有效侧向约束应力(MPa)，$\sigma_{ls}=k_e\sigma_l$；σ_l 为侧向约束应力(MPa)，$\sigma_l=\rho_v\sigma_{sv0}/2$；$\varepsilon_{c0}$ 为非约束混凝土峰值压应变；ε_{cc60} 为峰值后压应

力降至60%峰值压应力时约束混凝土的竖向压应变；I_e 为有效约束指标，$I_e = 0.5k_e\rho_v f_{yv}/f_{c0}$；$A$ 为参数。

2021年，王振波等人完成了13根箍筋约束混凝土柱的轴心受压试验。试验参数包括：混凝土强度等级（C45和C65）、箍筋牌号（HTRB630和HRB400）、箍筋间距 s（35 ～ 100 mm）、箍筋形式（方形复合箍和螺旋箍）、纵筋牌号（HTRB630）和纵筋配筋率 ρ_s（1.5% ～3.1%）。试验结果表明：当非约束混凝土轴心抗压强度、箍筋间距、箍筋形式和纵筋配置相同时，与HRB400钢筋作为箍筋相比，HTRB630钢筋作为箍筋能显著提高约束混凝土柱的轴压承载能力和受压变形能力。王振波等人建议高纵筋配筋率与复合箍筋的组合能够有效防止纵筋受压屈曲，限制混凝土的横向膨胀变形，有利于提高约束混凝土柱的承载能力和变形能力。

2021年，吴涛等人完成了12根箍筋约束轻骨料混凝土方柱的轴心受压试验。试验参数包括：边长为150 mm的混凝土立方体抗压强度 f_{cu}（50.9 ～58.2 MPa）、箍筋牌号（HPB300）、体积配箍率 ρ_v（1.97%和2.80%）、箍筋形式（方形箍筋、圆形箍筋、菱形复合箍筋和井字形复合箍筋）和纵筋配筋率 ρ_s（1.45% ～1.51%）。试验结果表明：在峰值受压荷载下，未屈服箍筋的拉应力发挥水平与体积配箍率有关。当非约束混凝土轴心抗压强度、箍筋屈服强度、箍筋形式和纵筋配置相同时，体积配箍率为1.97%的试件的箍筋在峰值受压荷载下未屈服，而体积配箍率为2.80%的试件的箍筋在峰值受压荷载下能够屈服。基于试验结果，提出了峰值受压荷载下未屈服箍筋的拉应力计算公式，见式(1.51) ～(1.54)。

$$\sigma_{sv0} = \frac{v_p s a_{cor} f_{cc0} \varepsilon_{cc0} E_{sv}}{s a_{cor} f_{cc0} + E_{sv}(1 - v_p) k_e n A_{sv1} \varepsilon_{cc0}} \tag{1.51}$$

$$v_p = \begin{cases} 0.167 + 0.333\left(\dfrac{\varepsilon_{cc0}}{0.004}\right)^3 & (\varepsilon_{cc0} \leqslant 0.004) \\ 0.5 & (\varepsilon_{cc0} > 0.004) \end{cases} \tag{1.52}$$

$$f_{cc0} = f'_{c0} + 3.9(f'_{c0})^{0.86}(\sigma_{ls}/f'_{c0})^{-0.06} \tag{1.53}$$

$$\varepsilon_{cc0} = \varepsilon_{c0} + 0.06(\sigma_{ls}/f'_{c0})^{1.6} \tag{1.54}$$

式中，σ_{sv0} 为峰值受压荷载下箍筋拉应力(MPa)；v_p 为峰值受压荷载下约束混凝土横向膨胀变形系数；s 为相邻二箍筋间距(mm)；a_{cor} 为网格式箍筋所围的约束混凝土方柱核心截面边长(mm)；f_{cc0} 为箍筋约束混凝土峰值压应力(MPa)；ε_{cc0} 为箍筋约束混凝土峰值压应变；E_{sv} 为箍筋弹性模量(MPa)；k_e 为有效约束系数，与Mander提出的计算公式一致；n 为箍筋肢数；A_{sv1} 为单根箍筋截面面积

(mm^2);f'_{c0}为非约束混凝土标准圆柱体抗压强度(MPa);σ_{ls} 为有效侧向约束应力(MPa),$\sigma_{ls}=k_e\sigma_l$;σ_l 为侧向约束应力(MPa),$\sigma_l=\rho_v\ \sigma_{sv0}/2$;$\rho_v$ 为体积配箍率;ε_{c0} 为非约束混凝土峰值压应变。

吴涛采用半经验半理论的方法提出了在峰值受压荷载下未屈服箍筋的拉应力计算公式,为在峰值受压荷载下未屈服箍筋拉应力的计算提供了一个新的思路。然而,所做试验的非约束混凝土轴心抗压强度介于 50.9 ~ 58.2 MPa,强度分布面相对较窄;约束指标介于 6.42% ~ 13.08%,约束指标分布面较窄。

现行《混凝土结构设计规范》(GB 50010—2010)第6.2.16条注2通过令配置螺旋箍筋或焊接环式箍筋的约束混凝土轴心受压承载力与不考虑箍筋约束作用的混凝土柱轴压承载力相当,以及螺旋箍筋或焊接环式箍筋的截面面积不低于25% 的纵筋截面面积,得到了约束混凝土最小体积配箍率的要求,即

$$\rho_{v,\min}=\max\left\{\frac{1}{2a}\left(\frac{A_g}{A_{cor}}-1\right)\frac{f_{c0}}{f_{yv}},0.25\rho_s\frac{A_g}{A_{cor}}\right\} \tag{1.55}$$

式中,$\rho_{v,\min}$ 为箍筋约束混凝土柱最小体积配箍率;a 为箍筋对混凝土约束的折减系数,当混凝土强度等级不超过 C50 时,取 1.0;当混凝土强度等级为 C80 时,取 0.85,其间按线性内插法确定;A_g 为箍筋约束混凝土柱的全截面面积(mm^2);A_{cor} 为箍筋约束混凝土柱的核心截面面积(mm^2),取箍筋内表面范围内的混凝土截面面积;f_{c0} 为非约束混凝土轴心抗压强度(MPa);f_{yv} 为箍筋屈服强度(MPa);ρ_s 为纵筋配筋率。

式(1.55)是假定箍筋约束混凝土柱在峰值受压荷载下箍筋能够屈服获得的,其适用性有待进一步探讨。

1.3 箍筋约束混凝土柱抗震性能研究现状

1989 年,Li 完成了 5 个箍筋约束高强混凝土方柱拟静力试验。试验参数包括:非约束混凝土标准圆柱体轴心抗压强度 f'_{c0}介于 93 ~ 98 MPa,箍筋体积配箍率 ρ_v 介于2.5% ~ 5.8%,箍筋屈服强度 f_{yv} 为453 MPa和1 317 MPa,试验轴压比 n 介于0.3 ~ 0.6,剪跨比 λ 为5。试验结果表明:当达到极限承载力时,条件屈服强度为 1 317 MPa 的箍筋未屈服。为防止混凝土保护层剥落而导致约束混凝土柱抗弯承载力降低过多,建议混凝土核心区面积与柱总截面面积的比值 A_{cor}/A_g 不宜低于 0.7。

1993 年,Sheikh 等人完成了 7 个约束混凝土柱拟静力试验研究,探究非约束

混凝土抗压强度、体积配箍率、试验轴压比等关键参数对约束混凝土柱承载能力和变形能力的影响。试验中，非约束混凝土圆柱体抗压强度 f'_{c0} 介于 31.3 ～ 54.7 MPa，箍筋屈服强度 f_{yv} 介于 464 ～ 507 MPa，体积配箍率 ρ_v 介于1.68% ～ 4.3%，试验轴压比 n 介于0.6 ～ 0.77，剪跨比 λ 为5。试验结果表明：约束混凝土柱的承载力、变形能力及耗能能力均随着体积配箍率的增大而呈正比例增加；随着非约束混凝土轴心抗压强度的提高，约束混凝土柱的承载力虽有所提高，但变形能力及耗能能力降低；随着试验轴压比的增大，约束混凝土的变形能力降低。

1994 年，Azizinamini 等人完成了 9 个约束混凝土柱拟静力试验研究，其中，非约束混凝土圆柱体抗压强度 f'_{c0} 介于 26 ～ 104 MPa，箍筋屈服强度 f_{yv} 介于 454 ～753 MPa，箍筋体积配箍率 ρ_v 介于2.36% ～ 3.82%，箍筋形式为方形箍筋和十字形复合箍筋，试验轴压比介于0.2 ～ 0.4，剪跨比 λ 为4。Azizinamini 等人发现，当非约束混凝土轴心抗压强度低于 55 MPa 时，按 ACI 318 － 89 规范计算的混凝土柱受弯承载力的计算值低于试验值，偏于安全；当非约束混凝土轴心抗压强度高于 97 MPa 时，按 ACI 318 － 89 规范计算的柱受弯承载力计算值偏大；Azizinamini 建议，当混凝土抗压强度高于 69 MPa 时，应对参数 α_1 值（参数 α_1 为采用等效矩形应力图计算混凝土结构在压弯作用下的受弯承载力时，矩形应力图中的应力与混凝土抗压强度的比值）进行修正，即

$$\alpha_1 = 0.85 - 0.05\,\frac{f'_{c0} - 69}{6.9} \geqslant 0.6 \tag{1.56}$$

式中，f'_{c0} 为非约束混凝土标准圆柱体轴心抗压强度（MPa）。

1994 年，Thomsen 完成了 12 个约束混凝土抗震性能试验研究，其中非约束混凝土标准圆柱体轴心抗压强度 f'_{c0} 介于 66 ～ 103 MPa，箍筋条件屈服强度 $f_{0.2}$ 介于 793 ～ 1 276 MPa，箍筋间距 s 介于 25 ～ 44 mm，箍筋形式为方形箍筋和菱形复合箍筋，试验轴压比 n 介于0 ～ 0.2，剪跨比 λ 为3.6。试验结果表明：所有试验柱均能达到规范 ACI 318－89 规定的极限位移角（2%）；当试验轴压比为0时，试验柱的位移角可达到 4% 以上；当试件的位移角为 2% 时，条件屈服强度介于 793 ～ 1 276 MPa 的箍筋仍未屈服；与屈服强度为 420 MPa 的箍筋相比，条件屈服强度介于 793 ～ 1 276 MPa 的箍筋对混凝土的约束效果更好。

1994 年，Razvi 对收集到的 45 个约束混凝土柱拟静力试验结果进行分析，考察箍筋屈服强度、轴压比、配筋率等影响因素对约束混凝土柱变形能力的影响。对于试验轴压比为0.63，非约束混凝土轴心抗压强度介于86 ～ 116 MPa，体积配箍率为 4.4% 的约束混凝土柱，与屈服强度为 328 MPa 的箍筋相比，当箍筋条件屈服强度为792 MPa时，试件的变形能力提高了2.5倍，说明箍筋屈服强度越高，

约束混凝土柱变形能力越好。

1997～1998年，Bayrak和Sheikh完成了8个约束混凝土柱抗震性能试验研究，其中非约束混凝土标准圆柱体轴心抗压强度f'_{c0}介于71.7～102.2 MPa，箍筋屈服强度f_{yv}介于463～542 MPa，箍筋体积配箍率ρ_v介于2.84%～6.74%，箍筋形式为方形箍筋和菱形复合箍筋，试验轴压比n介于0.36～0.5，剪跨比λ为4.8。试验结果表明：随着轴压比的增加，约束混凝土柱的变形能力、耗能能力有所降低，弯曲刚度退化和强度退化明显。随着箍筋体积配箍率的增加，约束混凝土柱的耗能能力、吸能能力、变形能力及受弯承载力提高。只要配置足够数量的约束箍筋（ρ_v=6.74%），高试验轴压比（n=0.5）情况下的约束高强混凝土柱仍能表现出良好的变形能力和耗能能力。当其他条件相同时，与配置方形箍筋的约束混凝土柱相比，配置菱形复合约束箍筋的约束混凝土柱具有更好的变形能力和耗能能力。同时，Bayrak和Sheikh还提出了一个考虑剪跨比、截面尺寸和反弯点位移的塑性铰长度计算公式。

2000年，Ahn等人完成了20个箍筋约束混凝土柱拟静力试验研究，其中非约束混凝土标准圆柱体轴心抗压强度f'_{c0}介于32～70 MPa，箍筋屈服强度f_{yv}为406 MPa，箍筋体积配箍率ρ_v介于1.05%～3.15%，试验轴压比n介于0.3～0.5，剪跨比λ为2。试验结果表明：箍筋体积配箍率越大，约束混凝土柱的变形能力和耗能能力越好；约束混凝土柱的弯曲刚度主要取决于箍筋数量，箍筋体积配箍率越高，约束混凝土刚度退化越缓慢；当其他条件相同时，想获得相近的变形能力和耗能能力，试验轴压比为0.5的试件需配置的箍筋体积配箍率（ρ_v=3.15%）是试验轴压比为0.3的试件需配置的箍筋体积配箍率（ρ_v=2.1%）的1.45倍。Ahn认为，要想约束混凝土柱具有较好的变形能力和耗能能力，轴压比需限定在一定的范围内。

2000～2001年，Legeron和Paultre完成了14个约束混凝土柱拟静力试验，其中非约束混凝土标准圆柱体轴心抗压强度f'_{c0}介于78.7～109.5 MPa，箍筋屈服强度/条件屈服强度f_{yv}介于391～825 MPa，箍筋体积配箍率ρ_v介于1.96%～4.26%，试验轴压比n介于0.14～0.57，剪跨比λ为7.5。试验结果表明：其他条件相同时，随着箍筋屈服强度（条件屈服强度）的提高，约束混凝土柱的变形能力、耗能能力提高。

2002年，Budek等人对9个非约束混凝土标准圆柱体轴心抗压强度f'_{c0}介于32.5～47.1 MPa，箍筋条件屈服强度$f_{0.2}$介于1 378～1 569 MPa，体积配箍率ρ_v介于0.22%～0.57%，试验轴压比n介于0.12～0.3的约束混凝土柱进行拟静力试验（剪跨比λ=2）。试验结果表明：采用高强钢丝作为箍筋，达到抗弯承载力时，箍筋尚未屈服。同时，Budek 提出在使用高强箍筋时，箍筋间距不宜大于 4 倍纵筋直径。

2003 年，Matamoros 等人完成了 8 个约束混凝土柱抗震性能试验研究，其中非约束混凝土标准圆柱体轴心抗压强度 f'_{c0} 介于 38 ～ 70 MPa，箍筋屈服强度 f_{yv} 介于 400 ～ 503 MPa，箍筋体积配箍率 ρ_v 为 1%，试验轴压比 n 介于 0 ～ 0.4，剪跨比 λ 为 3.4。通过在箍筋表面粘贴应变片的方法，测量各试件在每一个加载循环过程中箍筋应变实测值。试验结果表明：其他条件相同时，混凝土强度越高，约束混凝土柱的极限位移角越小；其他条件相同时，轴压比越大，约束混凝土极限位移角越小；当轴压比 $n=0$ 时，箍筋应变始终低于其屈服应变；当轴压比较大 ($n=0.4$) 时，达到峰值荷载时箍筋尚未屈服，但达到极限位移角时箍筋能够屈服，证明箍筋应变随轴压比的增大而增大。

2003 年，Ho 等人完成了 4 个约束高强混凝土柱拟静力试验，其中非约束混凝土立方体抗压强度 f_{cu} 为 85 MPa，箍筋体积配箍率 ρ_v 介于 0.38% ～ 1.73%，箍筋屈服强度 f_{yv} 介于 339 ～ 378 MPa，纵筋总配筋率 ρ_s 为 0.86%，纵筋屈服强度 f_y 为 556 MPa，试验轴压比 n 为 0.1，剪跨比 λ 为 2.5。试验结果表明：当箍筋弯钩为 90° 时，弯钩在试验过程中张开，纵筋屈服较早，而箍筋弯钩为 135° 时，箍筋对纵筋的约束较好。Ho 建议抗震设计时箍筋应优先采用 135° 弯钩，且箍筋伸入核心混凝土长度应大于 6 倍箍筋直径。

2004 年，Hwang 等人完成了 8 个约束混凝土柱的拟静力试验研究，考察了箍筋强度、箍筋体积配箍率、箍筋形式对约束混凝土柱抗震性能的影响。其中，非约束混凝土标准圆柱体轴心抗压强度 f'_{c0} 为 69 MPa，箍筋体积配箍率 ρ_v 介于 1.58% ～2.25%，箍筋屈服强度/条件屈服强度 f_{yv} 介于 549 ～ 779 MPa，纵筋总配筋率 ρ_s 为 2.54%，纵筋屈服强度 f_y 为 431 MPa，箍筋形式为方形箍筋、菱形复合箍筋、十字形复合箍筋，试验轴压比 n 为 0.3，剪跨比 λ 为 3。试验结果表明：当轴压比为 0.3，约束混凝土柱达到极限承载力时，箍筋拉应力不超过 549 MPa，箍筋未屈服；当箍筋间距超过 3 倍截面边长时，箍筋间距过大导致纵向钢筋过早屈曲，降低约束混凝土柱变形能力。

1982 ～ 1985 年，沈聚敏和翁义军等人对 26 个约束混凝土矩形柱和 14 个约束混凝土方柱进行拟静力试验研究，试件的混凝土强度等级介于 C20 ～ C40，箍筋体积配箍率 ρ_v 介于 0.475% ～ 2.14%，箍筋屈服强度 f_{yv} 为 450 MPa，箍筋形式为矩形箍筋、井字形复合箍筋、八角形复合箍筋，纵筋总配筋率 ρ_s 介于 0.481% ～3.33%，试验轴压比 n 介于 0 ～ 0.368，剪跨比 λ 介于 4.3 ～ 4.6。试验结果表明：箍筋越密、轴压比越小，柱的抗震性能越好。在体积配箍率相同的情况下，采用复合箍筋的试件，位移延性系数是普通矩形箍的1.5倍。

1995年，王清湘等人完成了48个箍筋约束混凝土柱的拟静力试验，试验参数包括：剪跨比λ(2.75)、箍筋形式(变形复合箍)、轴压比n(0.3～0.9)、体积配箍率ρ_v(0.7%～2.2%)、非约束混凝土标准立方体抗压强度f_{cu}(30.4～66.3 MPa)。试验结果表明：轴压比越小，体积配箍率越大，混凝土抗压强度越低，约束混凝土柱的变形能力越好。基于试验结果，提出了满足位移延性系数(下降至85%水平峰值荷载对应的水平位移与屈服位移的比值)大于3时所需最小体积配箍率随试验轴压比增大而增大的双折线计算方法，即

$$\rho_v=\begin{cases}0.004+0.016n & (0\leqslant n\leqslant 0.5)\\ 0.048n-0.06 & (n>0.5)\end{cases} \tag{1.57}$$

式中，n为试验轴压比。

1999年，关萍等人完成了4个箍筋约束混凝土柱拟静力试验，其中，非约束混凝土标准立方体抗压强度f_{cu}介于88.8～92.6 MPa，箍筋体积配箍率ρ_v介于1.42%～2.02%，箍筋屈服强度/条件屈服强度f_{yv}介于263～733 MPa，试验轴压比n为0.8，剪跨比λ为2.75。试验结果表明：体积配箍率较小($\rho_v=1.42\%$)的较低强度箍筋($f_{yv}=263$ MPa)约束混凝土柱的破坏形式为剪切破坏，而体积配箍率相同的较高强度箍筋($f_{yv}=733$ MPa)约束混凝土柱的破坏形式为弯曲破坏，较高强度箍筋($f_{yv}=733$ MPa)约束混凝土柱的滞回曲线比较低强度箍筋($f_{yv}=263$ MPa)约束混凝土柱的滞回曲线更饱满。即使试验轴压比较高($n=0.8$)，约束混凝土柱在较高强度箍筋($f_{yv}=733$ MPa)、较高配箍率($\rho_v=2.02\%$)的情况下仍可以获得较好的变形能力。

2002年，肖岩等人完成了6个截面尺寸为510 mm×510 mm的箍筋约束混凝土柱的拟静力试验，其中，非约束混凝土标准圆柱体轴心抗压强度f'_{c0}介于62.1～64.1 MPa，箍筋体积配箍率ρ_v介于0.475%～2.14%，箍筋屈服强度f_{yv}介于445～525 MPa，试验轴压比n介于0.2～0.34，剪跨比λ介于4.3～4.6。肖岩等人认为，合理使用较高强度的箍筋能够有效增加对混凝土的约束，提高约束混凝土柱的变形能力，但考虑此试验所采用的最高箍筋屈服强度仅为525 MPa，箍筋屈服强度并不高，此结论能否适用于箍筋屈服强度超过600 MPa的约束混凝土柱仍有待进一步研究。肖岩等人提出一个以柱端极限侧移比$(\Delta/L)_u$为性能指标的配箍设计公式，见式(1.58)和式(1.59)。

$$(\Delta/L)_u=0.28\ln(\alpha+1)+\frac{0.38}{\sqrt{n+1}}-0.31 \tag{1.58}$$

$$\alpha=\frac{A_{sv}f_{yv}}{sb_{cor}f'_{c0}} \tag{1.59}$$

式中，Δ 为柱端水平位移（mm）；L 为柱高（mm）；α 为约束指标；n 为试验轴压比；A_{sv} 为箍筋截面面积（mm^2）；f_{yv} 为箍筋屈服强度（MPa）；s 为箍筋间距（mm）；b_{cor} 为核心区混凝土截面边长（mm）；f'_{c0} 为非约束混凝土标准圆柱体轴心抗压强度（MPa）。

2006 年，阎石对 6 个箍筋约束混凝土圆柱和 6 个箍筋约束混凝土方柱进行了拟静力试验研究。试件的混凝土强度等级为 C60 和 C90，箍筋体积配箍率 ρ_v 介于 0.987% ～ 3.17%，箍筋屈服强度 / 条件屈服强度 f_{yv} 介于 335 ～ 1 275 MPa，试验轴压比 n_v 介于 0.221 ～ 0.538，剪跨比 λ_v 介于 3 ～ 5。阎石分析了轴压比、箍筋屈服强度、体积配箍率等参数对约束混凝土柱变形能力的影响，提出了箍筋约束混凝土柱位移延性系数计算公式，即

$$\mu = \gamma(e^{1-0.2n} - 1.55)\frac{4.65 + 6.65\sqrt{\lambda_v}}{1 + 0.54n} \tag{1.60}$$

式中，μ 为位移延性系数，是下降至 85% 水平峰值荷载对应的水平位移与屈服位移的比值；γ 为截面形状系数，圆形截面 $\gamma = 1.1$，方形截面 $\gamma = 1.0$；λ_v 为配箍特征值；n 为试验轴压比。

2007 年，张国军等人收集了 108 个约束混凝土柱拟静力试验结果，其中，非约束混凝土标准立方体抗压强度 f_{cu} 介于 50 ～ 145 MPa，配箍特征值 λ_v 介于 0.03 ～0.82，箍筋屈服强度 / 条件屈服强度 f_{yv} 介于 255 ～ 1 424 MPa，纵筋总配筋率 ρ_s 介于 1.01% ～ 6.03%，纵筋屈服强度 f_y 介于 339 ～ 587 MPa，试验轴压比 n 介于 0 ～ 1.47，剪跨比 λ 介于 2 ～ 7.64。试验结果表明：约束混凝土柱的极限位移角随配箍特征值增加而增加，随轴压比增加而减小。张国军建立了配箍特征值与轴压比、极限位移角之间的关系式，即

$$\lambda_v = (0.18 + 0.25n)\left[1 - \sqrt{1 - R_u/(0.062 - 0.003n)}\right] \tag{1.61}$$

式中，λ_v 为配箍特征值；n 为试验轴压比；R_u 为约束混凝土柱的极限位移角。

2010 年，孙治国等人完成了 9 个约束混凝土柱拟静力试验，并收集了 98 个约束混凝土矩形柱和 11 个约束混凝土圆柱拟静力试验数据，以极限位移角为 2% 和 3% 作为目标，提出了适用于非约束混凝土轴心抗压强度 f_{c0} 介于 42.5 ～ 118 MPa、体积配箍率 ρ_v 介于 0.63% ～ 6.38%、箍筋屈服强度 / 条件屈服强度 f_{yv} 介于 391 ～ 1 424 MPa、纵筋总配筋率 ρ_s 介于 0.99% ～ 6.03%、纵筋屈服强度 f_y 介于 361 ～ 586 MPa、试验轴压比 n 介于 0 ～ 0.64、剪跨比 λ 介于 2 ～ 6.6 的约束混凝土柱箍筋用量计算公式及相应的配箍构造措施。

(1) 当以极限位移角为 2% 作为约束混凝土柱抗震设计目标时。

对于矩形截面柱

$$0.04 \geqslant \rho_v = \frac{1}{2.24} \times \frac{f_{c0}}{f_{yv}} \times \left(1.3 - \rho_s \frac{f_{yv}}{0.85 f_{c0}}\right) \times n \times \frac{A_g}{A_{cor}} \geqslant 0.008 \quad (1.62)$$

对于圆形截面柱

$$0.04 \geqslant \rho_v = \frac{1}{3.21} \times \frac{f_{c0}}{f_{yv}} \times \left(1.3 - \rho_s \frac{f_{yv}}{0.85 f_{c0}}\right) \times n \times \frac{A_g}{A_{cor}} \geqslant 0.008 \quad (1.63)$$

(2) 当以极限位移角为 3% 作为约束混凝土柱抗震设计目标时。

对于矩形截面柱

$$0.05 \geqslant \rho_v = \frac{1}{1.29} \times \frac{f_{c0}}{f_{yv}} \times \left(1.3 - \rho_s \frac{f_{yv}}{0.85 f_{c0}}\right) \times n \times \frac{A_g}{A_{cor}} \geqslant 0.01 \quad (1.64)$$

对于圆形截面柱

$$0.05 \geqslant \rho_{sv} = \frac{1}{1.84} \times \frac{f_{c0}}{f_{yv}} \times \left(1.3 - \rho_s \frac{f_{yv}}{0.85 f_{c0}}\right) \times n \times \frac{A_g}{A_{cor}} \geqslant 0.01 \quad (1.65)$$

式中，ρ_v 为体积配箍率；f_{c0} 为非约束混凝土轴心抗压强度(MPa)；f_{yv} 为箍筋屈服强度 / 条件屈服强度(MPa)；ρ_s 为纵筋总配筋率；n 为试验轴压比；A_g 为约束混凝土柱毛截面面积(mm^2)；A_{cor} 为箍筋约束混凝土柱的核心截面面积(mm^2)。

(3) 约束混凝土柱的配箍限值条件为：当 $n \leqslant 2$ 时，$f_{yv} \leqslant 400$ MPa；当 $n > 2$ 时，$f_{yv} > 400$ MPa。当 $f_{yv} \leqslant 500$ MPa 时，$s \leqslant 4d_b$；当 $f_{yv} > 500$ MPa 时，$s \leqslant 5d_b$(s 为箍筋间距，d_b 为纵筋直径)。

2012 年，史庆轩等人完成了 14 个约束混凝土柱拟静力试验，其中，混凝土强度等级为 C60 和 C80，箍筋体积配箍率 ρ_v 介于 0.393% ～ 1.061%，箍筋屈服强度(条件屈服强度)f_{yv} 介于 235 ～ 1 100 MPa，箍筋形式包括方形箍筋、井字复合箍筋和八角形复合箍筋，试验轴压比 n 介于 0.5 ～ 0.7，剪跨比 λ 介于 1 ～ 2。研究结果表明：当约束混凝土达到峰值荷载时，条件屈服强度为 1 100 MPa 的箍筋的应力为其条件屈服强度的 35% ～ 50%，但达到极限位移(下降至 85% 水平峰值荷载对应的水平位移)时，其条件屈服强度能够充分发挥。史庆轩建议，在抗震受剪承载力计算时，若箍筋屈服强度的数值大于450 MPa，则取 450 MPa。

李义柱等人完成了 6 个约束混凝土柱拟静力试验研究，其中 4 个试件采用 HRB600 热轧钢筋作为纵筋和箍筋，1 个试件采用 HRB400 热轧钢筋作为纵筋和箍筋，1 个试件分别采用 HRB400、HRB600 热轧钢筋作为纵筋、箍筋。试件的混凝土强度等级为 C50，箍筋体积配箍率 ρ_v 介于 0.987% ～ 3.17%，箍筋屈服强度 f_{yv} 介于 335 ～ 642 MPa，试验轴压比 n 介于 0.221 ～ 0.538，剪跨比 λ 介于 3 ～ 5。试验结果表明：采用 HRB600 热轧钢筋作为箍筋，达到峰值荷载时，箍筋尚未屈服；采用 HRB600 热轧钢筋作为箍筋，试件具有较好的耗能能力，试件的累积损伤有所降低,刚度退化现象减弱。

《混凝土结构设计规范》(GB 50010—2010)中第6.2.17～6.2.19条、《建筑抗震设计规范》(GB 50011—2010)中第6.2.2～6.2.3条分别给出了钢筋混凝土柱正截面受压承载力计算公式和考虑抗震组合的柱端弯矩设计方法,但并未考虑箍筋的约束作用。

《高强箍筋混凝土结构技术规程》(CECS 356:2013)中第3.2.4条第2款指出,在抗震构造验算(配箍特征值验算)时,箍筋受拉屈服强度标准值不小于800 MPa的箍筋抗拉强度设计值可取700 MPa。

1.4　本书主要内容

(1) 揭示了箍筋约束混凝土柱在峰值受压荷载下未屈服箍筋的拉应变随非约束混凝土抗压强度提高而减小,随体积配箍率增大而增大的规律。提出了峰值受压荷载下箍筋受拉屈服的判断方法,建立了在峰值受压荷载下未屈服箍筋拉应力的计算公式。

(2) 提出了约束指标介于0.33%～24.22%的箍筋约束混凝土轴压柱在荷载－变形曲线下降段箍筋是否发生破断的判断方法,建立了箍筋破断时约束混凝土压应力和压应变计算公式。

(3) 对约束指标介于0.33%～24.22%的箍筋约束混凝土,提出了峰值压应力、峰值压应变和下降段的特征点(85%峰值压应力点、50%峰值压应力点和箍筋破断点)的竖向压应力及竖向压应变的计算公式,建立了约束指标介于0.33%～24.22%的箍筋约束混凝土受压应力－应变关系曲线方程。

(4) 揭示了轴压比、剪跨比、体积配箍率等关键参数对HRB500钢筋作为纵筋、中强度预应力钢丝作为箍筋的约束混凝土柱抗震性能的影响。

第2章

螺旋箍筋约束混凝土圆柱轴心受压试验

本章基于156个螺旋箍筋约束混凝土圆柱的轴心受压性能试验结果，考察了非约束混凝土抗压强度、体积配箍率和箍筋屈服强度对螺旋箍筋约束混凝土圆柱轴心受压承载能力和变形能力的影响。通过有限元扩参数分析，考察了非约束混凝土抗压强度、体积配箍率、箍筋屈服强度和试件核心截面尺寸对螺旋箍筋约束混凝土受压应力－应变关系曲线的影响。

2.1 引　言

为考察非约束混凝土抗压强度、体积配箍率和箍筋屈服强度对峰值受压荷载下未屈服螺旋箍筋拉应力的影响，建立峰值受压荷载下未屈服螺旋箍筋拉应力的量化表达；为考察非约束混凝土抗压强度和约束指标（峰值受压荷载下箍筋侧向约束应力与非约束混凝土轴心抗压强度的比值）对螺旋箍筋破断时约束混凝土竖向压应力和竖向压应变的影响，本章完成了 156 根螺旋箍筋约束混凝土圆柱的轴心受压试验。试验参数包括：非约束混凝土轴心抗压强度（18 ～ 155.45 MPa）、箍筋牌号（HRB335、HRB400、HRB500、HRB600、PC800、PC970 和 PC1270）和体积配箍率（0.9% ～ 2.2%）。分析了试件的试验现象，重点考察了非约束混凝土抗压强度、体积配箍率和箍筋屈服强度对螺旋箍筋约束混凝土柱轴压承载能力和受压变形能力的影响。在螺旋箍筋约束混凝土柱轴心受压试验的基础上，通过有限元扩参数分析，考察了非约束混凝土抗压强度、体积配箍率、箍筋屈服强度和试件核心截面尺寸对螺旋箍筋约束混凝土受压应力－应变关系曲线的影响。

2.2 试验方案

2.2.1 试件设计

本章设计并制作了 156 根螺旋箍筋约束混凝土圆柱。所有试件的直径均为 265 mm，高度均为 1 100 mm，混凝土保护层仅 2.5 mm。为避免试件端部先于试件中部被压坏，试件上、下各 150 mm 范围内箍筋加密。试件中部 300 mm 为约束混凝土应变测试区。试件几何尺寸及配筋示意如图 2.1 所示。试件设计参数见表2.1。

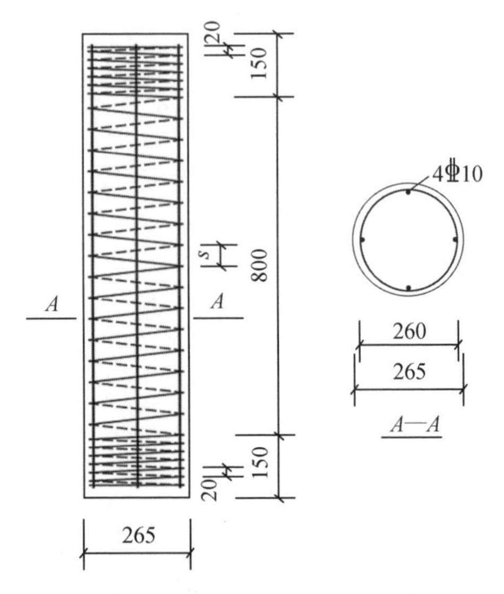

图2.1　试件几何尺寸及配筋示意(单位:mm)

表 2.1　试件设计参数

试件编号	f_{c0}/MPa	箍筋参数					纵筋参数	
		$f_{yv}(f_{0.2})$/MPa	s/mm	d/mm	ρ_v/%	约束指标	f_y/MPa	ρ_s/%
C20－335－1.40－Y	18.00	360	60	8	1.40	12.46%	480	0.57
C20－335－1.80－Y	18.00	360	45	8	1.80	16.54%	480	0.57
C20－335－2.20－Y	18.00	360	40	8	2.20	20.43%	480	0.57
C20－400－1.10－Y	18.00	480	75	8	1.10	12.63%	480	0.57
C20－400－1.35－Y	18.00	480	60	8	1.35	16.02%	480	0.57
C20－400－1.60－Y	18.00	480	50	8	1.60	19.40%	480	0.57
C20－500－1.00－Y	18.00	576	80	8	1.00	13.62%	480	0.57
C20－500－1.25－Y	18.00	576	65	8	1.25	17.60%	480	0.57
C20－500－1.50－Y	18.00	576	55	8	1.50	21.59%	480	0.57
C30－335－1.40－Y	25.00	360	60	8	1.40	8.97%	480	0.57
C30－335－1.80－Y	25.00	360	45	8	1.80	11.91%	480	0.57
C30－335－2.20－Y	25.00	360	40	8	2.20	14.71%	480	0.57
C30－400－1.10－Y	25.00	480	75	8	1.10	9.09%	480	0.57

续表2.1

试件编号	f_{c0}/MPa	箍筋参数					纵筋参数	
		$f_{yv}(f_{0.2})$/MPa	s/mm	d/mm	ρ_v/%	约束指标	f_y/MPa	ρ_s/%
C30－400－1.35－Y	25.00	480	60	8	1.35	11.53%	480	0.57
C30－400－1.60－Y	25.00	480	50	8	1.60	13.97%	480	0.57
C30－500－1.00－Y	25.00	576	80	8	1.00	9.81%	480	0.57
C30－500－1.25－Y	25.00	576	65	8	1.25	12.67%	480	0.57
C30－500－1.50－Y	25.00	576	55	8	1.50	15.54%	480	0.57
C40－335－1.40－Y	33.00	360	45	6	1.00	5.01%	480	0.57
C40－335－1.80－Y	33.00	360	70	8	1.20	5.70%	480	0.57
C40－335－2.20－Y	33.00	360	60	8	1.40	6.80%	480	0.57
C40－400－1.10－Y	33.00	480	75	8	1.10	6.89%	480	0.57
C40－400－1.35－Y	33.00	480	60	8	1.35	8.74%	480	0.57
C40－400－1.60－Y	33.00	480	50	8	1.60	10.58%	480	0.57
C40－500－1.00－Y	33.00	576	80	8	1.00	7.43%	480	0.57
C40－500－1.25－Y	33.00	576	65	8	1.25	9.60%	480	0.57
C40－500－1.50－Y	33.00	576	55	8	1.50	11.78%	480	0.57
C40－600－1.00－Y	33.00	657	45	6	1.00	9.15%	480	0.57
C40－600－1.20－Y	33.00	657	70	8	1.20	10.40%	480	0.57
C40－600－1.40－Y	33.00	657	60	8	1.40	12.40%	480	0.57
C50－400－1.10－Y	38.00	480	75	8	1.10	5.98%	480	0.57
C50－400－1.35－Y	38.00	480	60	8	1.35	7.59%	480	0.57
C50－400－1.60－Y	38.00	480	50	8	1.60	9.19%	480	0.57
C50－500－1.00－Y	38.00	576	80	8	1.00	6.45%	480	0.57
C50－500－1.25－Y	38.00	576	65	8	1.25	8.34%	480	0.57
C50－500－1.50－Y	38.00	576	55	8	1.50	10.23%	480	0.57
C50－600－1.00－Y	38.00	657	45	6	1.00	7.94%	480	0.57
C50－600－1.20－Y	38.00	657	70	8	1.20	9.03%	480	0.57
C50－600－1.40－Y	38.00	657	60	8	1.40	10.77%	480	0.57
C60－400－1.10－Y	40.00	480	75	8	1.10	5.68%	480	0.57

续表2.1

试件编号	f_{c0}/MPa	箍筋参数					纵筋参数	
		$f_{yv}(f_{0.2})$/MPa	s/mm	d/mm	ρ_v/%	约束指标	f_y/MPa	ρ_s/%
C60－400－1.35－Y	40.00	480	60	8	1.35	7.21%	480	0.57
C60－400－1.60－Y	40.00	480	50	8	1.60	8.73%	480	0.57
C60－500－1.00－Y	40.00	576	80	8	1.00	6.13%	480	0.57
C60－500－1.25－Y	40.00	576	65	8	1.25	7.92%	480	0.57
C60－500－1.50－Y	40.00	576	55	8	1.50	9.72%	480	0.57
C60－600－1.00－Y	40.00	657	45	6	1.00	5.32%	480	0.57
C60－600－1.20－Y	40.00	657	70	8	1.20	6.68%	480	0.57
C60－600－1.40－Y	40.00	657	60	8	1.40	8.72%	480	0.57
C70－500－1.00－Y	45.00	576	80	8	1.00	4.07%	480	0.57
C70－500－1.25－Y	45.00	576	65	8	1.25	5.89%	480	0.57
C70－500－1.50－Y	45.00	576	55	8	1.50	8.63%	480	0.57
C70－600－1.00－Y	45.00	657	45	6	1.00	4.49%	480	0.57
C70－600－1.20－Y	45.00	657	70	8	1.20	5.20%	480	0.57
C70－600－1.40－Y	45.00	657	60	8	1.40	9.09%	480	0.57
C70－1270－0.90－Y	45.00	1 190	65	7	0.90	6.86%	480	0.57
C70－1270－1.20－Y	45.00	1 190	50	7	1.20	10.18%	480	0.57
C70－1270－1.40－Y	45.00	1 190	40	7	1.40	14.02%	480	0.57
C80－500－1.00－Y	56.00	576	80	8	1.00	2.89%	480	0.57
C80－500－1.25－Y	56.00	576	65	8	1.25	4.32%	480	0.57
C80－500－1.50－Y	56.00	576	55	8	1.50	5.90%	480	0.57
C80－600－1.00－Y	56.00	657	45	6	1.00	3.12%	480	0.57
C80－600－1.20－Y	56.00	657	70	8	1.20	3.92%	480	0.57
C80－600－1.40－Y	56.00	657	60	8	1.40	7.31%	480	0.57
C80－1270－0.90－Y	56.00	1 190	65	7	0.90	4.51%	480	0.57
C80－1270－1.20－Y	56.00	1 190	50	7	1.20	6.42%	480	0.57
C80－1270－1.40－Y	56.00	1 190	40	7	1.40	9.20%	480	0.57
C90－500－1.00－Y	70.00	576	80	8	1.00	1.99%	480	0.57

续表2.1

试件编号	f_{c0}/MPa	箍筋参数					纵筋参数	
		$f_{yv}(f_{0.2})$/MPa	s/mm	d/mm	ρ_v/%	约束指标	f_y/MPa	ρ_s/%
C90－500－1.25－Y	70.00	576	65	8	1.25	2.97%	480	0.57
C90－500－1.50－Y	70.00	576	55	8	1.50	5.55%	480	0.57
C90－600－1.00－Y	70.00	657	45	8	1.00	2.23%	480	0.57
C90－600－1.20－Y	70.00	657	70	8	1.20	2.84%	480	0.57
C90－600－1.40－Y	70.00	657	60	8	1.40	5.85%	480	0.57
C90－800－0.90－Y	70.00	818	65	7	0.90	3.09%	480	0.57
C90－800－1.20－Y	70.00	818	50	7	1.20	4.46%	480	0.57
C90－800－1.40－Y	70.00	818	40	7	1.40	6.27%	480	0.57
C90－970－0.90－Y	70.00	926	65	7	0.90	3.12%	480	0.57
C90－970－1.20－Y	70.00	926	50	7	1.20	4.33%	480	0.57
C90－970－1.40－Y	70.00	926	40	7	1.40	6.49%	480	0.57
C90－1270－0.90－Y	70.00	1 190	65	7	0.90	3.14%	480	0.57
C90－1270－1.20－Y	70.00	1 190	50	7	1.20	4.65%	480	0.57
C90－1270－1.40－Y	70.00	1 190	40	7	1.40	5.73%	480	0.57
RPC100－800－0.90－Y	84.72	818	65	7	0.90	1.56%	480	0.57
RPC100－800－1.20－Y	84.72	818	50	7	1.20	3.22%	480	0.57
RPC100－800－1.40－Y	84.72	818	40	7	1.40	4.26%	480	0.57
RPC100－800－1.60－Y	84.72	818	60	9	1.60	5.00%	480	0.57
RPC100－800－2.00－Y	84.72	818	50	9	2.00	7.19%	480	0.57
RPC100－970－0.90－Y	84.72	926	65	7	0.90	1.67%	480	0.57
RPC100－970－1.20－Y	84.72	926	50	7	1.20	3.25%	480	0.57
RPC100－970－1.40－Y	84.72	926	40	7	1.40	4.19%	480	0.57
RPC100－970－1.60－Y	84.72	926	60	9	1.60	5.16%	480	0.57
RPC100－970－2.00－Y	84.72	926	50	9	2.00	7.24%	480	0.57
RPC100－1270－0.90－Y	84.72	1 190	65	7	0.90	1.67%	480	0.57
RPC100－1270－1.20－Y	84.72	1 190	50	7	1.20	3.02%	480	0.57
RPC100－1270－1.40－Y	84.72	1 190	40	7	1.40	4.40%	480	0.57

续表2.1

试件编号	f_{c0}/MPa	箍筋参数					纵筋参数	
		$f_{yv}(f_{0.2})$/MPa	s/mm	d/mm	ρ_v/%	约束指标	f_y/MPa	ρ_s/%
RPC100－1270－1.60－Y	84.72	1 190	60	9	1.60	5.29%	480	0.57
RPC100－1270－2.00－Y	84.72	1 190	50	9	2.00	7.11%	480	0.57
RPC120－800－0.90－Y	101.66	818	65	7	0.90	1.30%	480	0.57
RPC120－800－1.20－Y	101.66	818	50	7	1.20	2.47%	480	0.57
RPC120－800－1.40－Y	101.66	818	40	7	1.40	3.43%	480	0.57
RPC120－800－1.60－Y	101.66	818	60	9	1.60	4.02%	480	0.57
RPC120－800－2.00－Y	101.66	818	50	9	2.00	5.51%	480	0.57
RPC120－970－0.90－Y	101.66	926	65	7	0.90	1.31%	480	0.57
RPC120－970－1.20－Y	101.66	926	50	7	1.20	2.49%	480	0.57
RPC120－970－1.40－Y	101.66	926	40	7	1.40	3.44%	480	0.57
RPC120－970－1.60－Y	101.66	926	60	9	1.60	4.03%	480	0.57
RPC120－970－2.00－Y	101.66	926	50	9	2.00	5.53%	480	0.57
RPC120－1270－0.90－Y	101.66	1 190	65	7	0.90	1.31%	480	0.57
RPC120－1270－1.20－Y	101.66	1 190	50	7	1.20	2.50%	480	0.57
RPC120－1270－1.40－Y	101.66	1 190	40	7	1.40	3.45%	480	0.57
RPC120－1270－1.60－Y	101.66	1 190	60	9	1.60	4.04%	480	0.57
RPC120－1270－2.00－Y	101.66	1 190	50	9	2.00	5.54%	480	0.57
RPC140－800－0.90－Y	121.81	818	65	7	0.90	1.06%	480	0.57
RPC140－800－1.20－Y	121.81	818	50	7	1.20	1.86%	480	0.57
RPC140－800－1.40－Y	121.81	818	40	7	1.40	2.64%	480	0.57
RPC140－800－1.60－Y	121.81	818	60	9	1.60	3.10%	480	0.57
RPC140－800－2.00－Y	121.81	818	50	9	2.00	4.28%	480	0.57
RPC140－970－0.90－Y	121.81	926	65	7	0.90	1.07%	480	0.57
RPC140－970－1.20－Y	121.81	926	50	7	1.20	1.87%	480	0.57
RPC140－970－1.40－Y	121.81	926	40	7	1.40	2.65%	480	0.57
RPC140－970－1.60－Y	121.81	926	60	9	1.60	3.12%	480	0.57
RPC140－970－2.00－Y	121.81	926	50	9	2.00	4.30%	480	0.57

续表2.1

试件编号	f_{c0}/MPa	箍筋参数					纵筋参数	
		$f_{yv}(f_{0.2})$/MPa	s/mm	d/mm	ρ_v/%	约束指标	f_y/MPa	ρ_s/%
RPC140－1270－0.90－Y	121.81	1 190	65	7	0.90	1.09%	480	0.57
RPC140－1270－1.20－Y	121.81	1 190	50	7	1.20	1.71%	480	0.57
RPC140－1270－1.40－Y	121.81	1 190	40	7	1.40	2.66%	480	0.57
RPC140－1270－1.60－Y	121.81	1 190	60	9	1.60	3.12%	480	0.57
RPC140－1270－2.00－Y	121.81	1 190	50	9	2.00	4.32%	480	0.57
RPC160－800－0.90－Y	134.47	818	65	7	0.90	0.85%	480	0.57
RPC160－800－1.20－Y	134.47	818	50	7	1.20	1.52%	480	0.57
RPC160－800－1.40－Y	134.47	818	40	7	1.40	2.11%	480	0.57
RPC160－800－1.60－Y	134.47	818	60	9	1.60	2.53%	480	0.57
RPC160－800－2.00－Y	134.47	818	50	9	2.00	3.64%	480	0.57
RPC160－970－0.90－Y	134.47	926	65	7	0.90	0.85%	480	0.57
RPC160－970－1.20－Y	134.47	926	50	7	1.20	1.54%	480	0.57
RPC160－970－1.40－Y	134.47	926	40	7	1.40	2.08%	480	0.57
RPC160－970－1.60－Y	134.47	926	60	9	1.60	2.55%	480	0.57
RPC160－970－2.00－Y	134.47	926	50	9	2.00	3.69%	480	0.57
RPC160－1270－0.90－Y	134.47	1 190	65	7	0.90	0.86%	480	0.57
RPC160－1270－1.20－Y	134.47	1 190	50	7	1.20	1.56%	480	0.57
RPC160－1270－1.40－Y	134.47	1 190	40	7	1.40	2.16%	480	0.57
RPC160－1270－1.60－Y	134.47	1 190	60	9	1.60	2.57%	480	0.57
RPC160－1270－2.00－Y	134.47	1 190	50	9	2.00	3.70%	480	0.57
RPC180－800－0.90－Y	155.45	818	65	7	0.90	0.58%	480	0.57
RPC180－800－1.20－Y	155.45	818	50	7	1.20	0.96%	480	0.57
RPC180－800－1.40－Y	155.45	818	40	7	1.40	1.38%	480	0.57
RPC180－800－1.60－Y	155.45	818	60	9	1.60	2.17%	480	0.57
RPC180－800－2.00－Y	155.45	818	50	9	2.00	2.89%	480	0.57
RPC180－970－0.90－Y	155.45	926	65	7	0.90	0.59%	480	0.57
RPC180－970－1.20－Y	155.45	926	50	7	1.20	0.95%	480	0.57

续表2.1

试件编号	f_{c0}/MPa	箍筋参数					纵筋参数	
		$f_{yv}(f_{0.2})$/MPa	s/mm	d/mm	ρ_v/%	约束指标	f_y/MPa	ρ_s/%
RPC180－970－1.40－Y	155.45	926	40	7	1.40	1.39%	480	0.57
RPC180－970－1.60－Y	155.45	926	60	9	1.60	2.18%	480	0.57
RPC180－970－2.00－Y	155.45	926	50	9	2.00	2.92%	480	0.57
RPC180－1270－0.90－Y	155.45	1 190	65	7	0.90	0.60%	480	0.57
RPC180－1270－1.20－Y	155.45	1 190	50	7	1.20	0.97%	480	0.57
RPC180－1270－1.40－Y	155.45	1 190	40	7	1.40	1.41%	480	0.57
RPC180－1270－1.60－Y	155.45	1 190	60	9	1.60	2.14%	480	0.57
RPC180－1270－2.00－Y	155.45	1 190	50	9	2.00	2.93%	480	0.57

注：试件编号 C20－335－1.40－Y 含义为混凝土强度等级－箍筋牌号－体积配箍率－圆柱，以此类推；f_{c0} 为非约束混凝土轴心抗压强度(MPa)；$f_{yv}(f_{0.2})$ 为箍筋屈服强度(条件屈服强度)(MPa)；s 为箍筋间距(mm)；d 为箍筋直径(mm)；ρ_v 为体积配箍率，$\rho_v=\frac{4A_{sv1}}{sD_{cor}}$，其中 A_{sv1} 为单根箍筋的截面面积(mm^2)，D_{cor} 为螺旋箍筋所围的混凝土核心截面直径(mm)；约束指标为峰值受压荷载下箍筋有效侧向约束应力($k_e\rho_v\sigma_{sv0}/2$)与非约束混凝土轴心抗压强度(f_{c0})的比值，其中 k_e 为有效约束系数，按 $k_e=\left(1-\frac{s}{2D_{cor}}\right)/(1-\rho_s)$ 计算，σ_{sv0} 为峰值受压荷载下箍筋拉应力(MPa)，见表 2.5；f_y 为纵筋屈服强度(MPa)；ρ_s 为纵筋配筋率。

2.2.2 材料力学性能

1.混凝土力学性能

试件加载前，测试了与试件同条件下浇筑并养护的混凝土试块的力学性能，混凝土力学性能指标见表 2.2。C20 ～ C90 的试块包括尺寸为 150 mm×150 mm×150 mm的立方体试块和尺寸为150 mm×150 mm×300 mm的棱柱体试块两种；依据现行《活性粉末混凝土》(GB/T 31387—2015)，未掺钢纤维的RPC100～RPC180试块包括尺寸为100 mm×100 mm×100 mm的立方体试块和尺寸为100 mm×100 mm×300 mm的棱柱体试块两种。其中，立方体试块用于测定表 2.2 中的 f_{cu}，棱柱体试块用于测定表 2.2 中的 f_{c0}、ε_{c0} 和 E_{c0}。

表 2.2　混凝土实测力学性能指标

混凝土设计强度等级	f_{cu}/MPa	f_{c0}/MPa	$\varepsilon_{c0}/\times 10^{-6}$	E_{c0}/MPa
C20	23.70	18.00	1 434	25 500
C30	32.90	25.00	1 560	30 000
C40	43.40	33.00	1 748	32 500
C50	50.00	38.00	1 762	34 500
C60	52.31	40.00	1 762	34 924
C70	65.75	45.00	1 808	35 753
C80	75.17	56.00	1 984	37 095
C90	83.13	70.00	2 142	38 500
RPC100	99.86	84.72	2 364	41 562
RPC120	120.92	101.66	2 769	42 364
RPC140	138.24	121.81	3 205	43 641
RPC160	157.63	134.47	3 594	44 625
RPC180	176.42	155.45	3 842	46 354

注：f_{cu} 为混凝土标准立方体抗压强度（MPa）；f_{c0} 为混凝土轴心抗压强度（MPa）；ε_{c0} 为混凝土峰值压应变；E_{c0} 为混凝土弹性模量（MPa）。

2. 钢筋力学性能

依据现行《金属材料　拉伸试验　第 1 部分：室温试验方法》（GB/T 228.1—2021），使用哈尔滨工业大学 WDW－100L 万能试验机对所用钢筋进行了单轴拉伸试验。表 2.1 中所用钢筋的实测力学性能见表 2.3 和表 2.4，各牌号钢筋的受拉应力－应变曲线如图 2.2 所示。

表 2.3　热轧钢筋实测力学性能

钢筋牌号	f_y/MPa	f_u/MPa	E_s/MPa	$\varepsilon_y/\times 10^{-6}$	$\varepsilon_{uy}/\times 10^{-6}$	$\varepsilon_u/\times 10^{-6}$
HRB335	360	550	200 000	1 800	17 590	175 900
HRB400	480	640	200 000	2 400	15 820	158 200
HRB500	576	721	200 000	2 880	9 350	117 000
HRB600	657	844	200 000	3 285	7 660	106 000

注：f_y 为钢筋屈服强度（MPa）；f_u 为钢筋抗拉强度（MPa）；E_s 为钢筋弹性模量（MPa）；ε_y 为钢筋屈服应变；ε_{uy} 为钢筋硬化段起点对应的拉应变；ε_u 为钢筋最大力下的拉应变。

表 2.4　中强度预应力钢丝实测力学性能

钢筋牌号	σ_p/MPa	$f_{0.2}$/MPa	f_u/MPa	E_s/MPa	$\varepsilon_p/\times10^{-6}$	$\varepsilon_{0.2}/\times10^{-6}$	$\varepsilon_u/\times10^{-6}$
PC800	721	818	962	205 000	3 517	5 990	41 000
PC970	817	926	1 089	205 000	3 985	6 517	45 000
PC1270	1 050	1 190	1 400	205 000	5 122	7 805	54 000

注：σ_p 为钢筋比例极限(MPa)；$f_{0.2}$ 为钢筋条件屈服强度(MPa)；f_u 为钢筋抗拉强度(MPa)；E_s 为钢筋弹性模量(MPa)；ε_p 为钢筋比例极限对应的拉应变；$\varepsilon_{0.2}$ 为钢筋条件屈服应变；ε_u 为钢筋最大力下的拉应变。

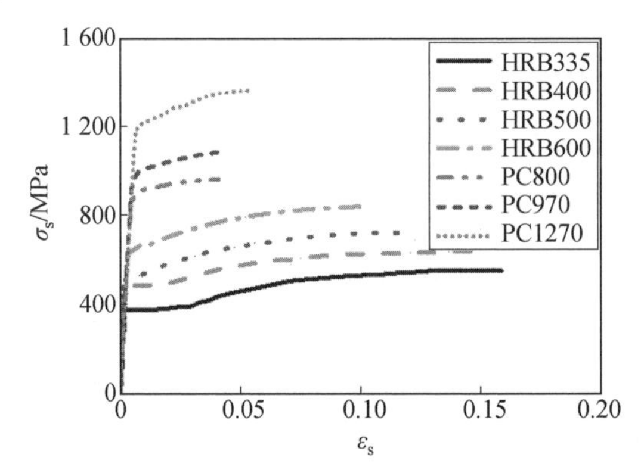

图 2.2　不同牌号钢筋的受拉应力－应变曲线

为便于分析，HRB335、HRB400、HRB500 和 HRB600 热轧钢筋的应力－应变曲线按下式计算：

$$\sigma_s=\begin{cases}E_s\varepsilon_s & (0\leqslant\varepsilon_s<\varepsilon_y)\\ f_y & (\varepsilon_y\leqslant\varepsilon_s<\varepsilon_{uy})\\ f_y+\dfrac{f_u-f_y}{\varepsilon_u-\varepsilon_{uy}}(\varepsilon_s-\varepsilon_{uy}) & (\varepsilon_{uy}\leqslant\varepsilon_s<\varepsilon_u)\end{cases}\tag{2.1}$$

与式(2.1)对应的热轧钢筋应力－应变关系曲线如图 2.3 所示。

800 MPa、970 MPa 和 1 270 MPa 级中强度预应力钢丝受拉应力－应变曲线按下式计算：

$$\sigma_s=\begin{cases}E_s\varepsilon_s & (0\leqslant\varepsilon_s<\varepsilon_p)\\ \sigma_p+\dfrac{f_{0.2}-\sigma_p}{\varepsilon_{0.2}-\varepsilon_p}(\varepsilon_s-\varepsilon_p) & (\varepsilon_p\leqslant\varepsilon_s<\varepsilon_{0.2})\\ f_{0.2}+\dfrac{f_u-f_{0.2}}{\varepsilon_u-\varepsilon_{0.2}}(\varepsilon_s-\varepsilon_{0.2}) & (\varepsilon_{0.2}\leqslant\varepsilon_s<\varepsilon_u)\end{cases}\tag{2.2}$$

与式(2.2)对应的中强度预应力钢丝受拉应力－应变关系曲线如图 2.4 所示。

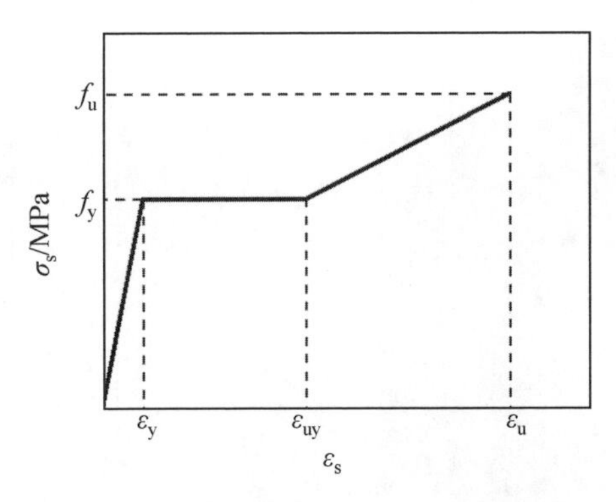

图 2.3　热轧钢筋应力－应变关系曲线

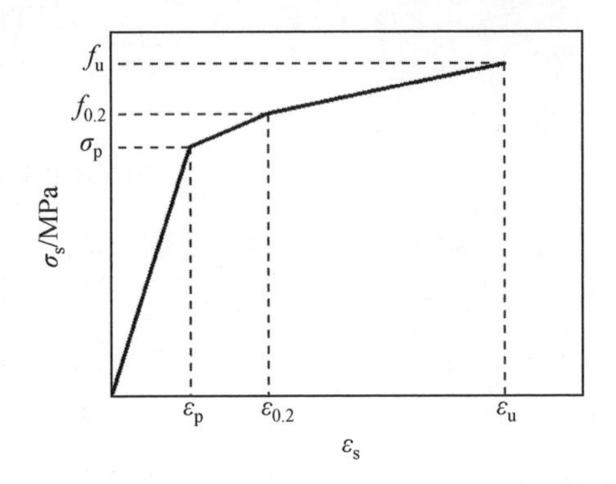

图 2.4　中强度预应力钢丝受拉应力－应变关系曲线

2.2.3　加载方案及数据采集

螺旋箍筋约束混凝土柱的轴心受压试验是在哈尔滨工业大学交通科学与工程学院结构试验大厅的 YAW－10000J 型微机控制电液伺服压力试验机上完成的。螺旋箍筋约束混凝土柱轴心受压试验如图 2.5 所示。

由于试件上、下端面与压力机上、下压头之间不可能完全贴合，因此可能会导致试件上、下端部先于试件中部破坏。为防止试件上、下两端在加载过程中发生端部压坏，采用直径 260 mm、厚度 15 mm、宽 100 mm 的环形钢套箍对柱上、下端进行局部约束，以保证试件中部发生轴心受压破坏。环形钢套箍细部尺寸和具体安装如图 2.6 所示。

在试件中部 300 mm 范围内的两圈螺旋箍筋表面每隔 90° 粘贴 1 个钢筋应变片，每圈粘贴 4 个，共 8 片，按顺序标记为 G1 ～ G8，用来测量箍筋的拉应变；4 根纵筋中部各粘贴 1 个应变片，按顺序标记为 Z1 ～ Z4，用来测量纵筋的竖向压应变；试件中部 300 mm 范围内每隔 90° 布置 1 个电子位移计，用来测量试件中部约

(a) 试验加载

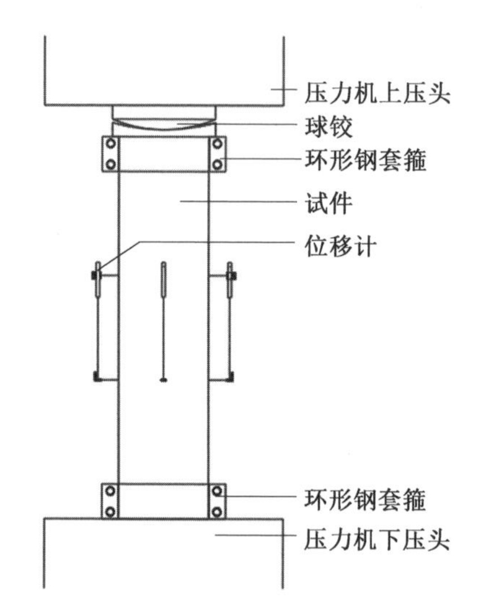

(b) 试验加载装置示意

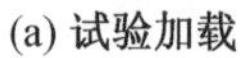

图 2.5　螺旋箍筋约束混凝土柱轴心受压试验

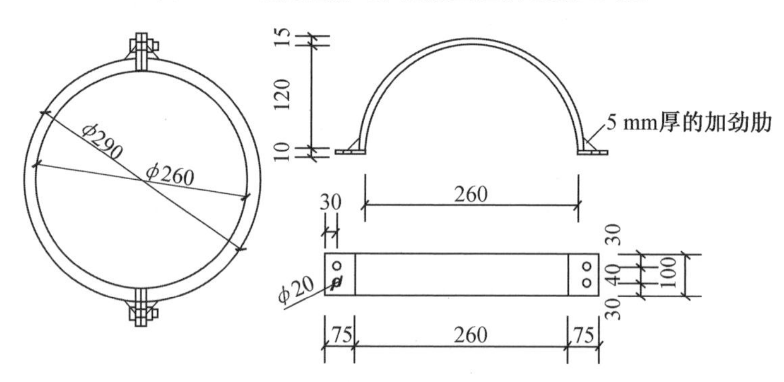

图 2.6　环形钢套箍设计(单位:mm,下同)

束混凝土的竖向压缩位移。钢筋应变片布置如图 2.7 所示。所有应变片和电子位移计的数据均通过 DH3816 静态应变采集系统采集。

采用先力后位移的加载制度进行加载。力控制阶段,加载速度为3 kN/s,加载至试件预估承载力的 70%。位移控制阶段,采用加载速度为0.3 mm/min 的等速位移加载。

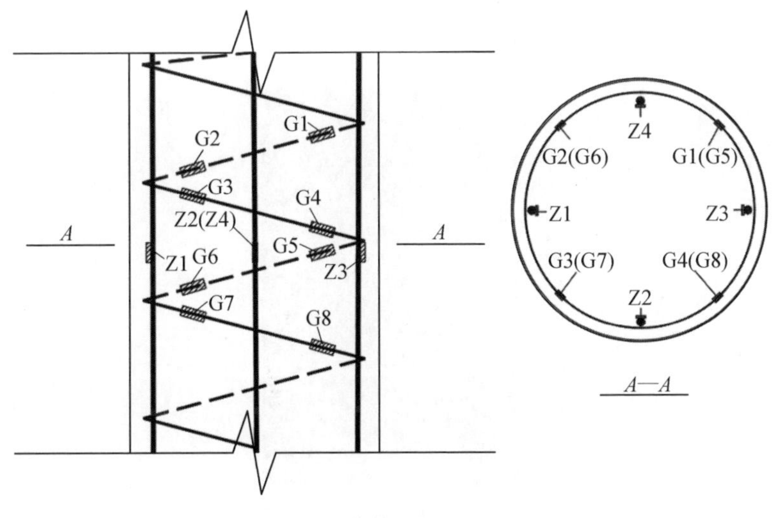

图 2.7　钢筋应变片布置

2.3　试验现象

156 根螺旋箍筋约束混凝土圆柱轴心受压试验现象如下：

(1) 在 66 个采用热轧钢筋作为螺旋箍筋的试件中，峰值受压荷载下 50 个试件的箍筋屈服。峰值受压荷载下箍筋屈服的试件的约束指标(峰值受压荷载下箍筋有效侧向约束应力与非约束混凝土抗压强度的比值)介于 5.81% ～ 21.46%，非约束混凝土轴心抗压强度介于 18 ～ 70 MPa。峰值受压荷载下 16 个试件的箍筋不屈服。峰值受压荷载下箍筋未屈服的试件的约束指标介于 1.97% ～6.65%，非约束混凝土轴心抗压强度介于 50 ～ 68 MPa。上述试验现象表明：约束指标越高，箍筋约束混凝土柱的竖向变形能力越强，横向膨胀变形越大，螺旋箍筋越容易屈服。

(2) 采用中强度预应力钢丝作为箍筋的试件(共 90 个试件)，在峰值受压荷载下箍筋未屈服。这些试件的约束指标介于 0.57% ～ 10.99%，非约束混凝土轴心抗压强度介于 45 ～ 155.45 MPa。

(3) 当非约束混凝土轴心抗压强度介于 18 ～ 155.45 MPa、约束指标介于 1.97% ～21.46% 时，所有试件(156 个试件)在达到峰值受压荷载之前无箍筋破断现象。

(4) 在峰值受压荷载后，156 个试件中有 151 个试件的螺旋箍筋发生破断，其中包括 90 个中强度预应力钢丝作为螺旋箍筋的试件和 61 个热轧钢筋作为螺旋箍筋的试件，箍筋破断如图 2.8 所示。

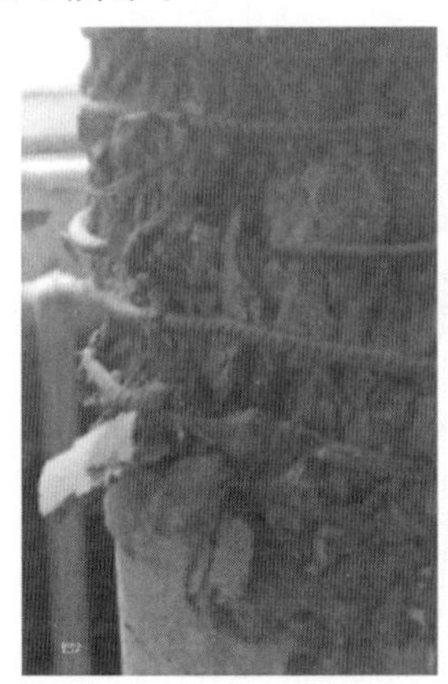

图 2.8　箍筋破断

在 66 个热轧钢筋作为箍筋的试件中，5 个试件的箍筋在约束混凝土受压应力－应变曲线下降段未发生破断，未发生破断的试件的约束指标介于 1.97% ～ 2.22%，非约束混凝土轴心抗压强度介于 40 ～ 70 MPa。61 个试件的箍筋在约束混凝土受压应力－应变曲线下降段发生破断，发生破断的试件的约束指标介于 3.09% ～ 21.46%，非约束混凝土轴心抗压强度介于 18 ～ 63.6 MPa。约束指标低的试件变形能力差，横向膨胀变形小，不容易发生破断；约束指标高的试件变形能力强，横向膨胀变形大，容易发生破断。

采用中强度预应力钢丝作为螺旋箍筋的试件(共 90 个试件)，在约束混凝土受压应力－应变曲线下降段箍筋均发生破断，这些试件的约束指标介于 0.57% ～11.00%，非约束混凝土轴心抗压强度介于 40 ～ 155.45 MPa。

中强度预应力钢丝在最大力下的拉应变为 4.1% ～ 5.4%，而热轧钢筋在最大力下的拉应变在 10% 以上。相较于热轧钢筋，中强度预应力钢丝在峰值受压荷载后破断所需的约束混凝土横向膨胀变形相对较小。当约束程度相同时，中强度预应力钢丝作为箍筋的试件在峰值受压荷载后易发生破断。当非约束混凝土轴心抗压强度相同时，随着约束指标的增大，竖向变形能力增强，横向膨胀变形越大，箍筋的拉应变越大，在峰值受压荷载后箍筋越易发生破断。

(5) 非约束混凝土轴心抗压强度相同的箍筋约束混凝土柱，随着约束指标的增大，在峰值受压荷载下约束混凝土的峰值压应力和峰值压应变增大。

(6) 当约束指标介于 0.57% ～ 21.46%，箍筋牌号和体积配箍率相同时，随着非约束混凝土轴心抗压强度的提高，约束混凝土峰值压应力和非约束混凝土

轴心抗压强度的差值与非约束混凝土轴心抗压强度的比值降低，约束混凝土的峰值压应变减小，变形能力下降。

2.4　试验结果

2.4.1　试验数据处理

各试件约束混凝土的峰值压应力、峰值压应变、在峰值受压荷载下箍筋拉应变和拉应力、在约束混凝土受压应力－应变关系曲线下降段箍筋破断时约束混凝土竖向压应力和竖向压应变，见表 2.5。

表 2.5　试验结果

试件编号	f_{cc0} /MPa	ε_{cc0} /$\times10^{-6}$	ε_{sv0} /$\times10^{-6}$	σ_{sv0} /MPa	f_{rup} /MPa	ε_{rup} /$\times10^{-6}$	N /kN
C20－335－1.40－Y	31.90	8 007	4 230	360.00/屈服	18.30	21 471	1 837
C20－335－1.80－Y	34.30	8 319	4 813	360.00/屈服	21.10	27 984	1 965
C20－335－2.20－Y	36.20	9 163	5 364	360.00/屈服	24.90	29 620	2 066
C20－400－1.10－Y	32.80	8 536	3 125	480.00/屈服	20.10	21 786	1 885
C20－400－1.35－Y	35.00	9 711	3 300	480.00/屈服	22.80	24 128	2 002
C20－400－1.60－Y	37.60	10 588	6 149	480.00/屈服	26.20	25 753	2 140
C20－500－1.00－Y	34.10	8 699	2 978	576.00/屈服	20.20	23 735	1 954
C20－500－1.25－Y	35.90	9 634	4 085	576.00/屈服	23.50	26 821	2 050
C20－500－1.50－Y	38.20	11 407	3 765	576.00/屈服	27.60	27 848	2 172
C30－335－1.40－Y	39.80	7 214	3 953	360.00/屈服	20.30	21 345	2 257
C30－335－1.80－Y	42.20	7 589	4 195	360.00/屈服	24.50	23 415	2 384
C30－335－2.20－Y	44.10	7 846	4 617	360.00/屈服	26.90	25 920	2 485
C30－400－1.10－Y	41.20	7 513	3 060	480.00/屈服	19.70	18 233	2 331
C30－400－1.35－Y	42.70	8 102	3 284	480.00/屈服	24.20	23 146	2 411
C30－400－1.6－Y	44.80	8 537	4 019	480.00/屈服	28.50	23 158	2 522
C30－500－1.00－Y	41.90	7 492	2 964	576.00/屈服	24.90	21 300	2 368
C30－500－1.25－Y	44.00	8 565	3 406	576.00/屈服	29.50	25 287	2 480
C30－500－1.50－Y	45.70	8 797	3 593	576.00/屈服	32.50	26 700	2 570

续表2.5

试件编号	f_{cc0} /MPa	ε_{cc0} /×10⁻⁶	ε_{sv0} /×10⁻⁶	σ_{sv0} /MPa	f_{rup} /MPa	ε_{rup} /×10⁻⁶	N /kN
C40－335－1.40－Y	46.20	5 631	3 603	360.00/屈服	15.50	21 075	2 596
C40－335－1.80－Y	49.30	6 472	3 912	360.00/屈服	18.20	22 017	2 761
C40－335－2.20－Y	52.10	6 809	4 276	360.00/屈服	21.20	23 308	2 607
C40－400－1.10－Y	46.40	5 812	2 685	480.00/屈服	22.50	20 946	2 740
C40－400－1.35－Y	48.90	6 439	3 512	480.00/屈服	29.60	20 176	2 878
C40－400－1.60－Y	51.50	6 323	4 196	480.00/屈服	33.20	23 137	2 644
C40－500－1.00－Y	47.10	5 710	3 923	576.00/屈服	23.50	21 038	2 798
C40－500－1.25－Y	50.00	6 387	4 116	576.00/屈服	23.10	25 330	2 968
C40－500－1.50－Y	53.20	6 621	4 257	576.00/屈服	30.20	23 129	2 724
C40－600－1.00－Y	48.60	6 089	3 102	657.00/屈服	22.30	22 169	2 867
C40－600－1.20－Y	51.30	6 331	3 612	657.00/屈服	26.90	22 963	2 909
C40－600－1.40－Y	54.20	6 989	3 709	657.00/屈服	27.80	23 885	2 869
C50－400－1.10－Y	50.40	4 581	2 585	480.00/屈服	21.90	18 781	3 021
C50－400－1.35－Y	54.10	5 137	3 512	480.00/屈服	23.10	21 223	2 819
C50－400－1.60－Y	57.50	5 028	4 196	480.00/屈服	23.70	22 245	3 016
C50－500－1.00－Y	53.60	4 615	3 923	576.00/屈服	22.10	18 733	3 196
C50－500－1.25－Y	55.90	5 632	4 016	576.00/屈服	22.70	20 317	2 989
C50－500－1.50－Y	60.70	5 518	4 127	576.00/屈服	30.90	21 822	3 111
C50－600－1.00－Y	54.60	4 789	3 102	657.00/屈服	22.40	21 988	3 366
C50－600－1.20－Y	56.70	5 983	3 612	657.00/屈服	22.80	21 531	3 042
C50－600－1.40－Y	61.80	5 791	3 709	657.00/屈服	37.20	20 019	3 154
C60－400－1.10－Y	53.30	3 068	2 450	480.00/屈服	23.50	10 963	3 424
C60－400－1.35－Y	57.50	4 248	3 450	480.00/屈服	31.10	12 231	2 973
C60－400－1.60－Y	60.60	3 638	4 150	480.00/屈服	37.50	18 243	3 196
C60－500－1.00－Y	53.80	3 345	3 850	576.00/屈服	—	—	3 360
C60－500－1.25－Y	59.50	3 600	3 900	576.00/屈服	29.05	11 328	3 000
C60－500－1.50－Y	63.80	4 626	4 060	576.00/屈服	40.10	13 698	3 302
C60－600－1.00－Y	57.50	2 301	2 318	463.60/未屈服	—	—	3 530
C60－600－1.20－Y	59.50	3 668	2 560	512.00/未屈服	35.80	15 179	3 196

续表2.5

试件编号	f_{cc0} /MPa	ε_{cc0} /×10⁻⁶	ε_{sv0} /×10⁻⁶	σ_{sv0} /MPa	f_{rup} /MPa	ε_{rup} /×10⁻⁶	N /kN
C60－600－1.40－Y	64.60	3 198	2 800	560.00/未屈服	43.30	12 369	3 302
C70－500－1.00－Y	53.00	2 000	2 150	430.00/未屈服	26.90	14 956	3 573
C70－500－1.25－Y	58.00	3 762	2 410	482.00/未屈服	34.20	13 364	2 957
C70－500－1.50－Y	67.10	4 139	3 800	576.00/屈服	41.30	12 698	3 223
C70－600－1.00－Y	53.00	2 450	2 200	440.00/未屈服	31.20	13 369	3 705
C70－600－1.20－Y	65.00	3 497	2 240	448.00/未屈服	37.10	10 781	2 957
C70－600－1.40－Y	69.00	4 164	5 000	657.00/屈服	44.70	10 645	3 594
C70－1270－0.90－Y	59.21	3 076	3 423	701.72/未屈服	24.56	13 324	3 806
C70－1270－1.20－Y	62.59	3 453	4 098	840.09/未屈服	35.00	16 660	3 287
C70－1270－1.40－Y	65.57	4 413	4 736	970.88/未屈服	54.00	17 970	3 466
C80－500－1.00－Y	61.30	2 183	1 900	380.00/未屈服	29.90	5 460	3 624
C80－500－1.25－Y	71.30	2 854	2 200	440.00/未屈服	37.90	7 700	3 398
C80－500－1.50－Y	81.00	2 964	2 450	490.00/未屈服	45.20	10 669	3 928
C80－600－1.00－Y	65.00	2 313	1 900	380.00/未屈服	37.30	7 918	4 443
C80－600－1.20－Y	71.50	2 400	2 100	420.00/未屈服	41.90	8 720	3 594
C80－600－1.40－Y	77.00	3 543	3 409	657.00/屈服	47.80	11 562	3 939
C80－1270－0.90－Y	69.86	2 864	2 799	573.80/未屈服	38.06	11 364	4 231
C80－1270－1.20－Y	72.00	3 450	3 213	658.66/未屈服	42.50	13 742	3 852
C80－1270－1.40－Y	76.76	4 300	3 867	792.73/未屈服	62.50	16 437	3 965
C90－500－1.00－Y	73.50	2 528	1 632	326.40/未屈服	34.10	7 261	4 218
C90－500－1.25－Y	77.60	2 613	1 890	378.00/未屈服	—	—	4 045
C90－500－1.50－Y	87.00	2 862	3 600	576.00/屈服	50.50	7 570	4 263
C90－600－1.00－Y	77.00	2 568	1 699	339.80/未屈服	—	—	4 761
C90－600－1.20－Y	85.00	2 500	1 900	380.00/未屈服	—	—	4 231
C90－600－1.40－Y	96.50	3 457	3 450	657.00/屈服	54.30	8 559	4 655
C90－800－0.90－Y	83.81	2 806	2 398	491.59/未屈服	45.00	8 072	5 266
C90－800－1.20－Y	87.21	2 998	2 792	572.36/未屈服	50.20	8 110	4 952
C90－800－1.40－Y	90.99	3 806	3 309	674.73/未屈服	69.20	8 268	4 773
C90－970－0.90－Y	83.89	2 769	2 423	496.72/未屈服	41.30	7 368	4 596

续表2.5

试件编号	f_{cc0} /MPa	ε_{cc0} /×10⁻⁶	ε_{sv0} /×10⁻⁶	σ_{sv0} /MPa	f_{rup} /MPa	ε_{rup} /×10⁻⁶	N /kN
C90－970－1.20－Y	86.91	2 965	2 712	555.96/未屈服	42.10	8 262	4 757
C90－970－1.40－Y	91.41	3 966	3 409	698.84/未屈服	58.30	8 563	4 995
C90－1270－0.90－Y	83.95	3 091	2 438	499.79/未屈服	45.00	8 674	4 600
C90－1270－1.20－Y	87.65	3 846	2 912	596.96/未屈服	55.20	8 986	4 796
C90－1270－1.40－Y	89.93	3 783	3 009	616.85/未屈服	62.30	9 306	4 917
RPC100－800－0.90－Y	97.36	3 295	1 630	334.15/未屈服	40.38	10 946	5 311
RPC100－800－1.20－Y	109.10	4 320	2 440	500.20/未屈服	50.20	11 158	5 934
RPC100－800－1.40－Y	114.80	4 585	2 710	555.55/未屈服	62.77	13 280	6 237
RPC100－800－1.60－Y	118.90	4 896	2 900	594.50/未屈服	69.91	13 728	6 454
RPC100－800－2.00－Y	126.83	5 632	3 270	670.35/未屈服	81.40	14 867	6 875
RPC100－970－0.90－Y	102.00	3 596	1 742	357.11/未屈服	49.14	10 235	5 557
RPC100－970－1.20－Y	110.02	4 287	2 465	505.33/未屈服	53.44	11 178	5 983
RPC100－970－1.40－Y	113.50	4 714	2 667	546.74/未屈服	64.38	12 145	6 168
RPC100－970－1.60－Y	119.40	5 198	2 998	614.59/未屈服	67.16	12 626	6 481
RPC100－970－2.00－Y	124.06	5 613	3 293	675.07/未屈服	78.79	14 903	6 728
RPC100－1270－0.90－Y	101.15	3 503	1 744	357.52/未屈服	45.51	10 319	5 512
RPC100－1270－1.20－Y	108.80	4 169	2 290	469.45/未屈服	59.50	12 509	5 918
RPC100－1270－1.40－Y	114.41	4 716	2 800	574.00/未屈服	65.41	13 678	6 216
RPC100－1270－1.60－Y	119.82	5 206	3 074	630.17/未屈服	75.68	14 383	6 503
RPC100－1270－2.00－Y	125.06	5 614	3 234	662.97/未屈服	87.56	15 416	6 781
RPC120－800－0.90－Y	120.82	3 974	1 625	333.13/未屈服	42.39	11 018	6 556
RPC120－800－1.20－Y	127.32	4 501	2 242	459.61/未屈服	58.24	11 580	6 901
RPC120－800－1.40－Y	133.27	5 096	2 615	536.07/未屈服	63.24	11 975	7 217
RPC120－800－1.60－Y	136.01	5 546	2 797	573.39/未屈服	65.43	12 572	7 362
RPC120－800－2.00－Y	142.87	5 998	3 006	616.23/未屈服	75.55	14 456	7 726
RPC120－970－0.90－Y	119.30	4 033	1 635	335.18/未屈服	47.35	11 899	6 475
RPC120－970－1.20－Y	129.58	4 836	2 268	464.94/未屈服	52.35	12 977	7 021
RPC120－970－1.40－Y	133.24	5 163	2 627	538.54/未屈服	61.41	13 728	7 215
RPC120－970－1.60－Y	136.18	5 574	2 809	575.85/未屈服	74.26	14 959	7 371

续表2.5

试件编号	f_{cc0} /MPa	ε_{cc0} /$\times 10^{-6}$	ε_{sv0} /$\times 10^{-6}$	σ_{sv0} /MPa	f_{rup} /MPa	ε_{rup} /$\times 10^{-6}$	N /kN
RPC120－970－2.00－Y	142.30	6 096	3 016	618.28/未屈服	84.41	14 914	7 696
RPC120－1270－0.90－Y	120.13	4 086	1 641	336.41/未屈服	48.99	12 514	6 520
RPC120－1270－1.20－Y	128.46	4 872	2 273	465.97/未屈服	59.92	13 073	6 962
RPC120－1270－1.40－Y	133.42	5 174	2 633	539.77/未屈服	70.02	16 011	7 225
RPC120－1270－1.60－Y	136.60	5 594	2 816	577.28/未屈服	74.35	16 711	7 396
RPC120－1270－2.00－Y	142.40	6 023	3 020	619.10/未屈服	87.59	17 124	7 701
RPC140－800－0.90－Y	142.30	4 478	1 589	325.75/未屈服	43.48	11 715	7 696
RPC140－800－1.20－Y	147.48	4 923	2 031	416.36/未屈服	50.38	13 387	7 911
RPC140－800－1.40－Y	152.61	5 416	2 410	494.05/未屈服	60.24	13 718	8 243
RPC140－800－1.60－Y	157.74	5 792	2 589	530.75/未屈服	73.41	14 815	8 515
RPC140－800－2.00－Y	164.62	6 481	2 794	572.77/未屈服	83.83	15 693	8 880
RPC140－970－0.90－Y	143.84	4 506	1 602	328.41/未屈服	47.65	13 815	7 778
RPC140－970－1.20－Y	148.59	4 816	2 034	416.97/未屈服	58.39	13 956	8 030
RPC140－970－1.40－Y	152.16	5 236	2 424	496.92/未屈服	68.78	14 406	8 219
RPC140－970－1.60－Y	155.45	5 761	2 603	533.62/未屈服	73.53	15 060	8 394
RPC140－970－2.00－Y	164.13	6 298	2 810	576.05/未屈服	87.28	16 629	8 854
RPC140－1270－0.90－Y	141.64	4 623	1 634	334.97/未屈服	57.28	12 532	7 661
RPC140－1270－1.20－Y	146.59	4 815	1 866	382.53/未屈服	68.16	14 965	7 924
RPC140－1270－1.40－Y	154.16	5 396	2 430	498.15/未屈服	79.23	14 672	8 325
RPC140－1270－1.60－Y	159.32	5 632	2 608	534.64/未屈服	82.57	15 542	8 599
RPC140－1270－2.00－Y	165.42	6 403	2 825	579.13/未屈服	97.20	19 410	8 923
RPC160－800－0.90－Y	150.64	5 090	1 406	288.23/未屈服	46.10	12 841	8 139
RPC160－800－1.20－Y	158.32	5 283	1 833	375.76/未屈服	49.81	13 020	8 546
RPC160－800－1.40－Y	166.91	5 899	2 131	436.85/未屈服	62.60	14 039	9 002
RPC160－800－1.60－Y	171.06	6 090	2 334	478.47/未屈服	65.99	15 102	9 222
RPC160－800－2.00－Y	176.35	6 890	2 630	539.15/未屈服	88.90	16 901	9 503
RPC160－970－0.90－Y	151.44	5 090	1 406	288.23/未屈服	44.70	13 482	8 181
RPC160－970－1.20－Y	159.91	5 290	1 853	379.86/未屈服	56.43	14 647	8 630
RPC160－970－1.40－Y	164.73	5 830	2 100	430.50/未屈服	68.74	15 624	8 886

续表2.5

试件编号	f_{cc0} /MPa	ε_{cc0} /×10^{-6}	ε_{sv0} /×10^{-6}	σ_{sv0} /MPa	f_{rup} /MPa	ε_{rup} /×10^{-6}	N /kN
RPC160－970－1.60－Y	170.27	6 110	2 354	482.57/未屈服	73.47	16 904	9 180
RPC160－970－2.00－Y	177.59	6 840	2 663	545.91/未屈服	88.28	18 998	9 569
RPC160－1270－0.90－Y	151.44	5 089	1 419	290.89/未屈服	49.70	14 607	8 181
RPC160－1270－1.20－Y	159.76	5 310	1 873	383.96/未屈服	64.76	15 595	8 623
RPC160－1270－1.40－Y	164.73	5 830	2 177	446.28/未屈服	68.74	16 999	8 886
RPC160－1270－1.60－Y	169.05	6 140	2 373	486.46/未屈服	88.84	17 524	9 115
RPC160－1270－2.00－Y	178.83	6 840	2 669	547.14/未屈服	101.10	18 552	9 634
RPC180－800－0.90－Y	170.07	5 250	1 109	227.34/未屈服	45.00	12 471	9 170
RPC180－800－1.20－Y	179.70	5 480	1 330	272.65/未屈服	66.09	14 361	9 681
RPC180－800－1.40－Y	186.09	6 070	1 607	329.43/未屈服	67.27	15 339	9 720
RPC180－800－1.60－Y	194.67	6 400	2 308	473.14/未屈服	69.40	15 430	9 875
RPC180－800－2.00－Y	202.08	7 066	2 407	493.43/未屈服	98.21	16 780	9 968
RPC180－970－0.90－Y	170.50	5 298	1 132	232.06/未屈服	49.33	13 157	9 192
RPC180－970－1.20－Y	179.70	5 480	1 320	270.60/未屈服	55.29	15 979	9 681
RPC180－970－1.40－Y	185.14	6 110	1 620	332.10/未屈服	67.27	16 391	9 769
RPC180－970－1.60－Y	196.29	6 340	2 318	475.19/未屈服	75.94	16 532	9 861
RPC180－970－2.00－Y	202.54	7 060	2 434	498.97/未屈服	98.21	16 470	9 725
RPC180－1270－0.90－Y	171.59	5 230	1 151	235.95/未屈服	47.68	13 918	9 993
RPC180－1270－1.20－Y	179.16	5 570	1 349	276.54/未屈服	70.99	16 861	9 250
RPC180－1270－1.40－Y	186.18	6 170	1 640	336.20/未屈服	79.02	16 988	9 652
RPC180－1270－1.60－Y	195.35	6 340	2 282	467.81/未屈服	89.98	17 973	9 811
RPC180－1270－2.00－Y	201.12	6 890	2 447	501.63/未屈服	107.99	19 073	9 917

注：f_{cc0} 为约束混凝土峰值压应力(MPa)；ε_{cc0} 为约束混凝土峰值压应变；ε_{sv0} 为峰值受压荷载下箍筋拉应变；σ_{sv0} 为峰值受压荷载下箍筋拉应力(MPa)，按式(2.1)和式(2.2)计算；f_{rup} 为箍筋破断时约束混凝土竖向压应力(MPa)；ε_{rup} 为箍筋破断时约束混凝土竖向压应变；"—"为在约束混凝土峰值受压应力－应变关系曲线下降段箍筋未发生破断的情况；N 为箍筋约束混凝土柱的轴压承载力(kN)。

2.4.2　螺旋箍筋约束混凝土受压应力－应变关系曲线

为分析体积配箍率对箍筋约束混凝土受压应力－应变关系曲线的影响规律，将非约束混凝土抗压强度和箍筋屈服强度相同、体积配箍率不同的箍筋约束混凝土受压应力－应变关系曲线绘制在同一幅图中，如图 2.9 所示。图 2.9 中横轴 ε_{cc} 表示约束混凝土竖向压应变，纵轴 σ_{cc} 表示约束混凝土竖向压应力，图中灰色圆点表示第一根箍筋破断时对应的约束混凝土竖向压应力和竖向压应变的点。

由图 2.9 和表 2.5 可知：

(1) 当非约束混凝土轴心抗压强度和箍筋屈服强度相同时，随着体积配箍率增大，峰值受压荷载下未屈服箍筋的拉应力增大，约束混凝土峰值压应力与非约束混凝土轴心抗压强度的比值增大，约束混凝土峰值压应变与非约束混凝土峰值压应变的比值增大。约束混凝土受压应力－应变曲线下降段更加平缓。对于在约束混凝土受压应力－应变曲线下降段螺旋箍筋发生破断的试件，当非约束混凝土轴心抗压强度和箍筋屈服强度相同时，随着体积配箍率的增大，箍筋破断时对应的约束混凝土的竖向压应力增大。

(2) 当箍筋屈服强度和体积配箍率相同时，随着非约束混凝土轴心抗压强度的提高，在峰值受压荷载下未屈服箍筋的拉应力减小，约束混凝土峰值压应力与非约束混凝土抗压强度的比值减小，约束混凝土峰值压应变与非约束混凝土峰值压应变的比值减小。约束混凝土受压应力－应变曲线越陡峭。

当非约束混凝土轴心抗压强度介于 18 ～ 45 MPa，约束指标（峰值受压荷载下箍筋有效侧向约束应力与非约束混凝土轴心抗压强度的比值）介于 4.07% ～ 21.59% 时，约束混凝土峰值压应力和峰值压应变的提高幅度分别为 33% ～ 112% 和 108% ～ 695%，当非约束混凝土抗压强度介于 56 ～ 70 MPa，约束指标介于 1.56% ～ 9.20% 时，约束混凝土峰值压应力和峰值压应变的提高幅度分别为 24% ～ 53% 和 70% ～ 144%；当非约束混凝土抗压强度介于 84.72 ～ 155.45 MPa，约束指标介于 0.58% ～ 7.24% 时，约束混凝土峰值压应力和峰值压应变的提高幅度分别为 9% ～ 40% 和 36% ～ 137%。对于在约束混凝土受压应力－应变关系曲线下降段箍筋破断的试件，当箍筋屈服强度和体积配箍率相同时，随着非约束混凝土轴心抗压强度的提高，箍筋破断时约束混凝土的竖向压应力增大，约束混凝土的压应力水平（箍筋破断时约束混凝土竖向压应力与约束混凝土峰值压应力的比值）降低。

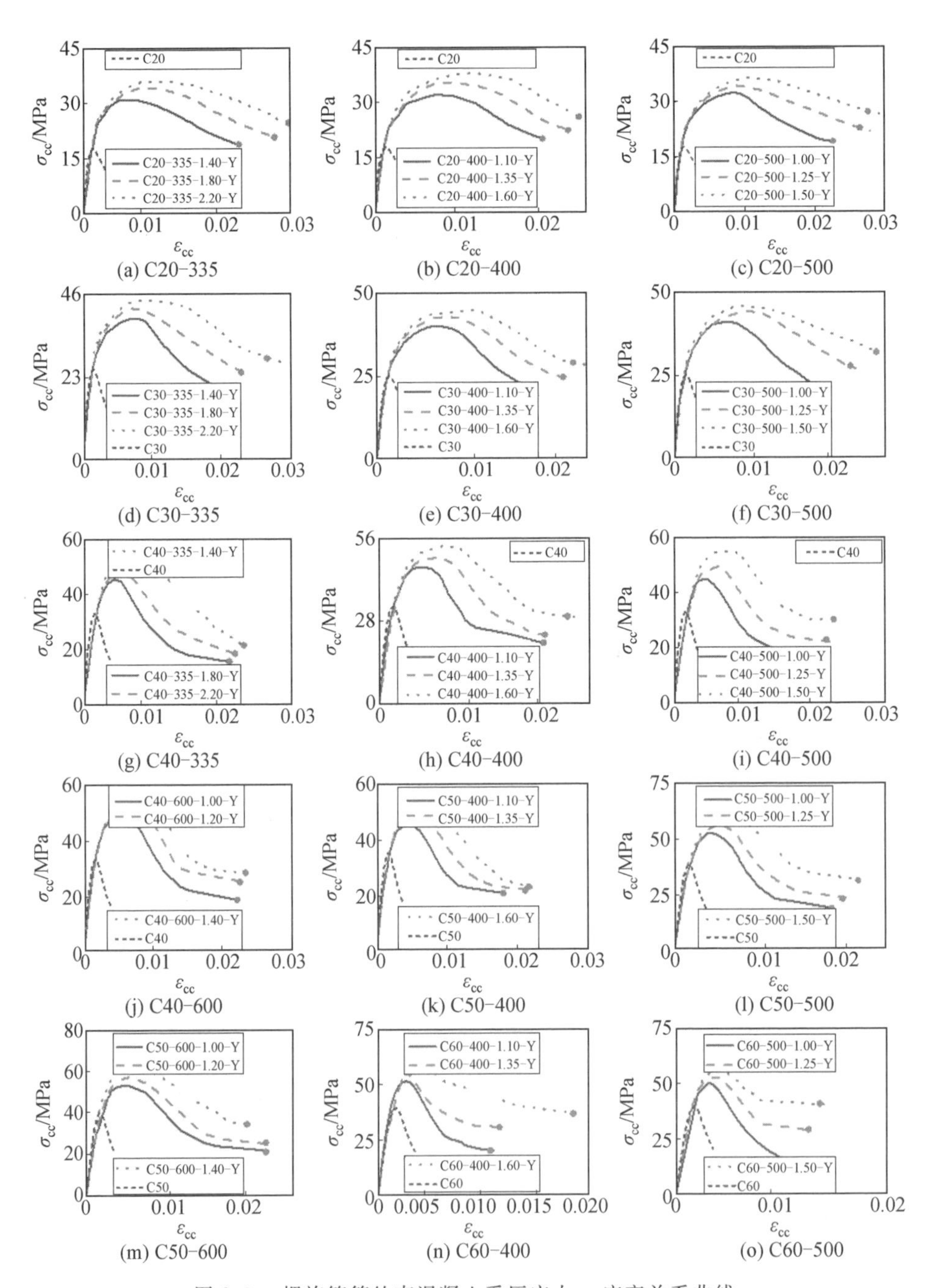

图 2.9　螺旋箍筋约束混凝土受压应力－应变关系曲线

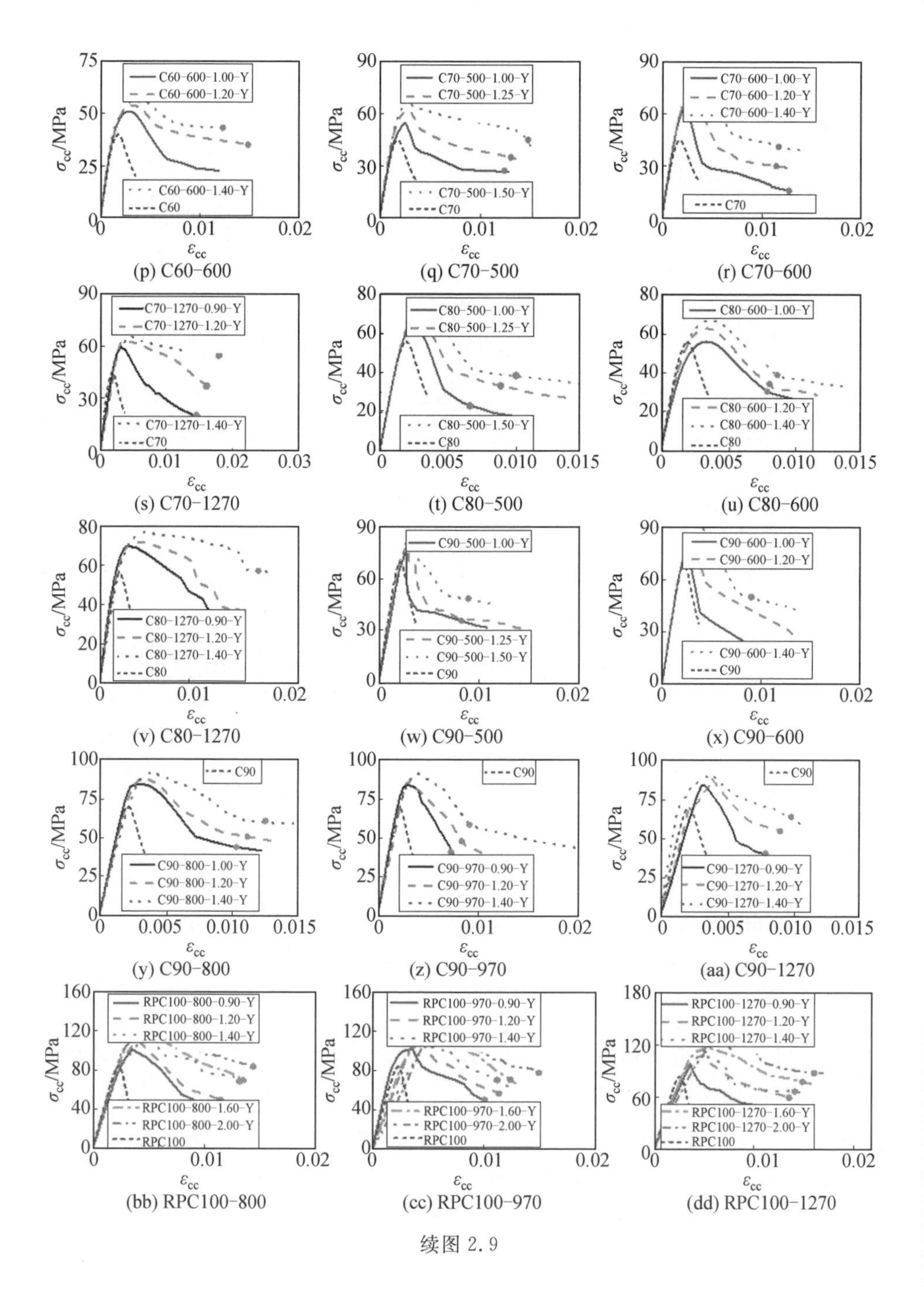

(p) C60-600　(q) C70-500　(r) C70-600

(s) C70-1270　(t) C80-500　(u) C80-600

(v) C80-1270　(w) C90-500　(x) C90-600

(y) C90-800　(z) C90-970　(aa) C90-1270

(bb) RPC100-800　(cc) RPC100-970　(dd) RPC100-1270

续图 2.9

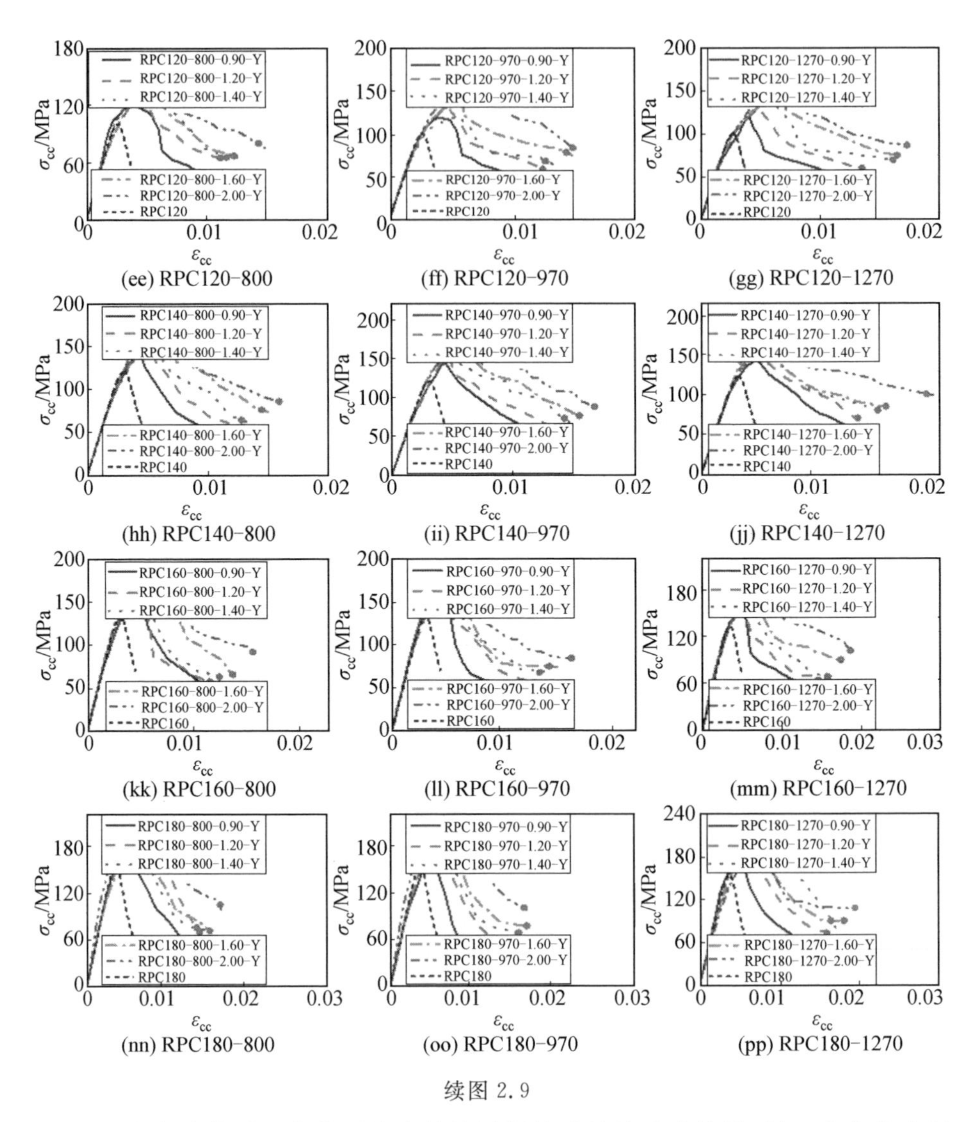

(ee) RPC120-800　(ff) RPC120-970　(gg) RPC120-1270

(hh) RPC140-800　(ii) RPC140-970　(jj) RPC140-1270

(kk) RPC160-800　(ll) RPC160-970　(mm) RPC160-1270

(nn) RPC180-800　(oo) RPC180-970　(pp) RPC180-1270

续图 2.9

(3) 由在峰值受压荷载下约束箍筋屈服的试件的试验结果可知，当非约束混凝土轴心抗压强度和体积配箍率相同时，随着箍筋屈服强度的提高，约束混凝土峰值压应力与非约束混凝土轴心抗压强度的比值增大，约束混凝土峰值压应变与非约束混凝土峰值压应变的比值增大。约束混凝土受压应力－应变曲线下降段更加平缓。对于约束混凝土受压应力－应变关系曲线下降段箍筋破断的试件，当非约束混凝土轴心抗压强度和体积配箍率相同时，随着箍筋屈服强度的提

高，箍筋破断时约束混凝土的竖向压应力增大，约束混凝土的压应力水平提高。由在峰值受压荷载下约束箍筋未屈服的试件的试验结果可知，当非约束混凝土轴心抗压强度和体积配箍率相同时，随着箍筋屈服强度的提高，在峰值受压荷载下箍筋的拉应变变化不大，约束混凝土峰值压应力与非约束混凝土轴心抗压强度的比值变化不大，约束混凝土峰值压应变与非约束混凝土峰值压应变的比值变化不大，但是约束混凝土受压应力－应变曲线下降段更加平缓。对于约束混凝土受压应力－应变关系曲线下降段箍筋破断的试件，当非约束混凝土轴心抗压强度和体积配箍率相同时，随着箍筋屈服强度的提高，箍筋破断时约束混凝土的竖向压应力增大，约束混凝土的压应力水平提高。

2.5　螺旋箍筋约束混凝土柱轴压性能数值模拟

采用 ABAQUS 软件分析了螺旋箍筋约束混凝土圆柱的轴压性能，有限元分析结果与试验结果吻合较好。在此基础上，分析了试件核心截面尺寸、体积配箍率、箍筋屈服强度和非约束混凝土抗压强度对箍筋约束混凝土受压应力－应变关系曲线的影响。

2.5.1　材料参数及有限元模型

1. 混凝土材料参数

ABAQUS 有限元软件自带三种混凝土本构模型：弥散裂缝模型、脆性破裂模型和损伤塑性模型（CDP 模型）。其中，CDP 模型被广泛地应用于混凝土构件和结构受力性能的非线性分析。CDP 模型采用各向同性弹性损伤及各向同性受拉和受压塑性理论来表征混凝土的非弹性行为。CDP 模型能够反映混凝土在任意荷载作用下的力学响应，其与损伤理论结合能够表征混凝土在断裂过程中发生的不可逆损伤行为。在 CDP 模型中，混凝土材料的破坏被分为压缩破坏和拉伸开裂两种，二者均由拉伸等效塑性应变 $\tilde{\varepsilon}_t^{pl}$ 和压缩等效塑性应变 $\tilde{\varepsilon}_c^{pl}$ 控制的屈服或破坏面的变化确定，如图 2.10 所示。

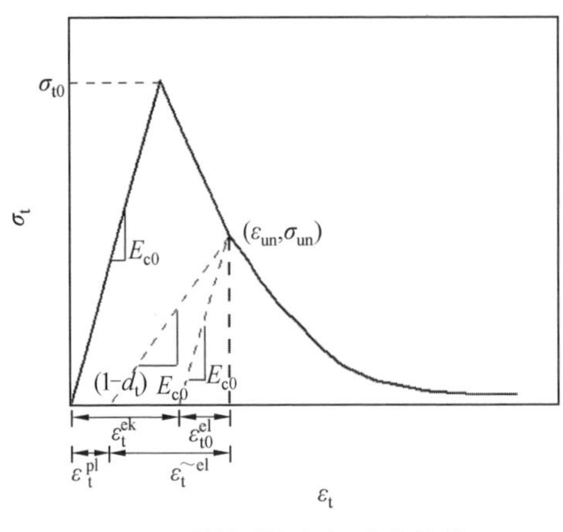

(a) 单轴受拉应力-应变关系

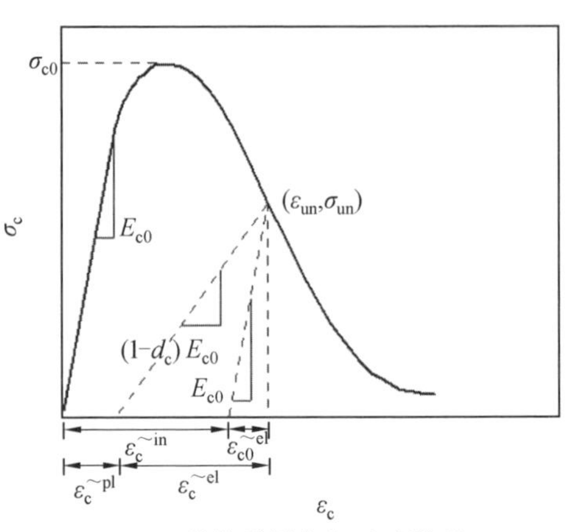

(b) 单轴受压应力-应变关系

图 2.10　混凝土单轴受拉和单轴受压应力－应变关系

在 CDP 模型中，线弹性模型表征混凝土处于弹性变形阶段的力学行为。当超出弹性变形阶段后，混凝土进入损伤阶段。此时，CDP 模型假定混凝土在损伤阶段的割线模量与弹性阶段的弹性模量及损伤演化参数 d 存在定量关系，即

$$E=(1-d)E_{c0} \tag{2.3}$$

损伤演化参数 d 是应力状态及单轴受拉和受压损伤变量 d_t 和 d_c 的函数。在单轴循环荷载作用下假定：

$$1-d=(1-s_c d_c)(1-s_t d_t) \tag{2.4}$$

s_c 和 s_t 为与应力方向有关的应力状态函数，分别按式(2.5)和式(2.6)计算：

$$s_t=1-\omega_t\gamma^*(\sigma_{11}) \tag{2.5}$$

$$s_c=1-\omega_c[1-\gamma^*(\sigma_{11})] \tag{2.6}$$

$$\gamma^*(\sigma_{11})=H(\sigma_{11})=\begin{cases}1 & (\sigma_{11}\geqslant 1)\\ 0 & (\sigma_{11}<1)\end{cases} \tag{2.7}$$

依据式(2.3)，混凝土单轴受压和单轴受拉应力－应变曲线可以分别写为

$$\sigma_c=(1-d_c)E_0\varepsilon_c \tag{2.8}$$

$$\sigma_t=(1-d_t)E_0\varepsilon_t \tag{2.9}$$

由式(2.8)和式(2.9)可知，损伤变量由混凝土本构模型确定。迄今为止，国内外众多学者根据各自的试验结果提出了不同强度混凝土的单轴受压和受拉应力－应变曲线方程。在本节中，强度等级为 C20～C90 的混凝土单轴受压应力－应变曲线模型和单轴受拉应力－应变关系曲线暂按现行《混凝土结构设计规范》(GB 50010—2010)执行，见式(2.10)～(2.20)。

$$\sigma_c = (1 - d_c) E_{c0} \varepsilon_c \tag{2.10}$$

$$d_c = \begin{cases} 1 - \dfrac{\rho_c n}{n - 1 + \left(\dfrac{\varepsilon_c}{\varepsilon_{c0}}\right)^n} & \left(\dfrac{\varepsilon_c}{\varepsilon_{c0}} \leqslant 1\right) \\ 1 - \dfrac{\rho_c}{\alpha_c \left(\dfrac{\varepsilon_c}{\varepsilon_{c0}} - 1\right)^2 + \dfrac{\varepsilon_c}{\varepsilon_{c0}}} & \left(\dfrac{\varepsilon_c}{\varepsilon_{c0}} > 1\right) \end{cases} \tag{2.11}$$

$$\rho_c = \frac{f_{c0}}{E_{c0} \varepsilon_{c0}} \tag{2.12}$$

$$n = \frac{E_{c0} \varepsilon_{c0}}{E_{c0} \varepsilon_{c0} - f_{c0}} \tag{2.13}$$

$$\alpha_c = 0.157 f_{c0}^{0.785} - 0.905 \tag{2.14}$$

$$\sigma_t = (1 - d_t) E_0 \varepsilon_t \tag{2.15}$$

$$d_t = \begin{cases} 1 - \rho_t \left[1.2 - 0.2 \left(\dfrac{\varepsilon_t}{\varepsilon_{t0}}\right)^5\right] & \left(\dfrac{\varepsilon_t}{\varepsilon_{t0}} \leqslant 1\right) \\ 1 - \dfrac{\rho_t}{\alpha_t \left(\dfrac{\varepsilon_t}{\varepsilon_{t0}} - 1\right)^{1.7} + \dfrac{\varepsilon_t}{\varepsilon_{t0}}} & \left(\dfrac{\varepsilon_t}{\varepsilon_{t0}} > 1\right) \end{cases} \tag{2.16}$$

$$\rho_t = \frac{f_{t0}}{E_{c0} \varepsilon_{t0}} \tag{2.17}$$

$$f_{t0} = 0.348 f_{cu}^{0.55} \tag{2.18}$$

$$\varepsilon_{t0} = 65 f_{t0}^{0.54} \times 10^{-6} \tag{2.19}$$

$$\alpha_t = 0.312 f_{t0}^2 \tag{2.20}$$

以上各式中，σ_c 为混凝土压应力(MPa)；d_c 为混凝土单轴受压损伤演化参数；E_{c0} 为非约束混凝土弹性模量(MPa)；ε_c 为混凝土压应变；ε_{c0} 为非约束混凝土峰值压应变；α_c 为混凝土单轴受压应力—应变曲线下降段参数；f_{c0} 为非约束混凝土轴心抗压强度(MPa)；σ_t 为混凝土拉应力(MPa)；d_t 为混凝土单轴受拉损伤演化参数；ε_t 为混凝土拉应变；ε_{t0} 为非约束混凝土峰值拉应变；α_t 为混凝土单轴受拉应力—应变曲线下降段参数；f_{t0} 为非约束混凝土抗拉强度(MPa)；f_{cu} 为混凝土标准立方体抗压强度。

强度等级为 RPC100 ~ RPC180 的混凝土单轴受压应力—应变关系曲线按马亚峰提出的 RPC 单轴受压本构模型取用，见式(2.21)和式(2.22)。RPC100 ~RPC180 的单轴受拉应力—应变关系曲线暂按《混凝土结构设计规范》(GB 50010—2010)执行。

$$\sigma_c = (1 - d_c) E_{c0} \varepsilon_c \tag{2.21}$$

$$d_c=\begin{cases}1-\left[1.1+0.6\left(\dfrac{\varepsilon_c}{\varepsilon_{c0}}\right)^3-0.7\left(\dfrac{\varepsilon_c}{\varepsilon_{c0}}\right)^4\right]\dfrac{f_{c0}}{E_{c0}\varepsilon_{c0}} & \left(\dfrac{\varepsilon_c}{\varepsilon_{c0}}\leqslant 1\right)\\ 1-\dfrac{1}{8\left(\dfrac{\varepsilon_c}{\varepsilon_{c0}}-1\right)^2+\dfrac{\varepsilon_c}{\varepsilon_{c0}}}\dfrac{f_{c0}}{E_{c0}\varepsilon_{c0}} & \left(\dfrac{\varepsilon_c}{\varepsilon_{c0}}>1\right)\end{cases} \tag{2.22}$$

由混凝土单轴受压和单轴受拉本构模型可得混凝土名义应力和名义应变。混凝土名义受压应力和名义受压应变换算为真实压应力和非弹性压应变，名义受拉应力和名义受拉应变换算成真实拉应力和开裂应变后，才能输入到 CDP 模型中。混凝土非弹性压应变和开裂拉应变分别按式(2.23) 和式(2.24) 计算：

$$\varepsilon_c^{\sim in}=\varepsilon_c-\frac{\sigma_c}{E_{c0}} \tag{2.23}$$

$$\varepsilon_t^{\sim ck}=\varepsilon_t-\frac{\sigma_t}{E_{c0}} \tag{2.24}$$

式中，$\varepsilon_c^{\sim in}$ 为混凝土非弹性压应变；$\varepsilon_t^{\sim ck}$ 为混凝土开裂拉应变。

采用的混凝土基本力学性能指标取自表 2.2。经计算后，不同抗压强度混凝土的单轴受压应力－非弹性压应变曲线和单轴受拉应力－开裂应变曲线如图 2.11 所示。

CDP 模型主要通过 5 个关键参数进行控制，各关键参数的取值分别为：(1) 膨胀角 ψ。素混凝土的内摩擦角一般取 30° ～ 37°，约束混凝土的内摩擦角一般取 38° ～ 46°。根据膨胀角小于内摩擦角和箍筋对混凝土约束效果，非约束混凝土抗压强度为 25 MPa、33 MPa、40 MPa、56 MPa、101.66 MPa 和 121.81 MPa 的膨胀角分别取 45°、45°、42°、42°、35° 和 30°。(2) 流动势偏移度值 ζ。取程序默认值 0.1。(3) 双轴抗压屈服强度与单轴抗压屈服强度之比 σ_{b0}/σ_{c0}。以往的试验结构表明，混凝土的双轴抗压屈服强度与单轴抗压屈服强度之比一般在 1.10 ～1.16 范围内，取程序默认值 1.16。(4) 拉伸子午面上和压缩子午面上的第二应力不变量之比 K_c。为保证破坏曲线的外凸性和光滑性，K_c 一般在 0.5 ～ 1.0 范围内。取程序默认值 0.667。(5) 黏性系数 μ。黏性系数 μ 对结果的影响较大，黏性系数过小时，计算效率较低且计算难以收敛；黏性系数过大，计算模型的刚度变大，计算精度降低。综合计算效率和精度两方面考虑，取 0.005。

2. 钢筋材料参数

钢材在 ABAQUS 软件中被假设为各向同性材料，其屈服条件满足 Von Mises 屈服准则，强化法则为各向同性强化。为模拟箍筋拉应力随约束混凝土竖向压应变的发展规律，热轧钢筋作为箍筋的本构模型采用三折线模型，如图 2.12(a) 所示，其表达式为

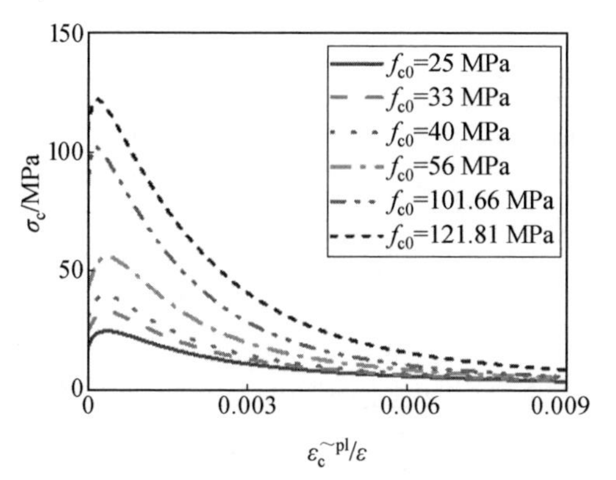

(a) 单轴受压应力-非弹性压应变曲线

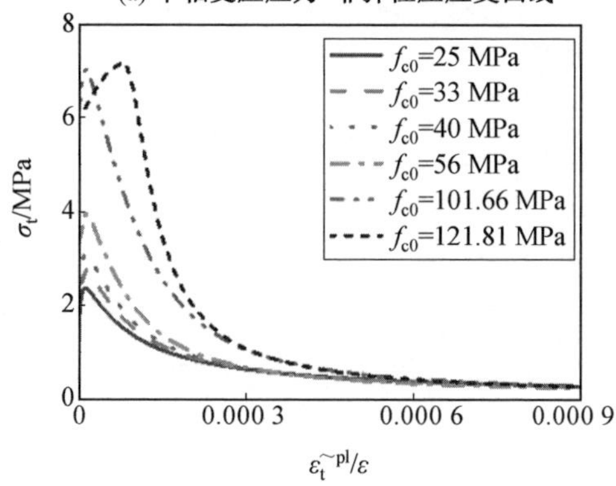

(b) 单轴受拉应力-开裂应变曲线

图 2.11　混凝土单轴受压应力－非弹性压应变曲线和单轴受拉应力－开裂应变曲线

$$\sigma_s=\begin{cases}E_s\varepsilon_s & (0<\varepsilon_s\leqslant\varepsilon_y)\\ f_y & (\varepsilon_y<\varepsilon_s\leqslant\varepsilon_{uy})\\ f_y+\dfrac{f_u-f_y}{\varepsilon_u-\varepsilon_{uy}}(\varepsilon_s-\varepsilon_{uy}) & (\varepsilon_{uy}<\varepsilon_s\leqslant\varepsilon_u)\end{cases} \tag{2.25}$$

式中，σ_s 为钢筋应力(MPa)；ε_s 为钢筋应变；ε_y 为屈服应变；f_y 为屈服应力(MPa)；ε_{uy} 为硬化段起点对应的拉应变；f_u 为极限抗拉强度(MPa)；ε_u 为最大力下拉应变。

无明显屈服点钢筋作为箍筋的本构模型采用三折线模型，如图 2.12(b) 所示，其表达式为

$$\sigma_s=\begin{cases}E_s\varepsilon_s & (0\leqslant\varepsilon_s<\varepsilon_p)\\ \sigma_p+\dfrac{f_{0.2}-\sigma_p}{\varepsilon_{0.2}-\varepsilon_p}(\varepsilon_s-\varepsilon_p) & (\varepsilon_p\leqslant\varepsilon_s<\varepsilon_{0.2})\\ f_{0.2}+\dfrac{f_u-f_{0.2}}{\varepsilon_u-\varepsilon_{0.2}}(\varepsilon_s-\varepsilon_{0.2}) & (\varepsilon_{0.2}\leqslant\varepsilon_s<\varepsilon_u)\end{cases} \tag{2.26}$$

式中，ε_p 为比例极限对应的应变；σ_p 为比例极限（MPa）；$f_{0.2}$ 为条件屈服强度（MPa）；$\varepsilon_{0.2}$ 为条件屈服应变。

热轧钢筋作为纵筋的本构模型采用理想弹塑性模型，如图 2.12(c) 所示，其表达式为

$$\sigma_s=\begin{cases}f_y & (\varepsilon_s>\varepsilon_y)\\ E_s\varepsilon_s & (\varepsilon_y'<\varepsilon_s\leqslant\varepsilon_y)\\ f_y' & (\varepsilon_s\leqslant\varepsilon_y')\end{cases}\tag{2.27}$$

式中，f_y、f_y' 分别为受拉、受压屈服强度（MPa）；ε_y、ε_y' 分别为受拉、受压屈服应变。

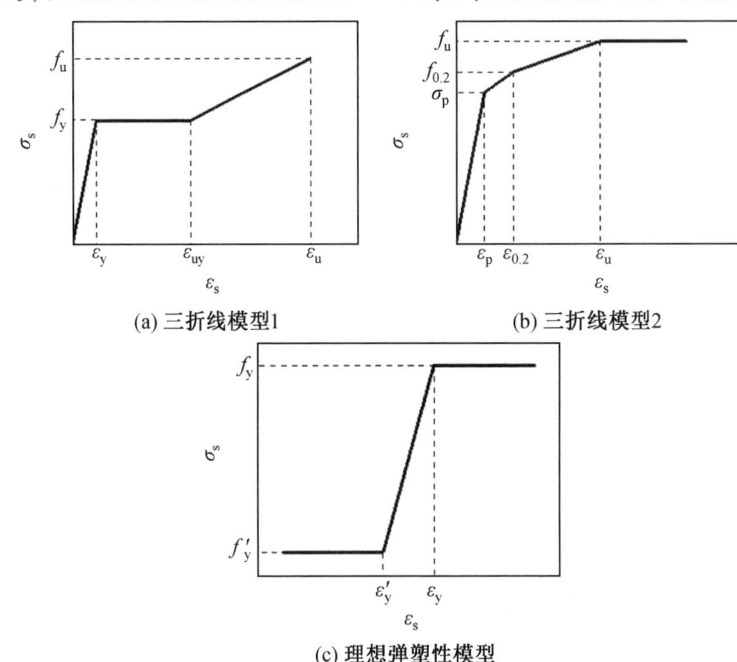

图 2.12　钢筋的本构模型

所有钢筋的力学性能指标均按表 2.3 和表 2.4 取用。

3. 有限元模型的建立

ABAQUS 软件的单元库中提供了多种可供选择的单元类型，针对不同模型选取合适的单元类型是正确求解的保证。在本节中，箍筋约束混凝土有限元模型的混凝土单元选用八结点六面体线性减缩实体单元 C3D8R，箍筋与纵筋单元选用两结点三维线性桁架单元 T3D2。

网格尺寸对有限元模型的收敛性、计算精度和计算效率都有显著的影响。

为使有限元模型获得较高的计算精度和计算效率，经多次试算后，发现网格尺寸宜为试件核心截面直径的1/10。

纵筋和箍筋与混凝土之间的相互作用采用embeded方式进行模拟，以保证混凝土和钢筋在加载过程中共同受力，无相对滑移。在距离柱顶面和底面50 mm处分别设置一个参考点。参考点与柱顶面和底面的相互作用采用Coupling方式进行模拟，以保证加载过程中柱顶面与底面之间的相对位移处处相等，与试验情况保持一致。

柱底面的边界条件设置为三个方向的转动约束和三个方向的位移约束。柱顶面的边界条件设置为三个方向的转动约束和两个方向的位移约束，仅释放竖向位移约束。荷载通过对柱顶面的参考点设置竖向位移来施加，位移取试件高度的1/20。螺旋箍筋约束混凝土圆柱的有限元模型如图2.13所示。

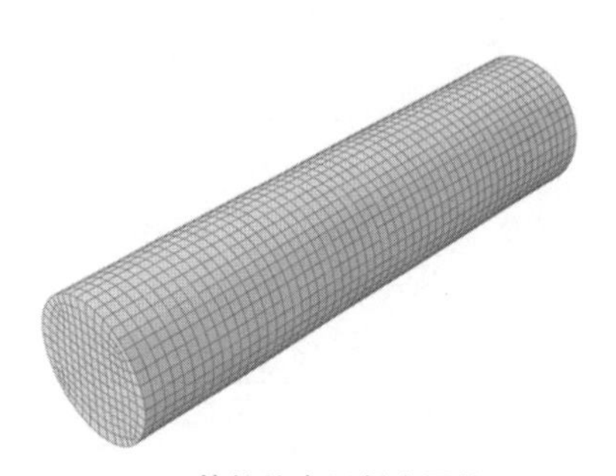

(a) 箍筋约束混凝土圆柱

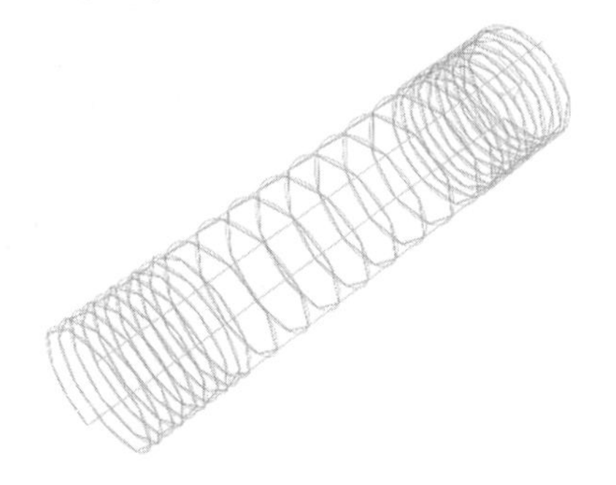

(b) 螺旋箍筋钢筋骨架

图2.13　螺旋箍筋约束混凝土圆柱的有限元模型

2.5.2　有限元模型的验证

对C30－400－1.10－Y、C40－400－1.10－Y、C60－400－1.35－Y、C60－600－1.00－Y、C80－500－1.00－Y、C80－600－1.20－Y、RPC120－800－0.90－Y、RPC120－800－2.00－Y和RPC140－1270－1.40－Y共9个试件建立有限元模型进行了有限元分析，通过比较有限元分析结果和试验结果，验证了有限元模型分析箍筋约束混凝土柱轴压性能的可靠性和合理性。

1. 箍筋约束混凝土受压应力－应变关系曲线

基于有限元模型，获得了9个模型柱的荷载－变形曲线。通过对模型柱的荷载－变形曲线处理，获得了模型柱的约束混凝土受压应力－应变关系曲线，如图2.14所示。图2.14中以压应力和压应变为正。灰色圆点表示箍筋破断时对应的约束混凝土竖向压应力和竖向压应变的点。

由图 2.14 可知,模型结果能够反映箍筋约束混凝土柱的轴心受压性能。所建立的箍筋约束混凝土模型柱可用于获得箍筋约束混凝土受压应力－应变曲线。

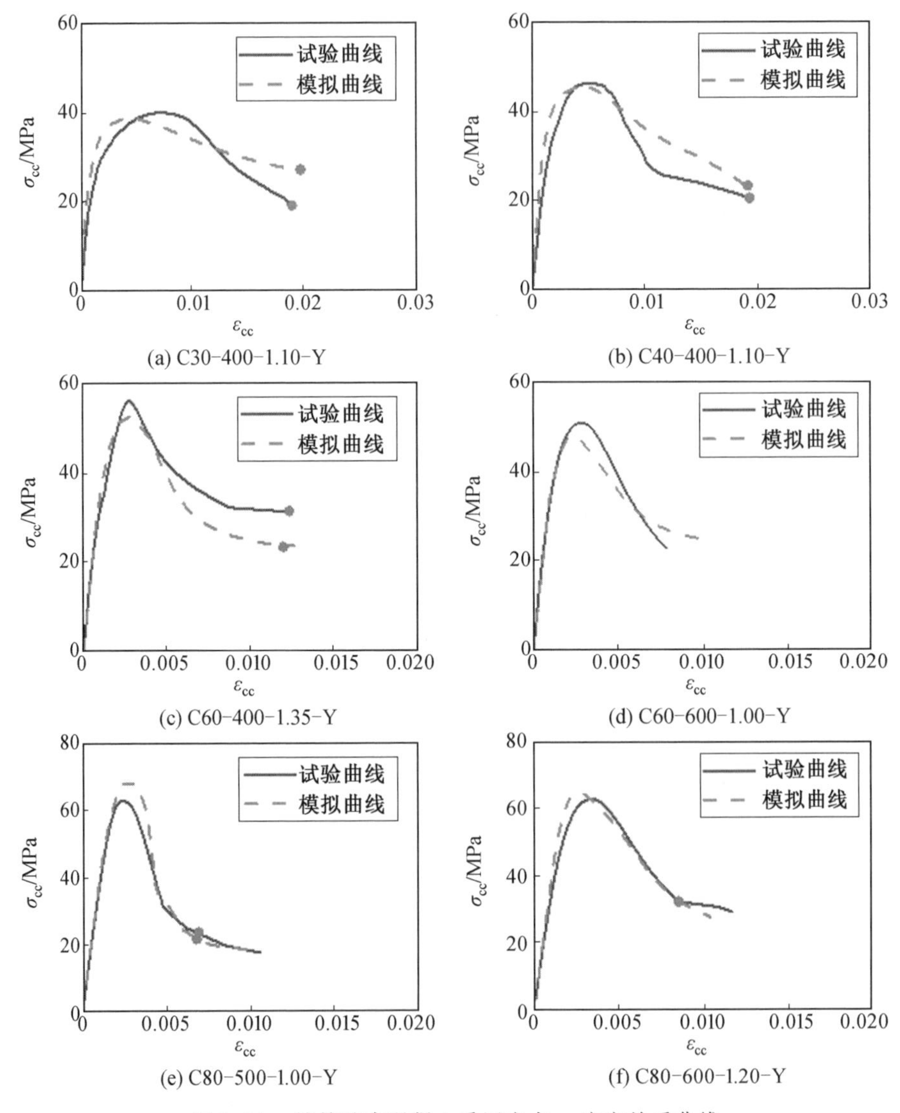

图 2.14　箍筋约束混凝土受压应力－应变关系曲线

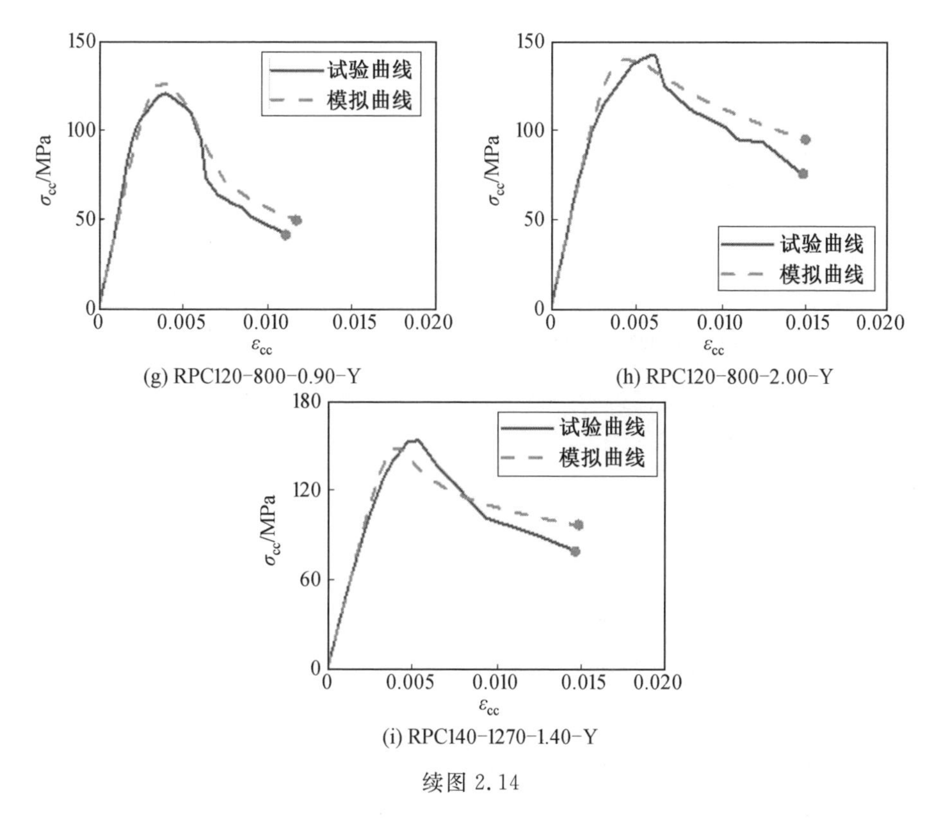

续图 2.14

2. 螺旋箍筋拉应力－约束混凝土竖向压应变关系曲线

通过计算 9 个模型柱中非加密区的外圈箍筋单元的平均拉应力和核心混凝土单元的平均竖向压应变，获得了各试件的箍筋拉应力－竖向压应变关系曲线，如图 2.15 所示。图 2.15 中应力以拉应力为负，应变以压应变为正。

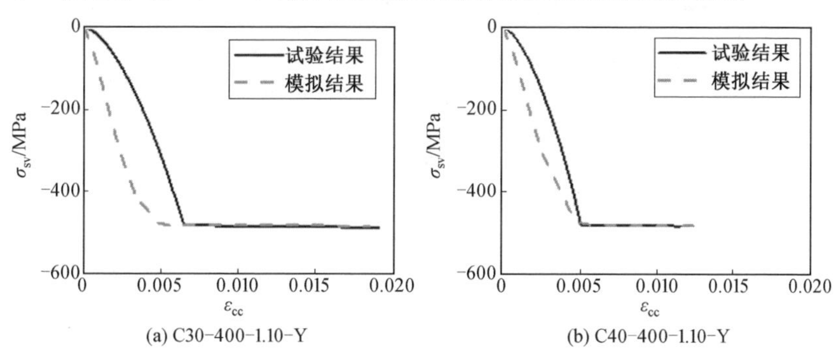

图 2.15　箍筋拉应力－约束混凝土竖向压应变关系曲线

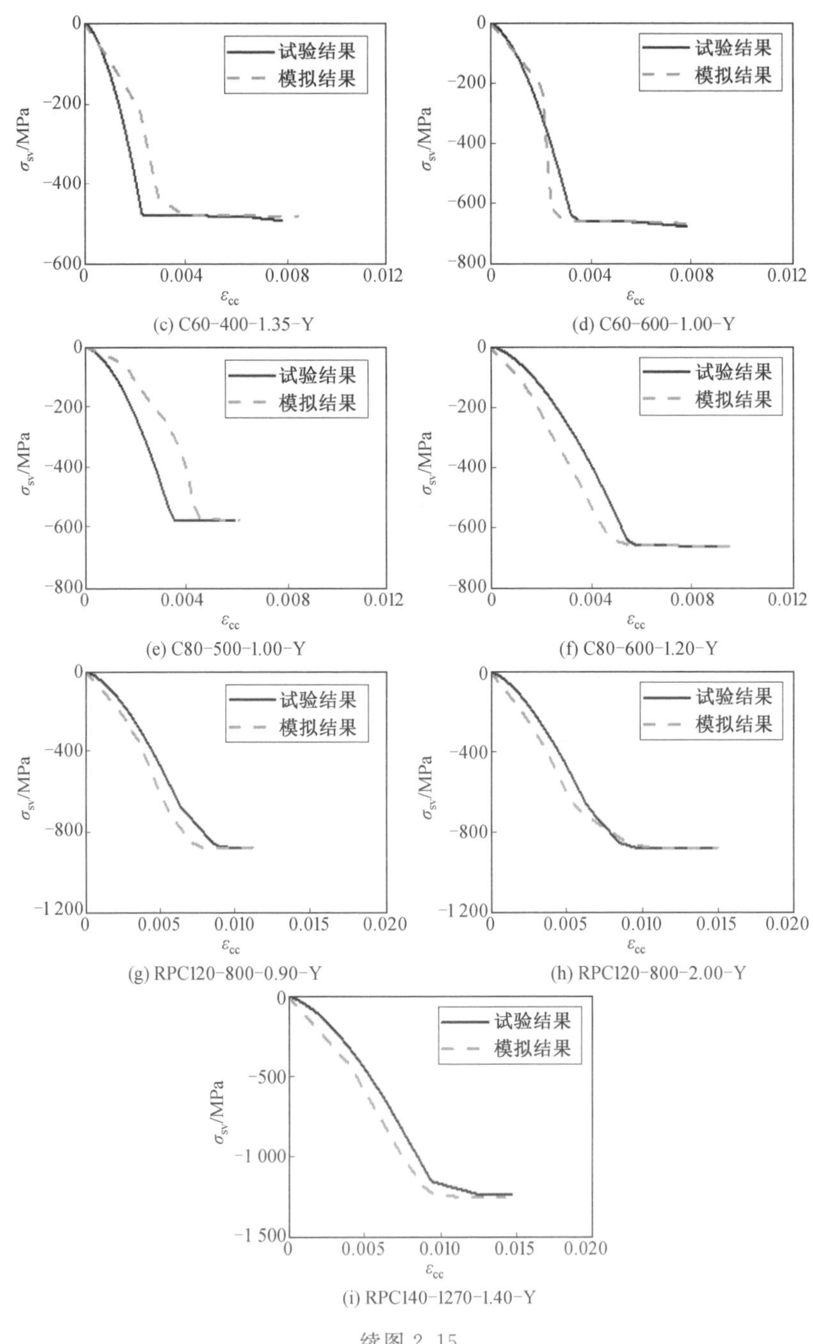

(c) C60-400-1.35-Y

(d) C60-600-1.00-Y

(e) C80-500-1.00-Y

(f) C80-600-1.20-Y

(g) RPC120-800-0.90-Y

(h) RPC120-800-2.00-Y

(i) RPC140-1270-1.40-Y

续图 2.15

由图2.15可知，模型柱的箍筋拉应力－约束混凝土竖向压应变关系曲线与试验曲线大部分基本一致。所提出的有限元模型能够较好地反映箍筋约束混凝土中箍筋拉应力随约束混凝土竖向压应变的发展规律。

2.5.3　参数分析

1.参数变化范围的选取

为研究非约束混凝土轴心抗压强度、箍筋屈服强度、体积配箍率和试件核心截面尺寸四个参数对螺旋箍筋约束混凝土受压应力－应变关系曲线的影响，基于2.5.1节建立的有限元模型对上述四个参数进行扩参数分析。

共设计了144根螺旋箍筋约束混凝土圆柱。模型柱的核心截面直径D_{cor}取为400 mm、600 mm、800 mm和1 000 mm，分别对应模型柱的高度为1 200 mm、1 800 mm、2 400 mm和3 000 mm。无箍筋外混凝土保护层。非约束混凝土轴心抗压强度取33 MPa、56 MPa和121.81 MPa，混凝土材料性能指标见表2.2。箍筋屈服强度取480 MPa、657 MPa和818 MPa，箍筋的力学性能指标见表2.3和表2.4。箍筋体积配箍率取1.0%、1.5%、2.0%和2.5%。纵筋屈服强度取480 MPa，配筋率取0.6%。箍筋形式为螺旋箍筋。

2.螺旋箍筋约束混凝土受压应力－应变关系曲线

由各模型柱的分析结果，获得了各模型柱的约束混凝土受压应力－应变关系曲线，采用单变量控制法考察非约束混凝土轴心抗压强度、箍筋屈服强度、体积配箍率和试件截面尺寸对约束混凝土受压应力－应变曲线的影响。

选取试件核心截面直径为800 mm，箍筋条件屈服强度为818 MPa，体积配箍率为2.5%，非约束混凝土轴心抗压强度分别为33 MPa、56 MPa和121.81 MPa，分别以约束混凝土压应变与非约束混凝土峰值压应变的比值和非约束混凝土轴心抗压强度为x轴和y轴，以约束混凝土压应力与非约束混凝土轴心抗压强度的比值为z轴，建立三维坐标系，如图2.16所示。

由图2.16可知，当试件核心截面尺寸、箍筋屈服强度和体积配箍率相同，非约束混凝土轴心抗压强度由33 MPa提高至121.81 MPa时，约束混凝土峰值压应力与非约束混凝土轴心抗压强度的比值由2.25减小为1.58，约束混凝土峰值压应变与非约束混凝土峰值压应变的比值由6.24减小至1.83，约束混凝土受压应力－应变曲线的下降段由平缓变为陡峭。

选取试件核心截面直径为1 000 mm，非约束混凝土轴心抗压强度为121.81 MPa，箍筋屈服强度为480 MPa、657 MPa和818 MPa，体积配箍率为

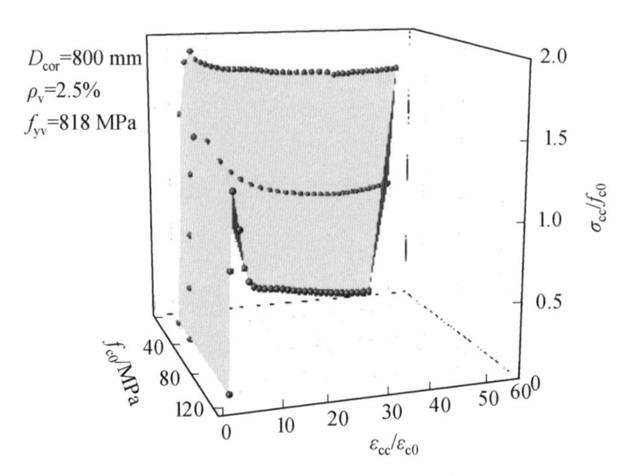

图 2.16　约束混凝土受压应力－应变关系曲线随非约束混凝土轴心抗压强度的变化

1.0%，分别以约束混凝土压应变与非约束混凝土峰值压应变的比值和箍筋屈服强度为 x 轴和 y 轴，以约束混凝土压应力与非约束混凝土轴心抗压强度的比值为 z 轴，建立三维坐标系，如图 2.17 所示。

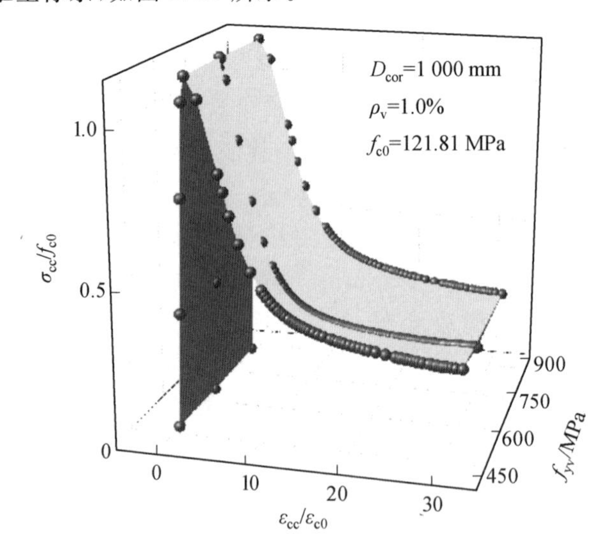

图 2.17　约束混凝土受压应力－应变关系曲线随箍筋屈服强度的变化

由图 2.17 可知，当试件核心截面直径为 1 000 mm，非约束混凝土轴心抗压强度为 121.81 MPa，体积配箍率为 1.0% 时，在峰值受压荷载下屈服强度为 480 MPa、657 MPa 和 818 MPa 的箍筋未屈服。由图 2.17 可知，当试件核心截面直径、箍筋屈服强度和体积配箍率相同，箍筋屈服强度由 480 MPa 提高至

818 MPa 时,约束混凝土峰值压应力与非约束混凝土轴心抗压强度的比值为 1.13,约束混凝土峰值压应变与非约束混凝土峰值压应变的比值为 1.25。

选取试件核心截面直径为 600 mm,箍筋屈服强度为 480 MPa,非约束混凝土轴心抗压强度为 33 MPa,体积配箍率为 1.0%、1.5%、2.0% 和 2.5%,分别以约束混凝土压应变与非约束混凝土峰值压应变的比值和体积配箍率为 x 轴和 y 轴,以约束混凝土压应力与非约束混凝土轴心抗压强度的比值为 z 轴,建立三维坐标系,如图 2.18 所示。

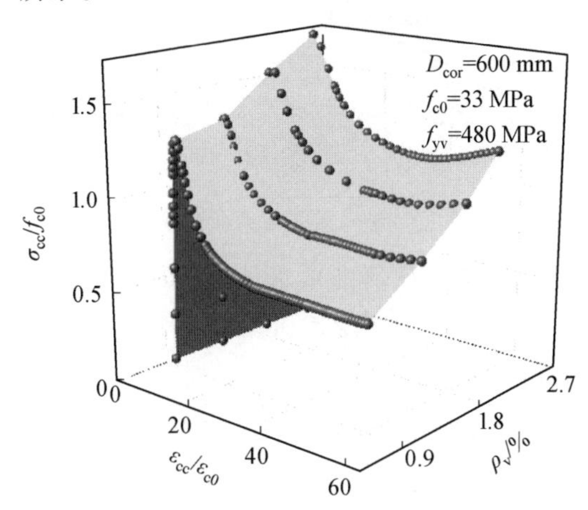

图 2.18　约束混凝土受压应力－应变关系曲线随体积配箍率的变化

由图 2.18 可知,当试件核心截面直径、箍筋屈服强度和非约束混凝土轴心抗压强度相同,体积配箍率由 1.0% 提高至 2.5% 时,约束混凝土峰值压应力与非约束混凝土轴心抗压强度的比值由 1.24 增大至 1.86,约束混凝土峰值压应变与非约束混凝土峰值压应变的比值由 3.17 增大至 4.81,在峰值受压荷载后约束混凝土的竖向压应力与非约束混凝土轴心抗压强度的比值减小,约束混凝土受压应力－应变曲线的下降段由平缓变为更为平缓。

选取试件核心截面直径为 400 mm、600 mm、800 mm 和 1 000 mm,箍筋屈服强度为 657 MPa,非约束混凝土轴心抗压强度为 33 MPa,体积配箍率为 1.5%,分别以约束混凝土压应变与非约束混凝土峰值压应变的比值和试件核心截面直径为 x 轴和 y 轴,以约束混凝土压应力与非约束混凝土轴心抗压强度的比值为 z 轴,建立三维坐标系,如图 2.19 所示。

由图 2.19 可知,当箍筋屈服强度、非约束混凝土轴心抗压强度和体积配箍率相同,试件核心截面直径由 400 mm 增大至 1 000 mm 时,约束混凝土峰值压应力与非约束混凝土抗压强度的比值由 1.74 减小至 1.70,约束混凝土峰值压应变

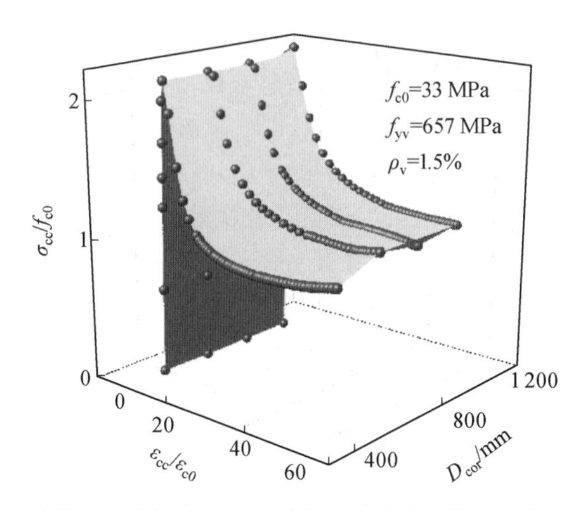

图 2.19　约束混凝土受压应力－应变关系曲线随试件核心截面直径的变化

与非约束混凝土峰值压应变的比值由 4.38 减小至 4.03，在峰值受压荷载后约束混凝土的竖向压应力与非约束混凝土抗压强度的比值增大。

3. 扩参数模型柱的模拟结果

扩参数模型柱的约束混凝土峰值压应力、峰值压应变、在峰值受压荷载下箍筋拉应力、箍筋破断时约束混凝土竖向压应力和竖向压应变见表 2.6。

表 2.6　扩参数模型柱的模拟结果

试件编号	f_{cc0} /MPa	ε_{cc0} /$\times 10^{-6}$	σ_{sv0} /MPa	f_{rup} /MPa	ε_{rup} /$\times 10^{-6}$
C40－400－400－1.00－Y	46.49	5 562	480.00	23.38	20 101
C40－400－400－1.50－Y	51.96	6 629	480.00	31.88	26 591
C40－400－400－2.00－Y	56.95	7 570	480.00	40.45	32 658
C40－400－400－2.50－Y	62.46	8 415	480.00	48.88	38 374
C40－400－600－1.00－Y	47.01	5 692	657.00	29.56	24 863
C40－400－600－1.50－Y	57.39	7 658	657.00	31.22	34 197
C40－400－600－2.00－Y	63.42	8 793	657.00	42.89	40 992
C40－400－600－2.50－Y	68.74	9 814	657.00	54.46	48 331
C40－400－800－1.00－Y	53.47	6 730	749.87	35.14	28 946
C40－400－800－1.50－Y	61.85	8 493	818.00	39.69	43 326
C40－400－800－2.00－Y	68.67	9 795	818.00	44.26	48 491
C40－400－800－2.50－Y	74.56	10 963	818.00	58.64	57 297

续表2.6

试件编号	f_{cc0} /MPa	ε_{cc0} /×10⁻⁶	σ_{sv0} /MPa	f_{rup} /MPa	ε_{rup} /×10⁻⁶
C80－400－400－1.00－Y	67.53	2 603	387.00	—	—
C80－400－400－1.50－Y	76.18	3 019	475.14	39.09	9 056
C80－400－400－2.00－Y	82.20	3 315	480.00	47.36	9 817
C80－400－400－2.50－Y	87.60	3 588	480.00	55.56	10 479
C80－400－600－1.00－Y	67.53	2 603	387.00	36.83	8 825
C80－400－600－1.50－Y	76.18	3 019	485.13	48.14	9 884
C80－400－600－2.00－Y	89.99	3 505	563.26	59.45	10 769
C80－400－600－2.50－Y	97.38	4 051	650.51	70.67	11 538
C80－400－800－1.00－Y	73.11	2 871	598.14	42.29	9 365
C80－400－800－1.50－Y	85.45	3 478	737.30	56.37	10 541
C80－400－800－2.00－Y	94.98	3 975	777.49	70.45	11 524
C80－400－800－2.50－Y	104.14	4 485	817.26	84.43	12 378
RPC120－400－400－1.00－Y	136.99	4 010	293.84	—	—
RPC120－400－400－1.50－Y	146.79	4 372	334.35	—	—
RPC120－400－400－2.00－Y	157.78	4 746	374.87	—	—
RPC120－400－400－2.50－Y	169.49	5 131	414.99	—	—
RPC120－400－600－1.00－Y	136.90	4 010	293.84	—	—
RPC120－400－600－1.50－Y	149.80	4 382	334.35	—	—
RPC120－400－600－2.00－Y	157.78	4 750	374.87	—	—
RPC120－400－600－2.50－Y	169.49	5 136	414.99	73.47	15 810
RPC120－400－800－1.00－Y	143.57	4 285	391.65	44.32	12 568
RPC120－400－800－1.50－Y	156.93	4 719	488.21	58.78	14 289
RPC120－400－800－2.00－Y	174.49	5 298	584.78	73.24	15 788
RPC120－400－800－2.50－Y	193.54	5 909	680.42	87.59	17 131
C40－600－400－1.00－Y	46.35	5 548	480.00	23.34	20 101
C40－600－400－1.50－Y	51.94	6 628	480.00	31.88	26 594
C40－600－400－2.00－Y	56.94	7 570	480.00	40.42	32 656
C40－600－400－2.50－Y	61.42	8 415	480.00	48.87	38 363
C40－600－600－1.00－Y	47.01	5 678	507.32	29.52	24 848

续表2.6

试件编号	f_{cc0} /MPa	ε_{cc0} /$\times 10^{-6}$	σ_{sv0} /MPa	f_{rup} /MPa	ε_{rup} /$\times 10^{-6}$
C40－600－600－1.50－Y	57.37	7 652	656.88	31.20	33 197
C40－600－600－2.00－Y	63.42	8 793	657.00	42.89	40 992
C40－600－600－2.50－Y	68.74	9 814	657.00	54.46	48 331
C40－600－800－1.00－Y	52.47	6 730	749.87	35.14	28 946
C40－600－800－1.50－Y	61.84	8 493	818.00	39.68	38 898
C40－600－800－2.00－Y	68.64	9 795	818.00	44.23	48 188
C40－600－800－2.50－Y	74.54	10 962	818.00	58.64	56 935
C80－600－400－1.00－Y	67.53	2 602	387.00	—	—
C80－600－400－1.50－Y	76.18	3 019	475.13	38.87	9 034
C80－600－400－2.00－Y	82.20	3 315	480.00	47.08	9 794
C80－600－400－2.50－Y	87.60	3 588	480.00	55.21	10 453
C80－600－600－1.00－Y	67.53	2 602	387.00	36.60	8 801
C80－600－600－1.50－Y	76.18	2 019	475.13	47.84	9 858
C80－600－600－2.00－Y	85.99	3 505	563.26	59.07	10 742
C80－600－600－2.50－Y	96.38	4 051	650.54	70.20	11 508
C80－600－800－1.00－Y	73.11	2 871	596.14	42.00	9 337
C80－600－800－1.50－Y	85.45	3 478	737.30	55.99	10 512
C80－600－800－2.00－Y	94.98	3 975	777.49	69.98	11 493
C80－600－800－2.50－Y	104.14	4 485	817.30	83.84	12 344
RPC120－600－400－1.00－Y	136.90	4 010	293.84	—	—
RPC120－600－400－1.50－Y	146.79	4 372	334.35	—	—
RPC120－600－400－2.00－Y	157.77	4 746	374.87	—	—
RPC120－600－400－2.50－Y	169.49	5 131	414.99	—	—
RPC120－600－600－1.00－Y	136.90	4 010	293.84	—	—
RPC120－600－600－1.50－Y	146.79	4 372	334.35	—	—
RPC120－600－600－2.00－Y	157.77	4 746	374.87	—	—
RPC120－600－600－2.50－Y	169.49	5 131	414.99	72.98	15 763
RPC120－600－800－1.00－Y	141.57	4 185	391.65	44.02	12 530
RPC120－600－800－1.50－Y	156.93	4 718	488.21	58.39	14 246

续表2.6

试件编号	f_{cc0} /MPa	ε_{cc0} /×10⁻⁶	σ_{sv0} /MPa	f_{rup} /MPa	ε_{rup} /×10⁻⁶
RPC120－600－800－2.00－Y	174.58	5 296	584.78	72.76	15 740
RPC120－600－800－2.50－Y	193.54	5 909	680.41	86.99	17 077
C40－800－400－1.00－Y	46.14	5 507	480.00	23.05	19 867
C40－800－400－1.50－Y	51.29	6 504	480.00	30.84	25 825
C40－800－400－2.00－Y	56.50	7 489	480.00	39.65	32 122
C40－800－400－2.50－Y	61.21	8 378	480.00	48.46	38 090
C40－800－600－1.00－Y	46.68	5 612	502.17	29.12	34 548
C40－800－600－1.50－Y	56.04	7 404	638.54	29.78	32 208
C40－800－600－2.00－Y	62.90	8 689	657.00	41.83	40 306
C40－800－600－2.50－Y	68.49	8 767	657.00	53.89	47 979
C40－800－800－1.00－Y	52.14	6 667	748.53	34.64	28 588
C40－800－800－1.50－Y	60.71	8 281	809.72	37.90	37 719
C40－800－800－2.00－Y	68.08	9 683	818.00	42.92	47 370
C40－800－800－2.50－Y	74.27	10 908	818.00	57.94	56 516
C80－800－400－1.00－Y	67.26	2 589	383.97	—	—
C80－800－400－1.50－Y	75.04	2 964	464.33	37.87	8 932
C80－800－400－2.00－Y	81.69	3 290	480.00	46.34	9 730
C80－800－400－2.50－Y	87.34	3 575	480.00	54.82	10 422
C80－800－600－1.00－Y	67.26	2 589	383.97	36.21	8 760
C80－800－600－1.50－Y	75.05	2 964	464.33	46.46	9 740
C80－800－600－2.00－Y	85.06	3 459	555.30	58.06	10 667
C80－800－600－2.50－Y	95.86	4 023	646.28	69.66	11 472
C80－800－800－1.00－Y	72.66	2 849	588.92	41.52	9 292
C80－800－800－1.50－Y	84.26	3 418	732.86	54.28	10 381
C80－800－800－2.00－Y	94.13	3 930	773.86	68.72	11 410
C80－800－800－2.50－Y	103.70	4 460	815.38	83.16	12 305
RPC120－800－400－1.00－Y	136.58	3 998	292.44	—	—
RPC120－800－400－1.50－Y	145.51	4 327	329.39	—	—
RPC120－800－400－2.00－Y	156.74	4 712	371.21	—	—

续表2.6

试件编号	f_{cc0} /MPa	ε_{cc0} /×10⁻⁶	σ_{sv0} /MPa	f_{rup} /MPa	ε_{rup} /×10⁻⁶
RPC120－800－400－2.50－Y	168.90	5 112	413.03	—	—
RPC120－800－600－1.00－Y	136.58	3 998	292.44	—	—
RPC120－800－600－1.50－Y	145.51	4 327	329.39	—	—
RPC120－800－600－2.00－Y	156.74	4 712	371.21	—	—
RPC120－800－600－2.50－Y	168.90	5 112	413.03	72.43	15 708
RPC120－800－800－1.00－Y	141.09	4 168	388.32	43.52	12 465
RPC120－800－800－1.50－Y	154.91	4 651	476.38	56.63	14 060
RPC120－800－800－2.00－Y	172.92	5 241	576.06	71.46	15 612
RPC120－800－800－2.50－Y	192.59	5 878	657.74	86.29	17 015
C40－1000－400－1.00－Y	46.08	5 487	480.00	18.07	19 750
C40－1000－400－1.50－Y	51.42	6 530	480.00	24.64	24 650
C40－1000－400－2.00－Y	55.26	7 460	480.00	35.26	30 816
C40－1000－400－2.50－Y	59.34	8 236	480.00	48.07	35 826
C40－1000－600－1.00－Y	47.32	5 642	499.00	24.11	24 394
C40－1000－600－1.50－Y	57.39	7 658	657.00	31.22	34 197
C40－1000－600－2.00－Y	61.21	8 654	657.00	39.99	37 426
C40－1000－600－2.50－Y	65.19	9 764	657.00	46.09	39 417
C40－1000－800－1.00－Y	52.61	6 396	746.36	34.39	28 420
C40－1000－800－1.50－Y	60.95	7 903	817.00	28.28	32 636
C40－1000－800－2.00－Y	67.04	10 131	818.00	34.97	39 064
C40－1000－800－2.50－Y	72.91	11 137	818.00	42.56	41 957
C80－1000－400－1.00－Y	65.95	2 936	382.45	—	—
C80－1000－400－1.50－Y	75.36	3 142	468.51	38.08	9 254
C80－1000－400－2.00－Y	83.34	3 498	480.00	47.52	10 074
C80－1000－400－2.50－Y	88.69	3 569	480.00	52.75	10 391
C80－1000－600－1.00－Y	67.12	2 971	382.45	36.14	9 040
C80－1000－600－1.50－Y	75.86	3 271	471.32	46.17	10 286
C80－1000－600－2.00－Y	82.07	3 658	550.75	57.32	10 636
C80－1000－600－2.50－Y	95.18	4 067	645.42	64.04	12 465

续表2.6

试件编号	f_{cc0} /MPa	ε_{cc0} /×10^{-6}	σ_{sv0} /MPa	f_{rup} /MPa	ε_{rup} /×10^{-6}
C80－1000－800－1.00－Y	70.43	2 838	382.45	44.19	9 269
C80－1000－800－1.50－Y	82.14	3 542	585.66	53.31	10 409
C80－1000－800－2.00－Y	94.26	4 017	733.42	69.60	12 364
C80－1000－800－2.50－Y	104.64	4 428	812.76	77.36	13 062
RPC120－1000－400－1.00－Y	137.38	4 000	290.75	—	—
RPC120－1000－400－1.50－Y	145.77	4 338	330.46	—	—
RPC120－1000－400－2.00－Y	157.62	4 763	369.12	—	—
RPC120－1000－400－2.50－Y	163.08	5 187	415.42	—	—
RPC120－1000－600－1.00－Y	137.38	4 000	290.75	—	—
RPC120－1000－600－1.50－Y	145.77	4 338	330.46	—	—
RPC120－1000－600－2.00－Y	157.62	4 763	369.12	—	—
RPC120－1000－600－2.50－Y	163.08	5 187	415.42	72.57	15 863
RPC120－1000－800－1.00－Y	137.38	4 100	387.41	48.28	12 436
RPC120－1000－800－1.50－Y	155.77	4 738	478.72	57.92	14 098
RPC120－1000－800－2.00－Y	172.62	5 063	576.04	70.72	15 539
RPC120－1000－800－2.50－Y	191.08	5 787	669.03	85.39	16 932

2.6　本章小结

本章完成了156根螺旋箍筋约束混凝土圆柱的轴心受压试验，通过理论分析和有限元扩参数分析，取得了以下结论：

（1）当非约束混凝土轴心抗压强度相同时，约束指标越高，箍筋约束混凝土柱的竖向变形能力越强，横向膨胀变形越大，在峰值受压荷载下螺旋箍筋越容易屈服。当约束指标相同时，随着非约束混凝土轴心抗压强度的提高，在峰值受压荷载下箍筋越不易屈服。

（2）相较于热轧钢筋，中强度预应力钢丝在峰值受压荷载后破断所需的约束混凝土横向膨胀变形相对较小。当约束程度相同时，中强度预应力钢丝作为箍筋的试件在峰值受压荷载后易发生破断。当非约束混凝土轴心抗压强度相同时，随着约束指标的增大，竖向变形能力增强，横向膨胀变形越大，箍筋的拉应变越大，在峰值受压荷载后箍筋越易发生破断。

(3) 当非约束混凝土轴心抗压强度和箍筋屈服强度相同时，随着体积配箍率增大，约束混凝土峰值压应力和峰值压应变增大，约束混凝土受压应力－应变曲线下降段更加平缓。当箍筋屈服强度和体积配箍率相同时，随着非约束混凝土轴心抗压强度的提高，约束混凝土峰值压应力与非约束混凝土抗压强度的比值减小，约束混凝土峰值压应变与非约束混凝土峰值压应变的比值减小，约束混凝土变形能力降低。当在峰值受压荷载下箍筋屈服时，在非约束混凝土轴心抗压强度和体积配箍率相同的情况下，随着箍筋屈服强度的提高，约束混凝土峰值压应力和峰值压应变增大。当在峰值受压荷载下箍筋未屈服时，在非约束混凝土轴心抗压强度和体积配箍率相同的情况下，随着箍筋屈服强度的提高，约束混凝土峰值压应力和峰值压应变随箍筋屈服强度的提高变化不大，但配置屈服强度高的箍筋的约束混凝土受压应力－应变曲线下降段更加平缓，变形能力更强。

第3章

网格式箍筋约束混凝土方柱轴心受压试验

本章基于141个网格式箍筋约束混凝土方柱的轴心受压性能试验结果，考察了非约束混凝土抗压强度、体积配箍率和箍筋屈服强度对网格式箍筋约束混凝土方柱轴心受压承载能力和变形能力的影响。通过有限元扩参数分析，考察了非约束混凝土抗压强度、体积配箍率、箍筋屈服强度和试件核心截面尺寸对网格式箍筋约束混凝土受压应力—应变关系曲线的影响。

3.1 引　言

在实际工程中，网格式箍筋在混凝土柱中的应用高于螺旋箍筋。现行《混凝土结构设计规范》(GB 50010—2010) 未给出网格式箍筋约束混凝土柱轴压承载力计算方法。因此，考察网格式约束箍筋对不同强度混凝土峰值压应力和峰值压应变的影响，探究非约束混凝土抗压强度、体积配箍率和箍筋屈服强度对峰值受压荷载下未屈服网格式箍筋拉应力的影响，揭示非约束混凝土轴心抗压强度、体积配箍率和箍筋屈服强度对网格式箍筋破断时约束混凝土竖向压应力和竖向压应变的影响规律，具有重要意义。

本章完成了141根网格式箍筋约束混凝土方柱的轴心受压试验。试件参数包括：非约束混凝土轴心抗压强度(18 ～ 155.45 MPa)、箍筋牌号(HRB335、HRB400、HRB500、HRB600、PC800、PC970和PC1270)和体积配箍率(0.9% ～ 2.2%)。分析了试件的破坏形态等试验现象，重点考察了非约束混凝土轴心抗压强度、体积配箍率和箍筋屈服强度对网格式约束混凝土柱受压承载能力和受压变形能力的影响。通过有限元扩参数分析，考察了非约束混凝土轴心抗压强度、体积配箍率、箍筋屈服强度和试件核心截面尺寸对箍筋约束混凝土受压应力－应变关系曲线的影响。

3.2　试验方案

3.2.1　试件设计

本章设计并制作了 141 根网格式箍筋约束混凝土方柱。所有试件的截面尺寸均为 400 mm × 400 mm，高度均为 1 400 mm，混凝土保护层厚度均仅为 10 mm。为避免试件端部先于试件中部被压坏，试件上、下各 100 mm 范围内箍筋加密。试件中部 300 mm 为约束混凝土压应变测试区。试件几何尺寸及配筋构造如图 3.1 所示。试件设计参数见表 3.1。

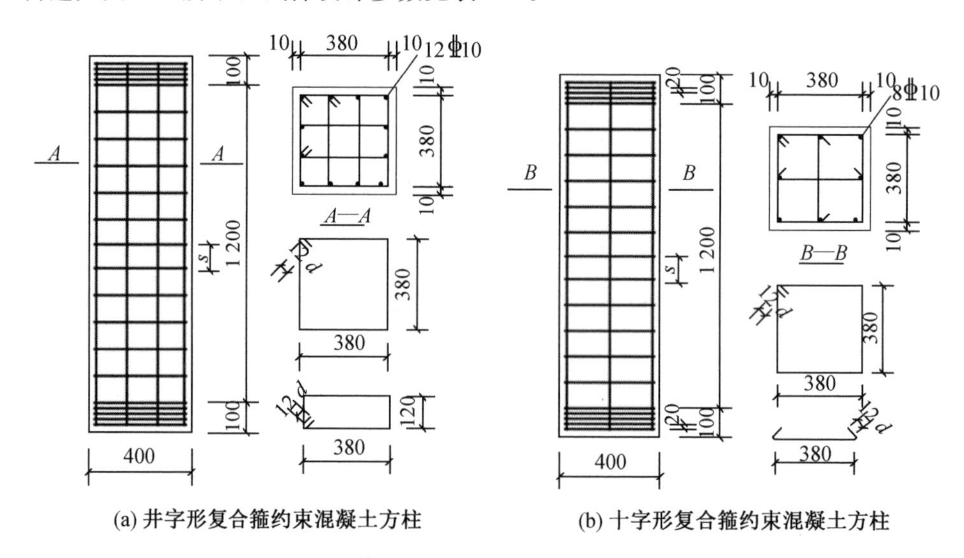

(a) 井字形复合箍约束混凝土方柱　　(b) 十字形复合箍约束混凝土方柱

图 3.1　试件几何尺寸及配筋构造(单位：mm)

表 3.1　试件设计参数

试件编号	f_{c0}/MPa	箍筋参数						纵筋参数	
		$f_{yv}(f_{0.2})$/MPa	s/mm	d/mm	ρ_v/%	箍筋形式	约束指标	f_y/MPa	ρ_s/%
C20－335－1.40－F	18.00	360	80	8	1.40	井字形复合箍	8.60%	480	0.59
C20－335－1.80－F	18.00	360	60	8	1.80	井字形复合箍	11.76%	480	0.59
C20－335－2.20－F	18.00	360	50	8	2.20	井字形复合箍	14.82%	480	0.59
C20－400－1.10－F	18.00	480	75	8	1.10	十字形复合箍	7.85%	480	0.39
C20－400－1.35－F	18.00	480	60	8	1.35	十字形复合箍	10.08%	480	0.39
C20－400－1.60－F	18.00	480	50	8	1.60	十字形复合箍	12.32%	480	0.39
C20－500－1.00－F	18.00	576	80	8	1.00	十字形复合箍	8.43%	480	0.39
C20－500－1.25－F	18.00	576	65	8	1.25	十字形复合箍	11.03%	480	0.39
C20－500－1.50－F	18.00	576	55	8	1.50	十字形复合箍	13.65%	480	0.39
C30－335－1.40－F	24.50	360	80	8	1.40	井字形复合箍	6.32%	480	0.59
C30－335－1.80－F	24.50	360	60	8	1.80	井字形复合箍	8.64%	480	0.59
C30－335－2.20－F	24.50	360	50	8	2.20	井字形复合箍	10.89%	480	0.59
C30－400－1.10－F	24.50	480	75	8	1.10	十字形复合箍	5.77%	480	0.39
C30－400－1.35－F	24.50	480	60	8	1.35	十字形复合箍	7.41%	480	0.39
C30－400－1.60－F	24.50	480	50	8	1.60	十字形复合箍	9.05%	480	0.39
C30－500－1.00－F	24.50	576	80	8	1.00	十字形复合箍	6.19%	480	0.39
C30－500－1.25－F	24.50	576	65	8	1.25	十字形复合箍	8.11%	480	0.39
C30－500－1.50－F	24.50	576	55	8	1.50	十字形复合箍	10.03%	480	0.39
C40－335－1.40－F	29.10	360	80	8	1.00	井字形复合箍	3.80%	480	0.59
C40－335－1.80－F	29.10	360	60	8	1.20	井字形复合箍	4.85%	480	0.59

续表3.1

试件编号	f_{c0}/MPa	箍筋参数						纵筋参数	
		$f_{yv}(f_{0.2})$/MPa	s/mm	d/mm	ρ_v/%	箍筋形式	约束指标	f_y/MPa	ρ_s/%
C40－335－2.20－F	29.10	360	50	8	1.40	井字形复合箍	5.83%	480	0.59
C40－400－1.10－F	29.10	480	75	8	1.10	十字形复合箍	4.85%	480	0.39
C40－400－1.35－F	29.10	480	60	8	1.35	十字形复合箍	6.24%	480	0.39
C40－400－1.60－F	29.10	480	50	8	1.60	十字形复合箍	7.62%	480	0.39
C40－500－1.00－F	29.10	576	80	8	1.00	十字形复合箍	5.21%	480	0.39
C40－500－1.25－F	29.10	576	65	8	1.25	十字形复合箍	6.83%	480	0.39
C40－500－1.50－F	29.10	576	55	8	1.50	十字形复合箍	8.44%	480	0.39
C40－600－1.00－F	29.10	657	65	6	1.00	井字形复合箍	7.27%	480	0.59
C40－600－1.20－F	29.10	657	50	6	1.20	井字形复合箍	9.12%	480	0.59
C40－600－1.40－F	29.10	657	40	6	1.40	井字形复合箍	10.96%	480	0.59
C50－400－1.10－F	47.40	480	75	8	1.10	十字形复合箍	2.98%	480	0.39
C50－400－1.35－F	47.40	480	60	8	1.35	十字形复合箍	3.83%	480	0.39
C50－400－1.60－F	47.40	480	50	8	1.60	十字形复合箍	4.68%	480	0.39
C50－500－1.00－F	47.40	576	80	8	1.00	十字形复合箍	3.20%	480	0.39
C50－500－1.25－F	47.40	576	65	8	1.25	十字形复合箍	4.19%	480	0.39
C50－500－1.50－F	47.40	576	55	8	1.50	十字形复合箍	5.18%	480	0.39
C50－600－1.00－F	47.40	657	65	6	1.00	井字形复合箍	4.46%	480	0.59
C50－600－1.20－F	47.40	657	50	6	1.20	井字形复合箍	5.60%	480	0.59
C50－600－1.40－F	47.40	657	40	6	1.40	井字形复合箍	6.73%	480	0.59

续表3.1

试件编号	f_{c0}/MPa	箍筋参数						纵筋参数	
		$f_{yv}(f_{0.2})$/MPa	s/mm	d/mm	ρ_v/%	箍筋形式	约束指标	f_y/MPa	ρ_s/%
C60－400－1.10－F	50.00	480	75	8	1.10	十字形复合箍	2.82%	480	0.39
C60－400－1.35－F	50.00	480	60	8	1.35	十字形复合箍	3.63%	480	0.39
C60－400－1.60－F	50.00	480	50	8	1.60	十字形复合箍	4.43%	480	0.39
C60－500－1.00－F	50.00	576	80	8	1.00	十字形复合箍	2.01%	480	0.39
C60－500－1.25－F	50.00	576	65	8	1.25	十字形复合箍	3.10%	480	0.39
C60－500－1.50－F	50.00	576	55	8	1.50	十字形复合箍	4.91%	480	0.39
C60－600－1.00－F	50.00	657	65	6	1.00	井字形复合箍	4.23%	480	0.59
C60－600－1.20－F	50.00	657	50	6	1.20	井字形复合箍	5.31%	480	0.59
C60－600－1.40－F	50.00	657	40	6	1.40	井字形复合箍	6.38%	480	0.59
C70－500－1.00－F	57.20	576	80	8	1.00	十字形复合箍	1.61%	480	0.39
C70－500－1.25－F	57.20	576	65	8	1.25	十字形复合箍	2.62%	480	0.39
C70－500－1.50－F	57.20	576	55	8	1.50	十字形复合箍	4.30%	480	0.39
C70－600－1.00－F	57.20	657	65	6	1.00	井字形复合箍	1.99%	480	0.59
C70－600－1.20－F	57.20	657	50	6	1.20	井字形复合箍	2.74%	480	0.59
C70－600－1.40－F	57.20	657	40	6	1.40	井字形复合箍	3.65%	480	0.59
C70－1270－0.90－F	57.20	1 190	95	7	0.90	井字形复合箍	2.39%	480	0.59
C70－1270－1.20－F	57.20	1 190	70	7	1.20	井字形复合箍	3.41%	480	0.59
C70－1270－1.40－F	57.20	1 190	60	7	1.40	井字形复合箍	5.15%	480	0.59
C80－500－1.00－F	63.60	576	80	8	1.00	十字形复合箍	1.33%	480	0.39

续表3.1

试件编号	f_{c0}/MPa	箍筋参数						纵筋参数	
		$f_{yv}(f_{0.2})$/MPa	s/mm	d/mm	ρ_v/%	箍筋形式	约束指标	f_y/MPa	ρ_s/%
C80－500－1.25－F	63.60	576	65	8	1.25	十字形复合箍	1.98%	480	0.39
C80－500－1.50－F	63.60	576	55	8	1.50	十字形复合箍	3.86%	480	0.39
C80－600－1.00－F	63.60	657	65	6	1.00	井字形复合箍	1.70%	480	0.59
C80－600－1.20－F	63.60	657	50	6	1.20	井字形复合箍	2.29%	480	0.59
C80－600－1.40－F	63.60	657	40	6	1.40	井字形复合箍	3.36%	480	0.59
C80－1270－0.90－F	63.60	1 190	95	7	0.90	井字形复合箍	2.12%	480	0.59
C80－1270－1.20－F	63.60	1 190	70	7	1.20	井字形复合箍	3.03%	480	0.59
C80－1270－1.40－F	63.60	1 190	60	7	1.40	井字形复合箍	4.15%	480	0.59
C90－500－1.00－F	68.00	576	80	8	1.00	十字形复合箍	1.16%	480	0.39
C90－500－1.25－F	68.00	576	65	8	1.25	十字形复合箍	1.89%	480	0.39
C90－500－1.50－F	68.00	576	55	8	1.50	十字形复合箍	2.57%	480	0.39
C90－600－1.00－F	68.00	657	65	6	1.00	井字形复合箍	1.44%	480	0.59
C90－600－1.20－F	68.00	657	50	6	1.20	井字形复合箍	2.04%	480	0.59
C90－600－1.40－F	68.00	657	40	6	1.40	井字形复合箍	4.69%	480	0.59
C90－800－0.90－F	68.00	818	95	7	0.90	井字形复合箍	1.65%	480	0.59
C90－800－1.20－F	68.00	818	70	7	1.20	井字形复合箍	2.47%	480	0.59
C90－800－1.40－F	68.00	818	60	7	1.40	井字形复合箍	3.56%	480	0.59
C90－970－0.90－F	68.00	926	95	7	0.90	井字形复合箍	1.74%	480	0.59
C90－970－1.20－F	68.00	926	70	7	1.20	井字形复合箍	2.86%	480	0.59

续表3.1

试件编号	f_{c0}/MPa	箍筋参数						纵筋参数	
		$f_{yv}(f_{0.2})$/MPa	s/mm	d/mm	ρ_v/%	箍筋形式	约束指标	f_y/MPa	ρ_s/%
C90－970－1.40－F	68.00	926	60	7	1.40	井字形复合箍	3.65%	480	0.59
C90－1270－0.90－F	68.00	1 190	95	7	0.90	井字形复合箍	1.81%	480	0.59
C90－1270－1.20－F	68.00	1 190	70	7	1.20	井字形复合箍	2.61%	480	0.59
C90－1270－1.40－F	68.00	1 190	60	7	1.40	井字形复合箍	3.52%	480	0.59
RPC100－800－0.90－F	84.72	818	95	7	0.90	井字形复合箍	0.88%	480	0.59
RPC100－800－1.20－F	84.72	818	70	7	1.20	井字形复合箍	1.97%	480	0.59
RPC100－800－1.40－F	84.72	818	60	7	1.40	井字形复合箍	2.55%	480	0.59
RPC100－800－2.00－F	84.72	818	45	7	2.00	井字形复合箍	4.65%	480	0.59
RPC100－970－0.90－F	84.72	926	95	7	0.90	井字形复合箍	0.97%	480	0.59
RPC100－970－1.20－F	84.72	926	70	7	1.20	井字形复合箍	2.00%	480	0.59
RPC100－970－1.40－F	84.72	926	60	7	1.40	井字形复合箍	2.57%	480	0.59
RPC100－970－2.00－F	84.72	926	45	7	2.00	井字形复合箍	4.62%	480	0.59
RPC100－1270－0.90－F	84.72	1 190	95	7	0.90	井字形复合箍	0.92%	480	0.59
RPC100－1270－1.20－F	84.72	1 190	70	7	1.20	井字形复合箍	1.93%	480	0.59
RPC100－1270－1.40－F	84.72	1 190	60	7	1.40	井字形复合箍	2.67%	480	0.59
RPC100－1270－2.00－F	84.72	1 190	45	7	2.00	井字形复合箍	4.67%	480	0.59
RPC120－800－0.90－F	101.66	818	95	7	0.90	井字形复合箍	0.75%	480	0.59
RPC120－800－1.20－F	101.66	818	70	7	1.20	井字形复合箍	1.47%	480	0.59
RPC120－800－1.40－F	101.66	818	60	7	1.40	井字形复合箍	2.04%	480	0.59

续表3.1

试件编号	f_{c0}/MPa	箍筋参数						纵筋参数	
		$f_{yv}(f_{0.2})$/MPa	s/mm	d/mm	ρ_v/%	箍筋形式	约束指标	f_y/MPa	ρ_s/%
RPC120－800－2.00－F	101.66	818	45	7	2.00	井字形复合箍	3.56%	480	0.59
RPC120－970－0.90－F	101.66	926	95	7	0.90	井字形复合箍	0.74%	480	0.59
RPC120－970－1.20－F	101.66	926	70	7	1.20	井字形复合箍	1.45%	480	0.59
RPC120－970－1.40－F	101.66	926	60	7	1.40	井字形复合箍	2.10%	480	0.59
RPC120－970－2.00－F	101.66	926	45	7	2.00	井字形复合箍	3.60%	480	0.59
RPC120－1270－0.90－F	101.66	1 190	95	7	0.90	井字形复合箍	0.74%	480	0.59
RPC120－1270－1.20－F	101.66	1 190	70	7	1.20	井字形复合箍	1.49%	480	0.59
RPC120－1270－1.40－F	101.66	1 190	60	7	1.40	井字形复合箍	2.08%	480	0.59
RPC120－1270－2.00－F	101.66	1 190	45	7	2.00	井字形复合箍	3.58%	480	0.59
RPC140－800－0.90－F	121.81	818	95	7	0.90	井字形复合箍	0.54%	480	0.59
RPC140－800－1.20－F	121.81	818	70	7	1.20	井字形复合箍	0.97%	480	0.59
RPC140－800－1.40－F	121.81	818	60	7	1.40	井字形复合箍	1.59%	480	0.59
RPC140－800－2.00－F	121.81	818	45	7	2.00	井字形复合箍	2.69%	480	0.59
RPC140－970－0.90－F	121.81	926	95	7	0.90	井字形复合箍	0.60%	480	0.59
RPC140－970－1.20－F	121.81	926	70	7	1.20	井字形复合箍	1.06%	480	0.59
RPC140－970－1.40－F	121.81	926	60	7	1.40	井字形复合箍	1.61%	480	0.59
RPC140－970－2.00－F	121.81	926	45	7	2.00	井字形复合箍	2.77%	480	0.59
RPC140－1270－0.90－F	121.81	1 190	95	7	0.90	井字形复合箍	0.60%	480	0.59
RPC140－1270－1.20－F	121.81	1 190	70	7	1.20	井字形复合箍	1.04%	480	0.59

续表3.1

试件编号	f_{c0}/MPa	箍筋参数						纵筋参数	
		$f_{yv}(f_{0.2})$/MPa	s/mm	d/mm	ρ_v/%	箍筋形式	约束指标	f_y/MPa	ρ_s/%
RPC140－1270－1.40－F	121.81	1 190	60	7	1.40	井字形复合箍	1.63%	480	0.59
RPC140－1270－2.00－F	121.81	1 190	45	7	2.00	井字形复合箍	2.99%	480	0.59
RPC160－800－0.90－F	134.47	818	95	7	0.90	井字形复合箍	0.49%	480	0.59
RPC160－800－1.20－F	134.47	818	70	7	1.20	井字形复合箍	0.87%	480	0.59
RPC160－800－1.40－F	134.47	818	60	7	1.40	井字形复合箍	1.31%	480	0.59
RPC160－800－2.00－F	134.47	818	45	7	2.00	井字形复合箍	2.32%	480	0.59
RPC160－970－0.90－F	134.47	926	95	7	0.90	井字形复合箍	0.51%	480	0.59
RPC160－970－1.20－F	134.47	926	70	7	1.20	井字形复合箍	0.85%	480	0.59
RPC160－970－1.40－F	134.47	926	60	7	1.40	井字形复合箍	1.26%	480	0.59
RPC160－970－2.00－F	134.47	926	45	7	2.00	井字形复合箍	2.35%	480	0.59
RPC160－1270－0.90－F	134.47	1 190	95	7	0.90	井字形复合箍	0.52%	480	0.59
RPC160－1270－1.20－F	134.47	1 190	70	7	1.20	井字形复合箍	0.96%	480	0.59
RPC160－1270－1.40－F	134.47	1 190	60	7	1.40	井字形复合箍	1.29%	480	0.59
RPC160－1270－2.00－F	134.47	1 190	45	7	2.00	井字形复合箍	2.44%	480	0.59
RPC180－800－0.90－F	155.45	818	95	7	0.90	井字形复合箍	0.33%	480	0.59
RPC180－800－1.20－F	155.45	818	70	7	1.20	井字形复合箍	0.57%	480	0.59
RPC180－800－1.40－F	155.45	818	60	7	1.40	井字形复合箍	0.82%	480	0.59
RPC180－800－2.00－F	155.45	818	45	7	2.00	井字形复合箍	1.93%	480	0.59
RPC180－970－0.90－F	155.45	926	95	7	0.90	井字形复合箍	0.34%	480	0.59

续表3.1

试件编号	f_{c0}/MPa	箍筋参数						纵筋参数	
		$f_{yv}(f_{0.2})$/MPa	s/mm	d/mm	ρ_v/%	箍筋形式	约束指标	f_y/MPa	ρ_s/%
RPC180－970－1.20－F	155.45	926	70	7	1.20	井字形复合箍	0.57%	480	0.59
RPC180－970－1.40－F	155.45	926	60	7	1.40	井字形复合箍	0.87%	480	0.59
RPC180－970－2.00－F	155.45	926	45	7	2.00	井字形复合箍	1.91%	480	0.59
RPC180－1270－0.90－F	155.45	1 190	95	7	0.90	井字形复合箍	0.36%	480	0.59
RPC180－1270－1.20－F	155.45	1 190	70	7	1.20	井字形复合箍	0.62%	480	0.59
RPC180－1270－1.40－F	155.45	1 190	60	7	1.40	井字形复合箍	0.82%	480	0.59
RPC180－1270－2.00－F	155.45	1 190	45	7	2.00	井字形复合箍	1.91%	480	0.59

注：试件名称C20－335－1.40－F为混凝土设计强度等级－箍筋牌号－体积配箍率－方柱；f_{c0}为非约束混凝土轴心抗压强度(MPa)；$f_{yv}(f_{0.2})$为箍筋屈服强度(条件屈服强度)(MPa)；s为相邻箍筋间距(mm)；d为箍筋直径(mm)；ρ_v为体积配箍率，$\rho_v=\frac{n_1A_{sv1}l_1+n_2A_{sv2}l_2}{sA_{cor}}$，其中$A_{sv1}$和$A_{sv2}$分别为沿$l_1$和$l_2$方向的单根箍筋的截面面积(mm^2)，$n_1$和$n_2$分别为沿$l_1$和$l_2$方向的钢筋根数，$l_1$和$l_2$为网格式箍筋内表面范围内的混凝土核心截面两个方向的长度(mm)，A_{cor}为网格式箍筋内表面范围内的混凝土核心截面面积(mm^2)；井字形复合箍即为双向四肢箍，十字形复合箍即为双向三肢箍，井字形复合箍和十字形复合箍均属于网格式箍筋；约束指标为峰值受压荷载下箍筋有效侧向约束应力($k_e\rho_v\sigma_{sv0}/2$)与非约束混凝土轴心抗压强度(f_{c0})的比值，其中k_e为有效约束系数，按$k_e=\left(1-\frac{\sum b_i^2}{6a_{cor}^2}\right)\left(1-\frac{s}{2a_{cor}}\right)^2/(1-\rho_s)$计算，$a_{cor}$为网格式箍筋所围的混凝土方柱核心截面边长(mm)，σ_{sv0}为峰值受压荷载下箍筋拉应力(MPa)，见表3.3；f_y为纵筋屈服强度(MPa)；ρ_s为纵筋配筋率。

3.2.2　材料力学性能

1. 混凝土力学性能

试件加载前，测试了与试件同条件下养护的混凝土试块的力学性能，混凝土力学性能指标见表 3.2。C20 ～ C90 的试块包括尺寸为 150 mm × 150 mm × 150 mm 的立方体试块和尺寸为 150 mm × 150 mm × 300 mm 的棱柱体试块两种；依据现行《活性粉末混凝土》(GB/T 31387—2015)，RPC100 ～ RPC180 的试块包括尺寸为 100 mm × 100 mm × 100 mm 的立方体试块和尺寸为 100 mm × 100 mm × 300 mm 的棱柱体试块两种。立方体试块用于测定表 3.2 中的 f_{cu}，棱柱体试块用于测定表 3.2 中的 f_{c0}、ε_{c0} 和 E_{c0}。

表 3.2　混凝土力学性能指标

混凝土设计强度等级	f_{cu}/MPa	f_{c0}/MPa	ε_{c0}/$\times 10^{-6}$	E_{c0}/MPa
C20	23.70	18.00	1 434	25 500
C30	32.20	24.50	1 550	30 507
C40	38.30	29.10	1 626	32 199
C50	60.60	47.40	1 883	36 069
C60	63.50	50.00	1 920	36 411
C70	71.30	57.20	2 002	37 220
C80	78.00	63.60	2 066	37 809
C90	82.50	68.00	2 110	38 159
RPC100	99.86	84.72	2 364	41 562
RPC120	120.92	101.66	2 769	42 364
RPC140	138.24	121.81	3 205	43 641
RPC160	157.63	134.47	3 594	44 625
RPC180	176.42	155.45	3 842	46 354

注：f_{cu} 为混凝土标准立方体抗压强度(MPa)；f_{c0} 为混凝土轴心抗压强度(MPa)；ε_{c0} 为混凝土峰值压应变；E_{c0} 为混凝土弹性模量(MPa)。

2. 钢筋力学性能

各牌号热轧钢筋和中强度预应力钢丝的实测力学性能及受拉应力－应变曲线与 2.2.2 节取同。

3.2.3　加载方案及测量方法

混凝土强度等级介于 C20 ～ C50 的试件和混凝土强度等级介于 C60 ～ RPC180 的试件，分别在哈尔滨工业大学交通科学与工程学院结构实验室的YAW－10000J 型微机控制电液伺服压力试验机和土木工程学院结构与抗震实验室的YAW－30000J 型微机控制电液伺服压力试验机上完成。网格式箍筋约束混凝土方柱轴心受压试验如图 3.2 所示。

(a) 试验加载

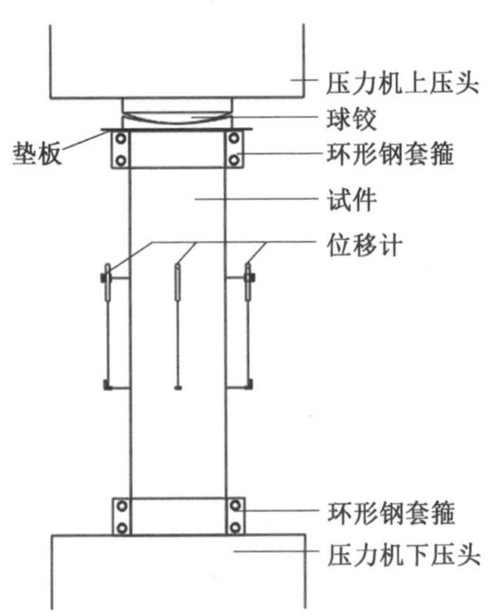

(b) 试验加载装置示意图

图 3.2　网格式箍筋约束混凝土方柱轴心受压试验

为防止试件上、下两端在加载过程中发生破坏，采用边长 385 mm、厚度 15 mm、高度 100 mm 的方形钢套箍对柱上下端进行局部约束，以保证试件中部发生轴心受压破坏。方形钢套箍细部尺寸和具体安装如图 3.3 所示。

在试件高度的中部 300 mm 范围相邻 4 圈网格式箍筋上粘贴钢筋应变片，以测量箍筋拉应变，标记为 G1 ～ G16，如图 3.4 所示。在试件角部的 4 根纵筋中部各粘贴 1 个应变片，按顺时针顺序标记为 Z1 ～ Z4，用来测量纵筋的竖向压应变，如图 3.4 所示。在试件高度的中部 300 mm 范围内每隔 90° 布置 1 个电子位移计，用来测量试件中部约束混凝土的竖向压缩变形。所有应变片和电子位移计的数据均通过 DH3816 静态应变采集系统采集。

采用先力后位移的加载制度进行加载。力控制阶段，加载速度为3 kN/s，加载至试件预估破坏荷载的 70%。位移控制阶段，先采用加载速度为

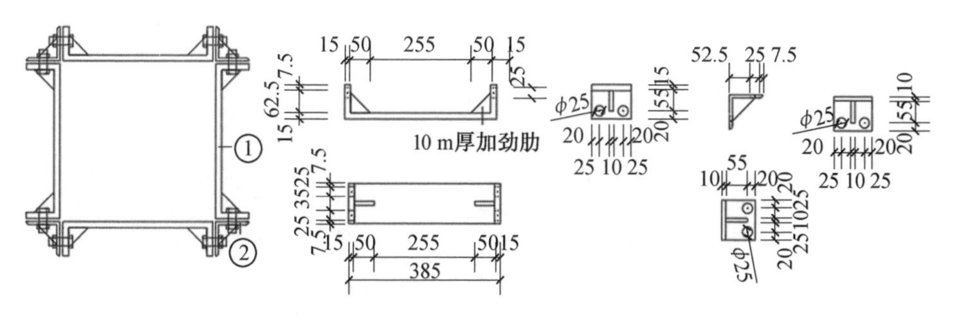

图 3.3　方形钢套箍设计

0.3 mm/min 的等速位移加载。

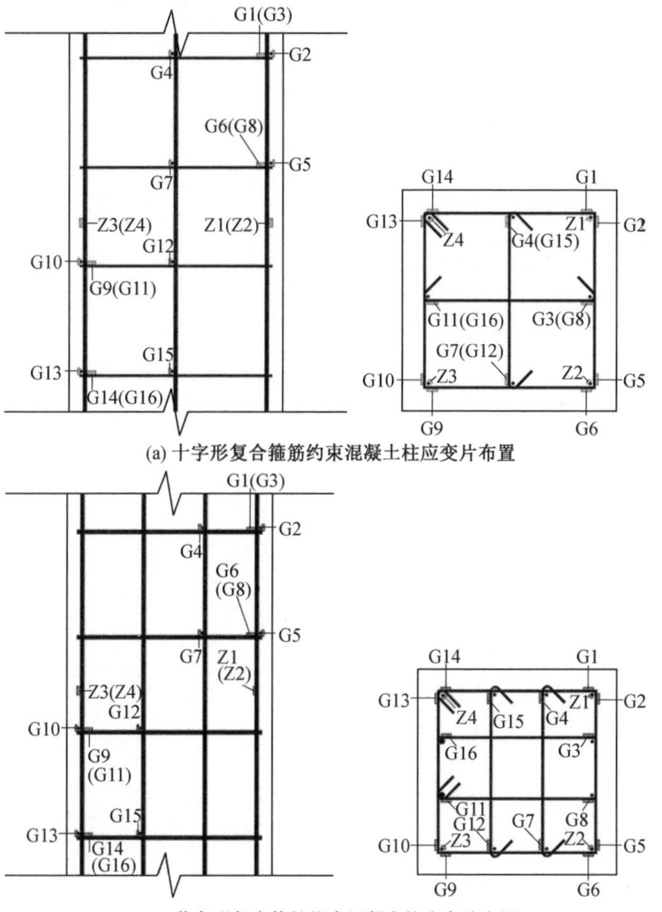

图 3.4　钢筋应变片布置

3.3 试验现象

141 根网格式箍筋约束混凝土方柱轴心受压试验现象如下：

(1) 在 66 个采用热轧钢筋作为箍筋的试件中，在峰值受压荷载下 49 个试件的箍筋屈服。峰值受压荷载下箍筋屈服试件的约束指标(峰值受压荷载下箍筋有效侧向约束应力与非约束混凝土抗压强度的比值) 介于 5.31% ～ 15.92%，非约束混凝土轴心抗压强度介于 18 ～ 68 MPa。在峰值受压荷载下 17 个试件的箍筋不屈服。峰值受压荷载下箍筋不屈服试件的约束指标介于 1.40% ～ 3.60%，非约束混凝土轴心抗压强度介于 50 ～ 68 MPa。表明约束指标越高，箍筋约束混凝土柱的竖向变形能力越强，横向膨胀变形越大，约束箍筋越容易屈服。

(2) 采用中强度预应力钢丝作为箍筋的试件(共 75 个试件) 在峰值受压荷载下箍筋均未屈服。这些试件的约束指标介于 0.33% ～ 5.10%，非约束混凝土轴心抗压强度介于 57.2 ～ 155.45 MPa。

(3) 当非约束混凝土轴心抗压强度介于 18 ～ 155.45 MPa、约束指标介于 0.33% ～15.92% 时，所有试件(141 个试件) 在达到峰值受压荷载之前无箍筋破断现象。

(4) 在峰值受压荷载后，144 个试件中有 77 个试件的网格式箍筋在与纵筋绑扎处破断，其中包括 62 个中强度预应力钢丝作为网格式箍筋的试件和 15 个热轧钢筋作为箍筋的试件，箍筋破断如图 3.5 所示。

在 66 个热轧钢筋作为箍筋的试件中，51 个试件的箍筋在荷载－变形曲线下降段未发生破断，未发生破断的试件的约束指标介于 1.44% ～ 5.80%，非约束混凝土轴心抗压强度介于 18 ～ 68 MPa。15 个试件的箍筋在峰值受压荷载后破断，发生破断的试件的约束指标介于 6.04% ～ 15.92%，非约束混凝土轴心抗压强度介于 18 ～ 63.6 MPa。约束指标低的试件变形能力差，横向膨胀变形小，不容易发生破断；约束指标高的试件，变形能力强，横向膨胀变形大，容易发生破断。

在峰值受压荷载后，热轧钢筋作为网格式箍筋不发生破断的试件，如图 3.6 所示。这部分试件在峰值受压荷载后，随着竖向变形的增大，箍筋所围的部分混凝土被压碎，最外圈箍筋明显被撑圆。

在 75 个中强度预应力钢丝作为箍筋的试件中，13 个试件的箍筋在荷载－变形曲线下降段未发生破断，未发生破断的试件的约束指标介于 1.60% ～

图 3.5　箍筋破断

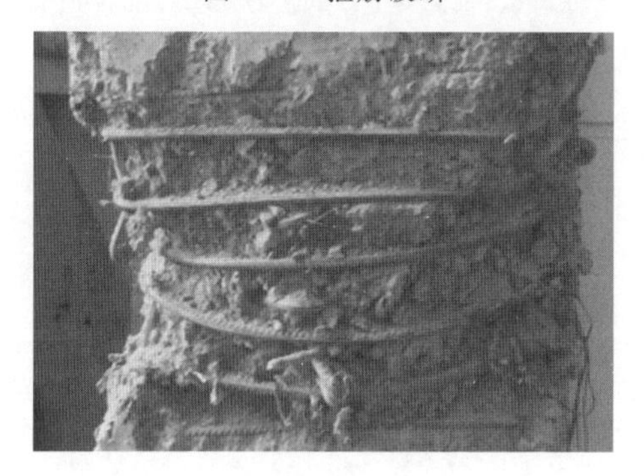

图 3.6　箍筋不发生破断的试件

3.60%，非约束混凝土轴心抗压强度介于 57.2 ～ 68 MPa；62 个试件的箍筋在荷载－变形曲线下降段破断，发生破断的试件的约束指标介于 0.33% ～ 5.10%，非约束混凝土轴心抗压强度介于 57.2 ～ 155.45 MPa。

中强度预应力钢丝在最大力下的拉应变为 4.1% ～ 5.4%，而热轧钢筋在最大力下的拉应变在 10% 以上。相较于热轧钢筋，中强度预应力钢丝在峰值受压荷载后破断所需的约束混凝土横向膨胀变形相对较小。当约束程度相同时，中强度预应力钢丝作为箍筋的试件在峰值受压荷载后易发生破断。当非约束混凝土抗压强度相同时，随着约束指标的增大，竖向变形能力增强，横向膨胀变形越大，箍筋的拉应变越大，在峰值受压荷载后箍筋越易发生破断。

(5) 对于相同强度的非约束混凝土的箍筋约束混凝土柱，随着约束指标的增大，在峰值受压荷载下峰值压应力和峰值压应变增大。

(6) 当约束指标介于0.33%～15.92%时，在箍筋牌号和体积配箍率相同的情况下，随着非约束混凝土抗压强度的提高，约束混凝土抗压强度和非约束混凝土抗压强度的差值与非约束混凝土抗压强度的比值降低，峰值压应变减小，变形能力下降。

3.4 试验结果

3.4.1 试验数据处理

各试件的约束混凝土峰值压应力、峰值压应变、峰值受压荷载下箍筋拉应变和拉应力、箍筋破断时约束混凝土竖向压应力和竖向压应变、网格式箍筋约束混凝土柱轴心受压承载力见表3.3。

表3.3 试验结果

试件编号	f_{cc0} /MPa	ε_{cc0} /$\times10^{-6}$	ε_{sv0} /$\times10^{-6}$	σ_{sv0} /MPa	f_{rup} /MPa	ε_{rup} /$\times10^{-6}$	N/kN
C20－335－1.40－F	28.00	6 848	2 846	360.00/屈服	—	—	4 496
C20－335－1.80－F	30.30	7 360	4 174	360.00/屈服	19.30	33 935	4 828
C20－335－2.20－F	32.30	8 802	3 932	360.00/屈服	21.60	39 420	5 117
C20－400－1.10－F	25.60	7 004	3 106	480.00/屈服	—	—	3 996
C20－400－1.35－F	27.20	8 136	3 969	480.00/屈服	—	—	4 227
C20－400－1.60－F	29.10	8 666	4 142	480.00/屈服	—	—	4 501
C20－500－1.00－F	25.00	6 981	3 129	576.00/屈服	16.70	29 199	3 909
C20－500－1.25－F	28.70	6 886	3 523	576.00/屈服	—	—	4 443
C20－500－1.50－F	29.60	7 037	3 538	576.00/屈服	—	—	4 573
C30－335－1.40－F	32.40	5 844	3 231	360.00/屈服	—	—	5 131
C30－335－1.80－F	35.50	6 405	3 505	360.00/屈服	21.20	30 109	5 579
C30－335－2.20－F	40.60	6 324	3 285	360.00/屈服	24.00	37 128	6 315
C30－400－1.10－F	32.50	5 736	3 325	480.00/屈服	—	—	4 992
C30－400－1.35－F	35.00	4 853	3 577	480.00/屈服	—	—	5 353
C30－400－1.60－F	36.40	4 309	2 856	480.00/屈服	—	—	5 555

续表3.3

试件编号	f_{cc0} /MPa	ε_{cc0} /$\times 10^{-6}$	ε_{sv0} /$\times 10^{-6}$	σ_{sv0} /MPa	f_{rup} /MPa	ε_{rup} /$\times 10^{-6}$	N/kN
C30－500－1.00－F	31.70	4 556	5 470	576.00/屈服	—	—	4 877
C30－500－1.25－F	36.70	4 491	3 139	576.00/屈服	—	—	5 599
C30－500－1.50－F	39.30	6 129	4 892	576.00/屈服	—	—	5 974
C40－335－1.40－F	38.50	4 631	3 243	360.00/屈服	18.00	35 150	6 012
C40－335－1.80－F	39.00	6 119	3 956	360.00/屈服	—	—	6 084
C40－335－2.20－F	41.50	6 284	3 983	360.00/屈服	—	—	6 292
C40－400－1.10－F	37.00	4 232	2 827	480.00/屈服	—	—	5 642
C40－400－1.35－F	40.70	5 739	3 662	480.00/屈服	—	—	6 176
C40－400－1.60－F	42.20	5 788	4 112	480.00/屈服	—	—	6 393
C40－500－1.00－F	36.30	4 458	4 109	576.00/屈服	18.90	22 037	5 541
C40－500－1.25－F	38.70	4 852	4 852	576.00/屈服	21.60	26 666	5 887
C40－500－1.50－F	41.80	5 678	4 228	576.00/屈服	—	—	6 489
C40－600－1.00－F	38.70	5 676	3 795	657.00/屈服	—	—	6 041
C40－600－1.20－F	46.80	6 387	4 703	657.00/屈服	—	—	7 211
C40－600－1.40－F	50.70	8 904	4 708	657.00/屈服	30.30	34 970	7 620
C50－400－1.10－F	56.10	3 797	3 256	480.00/屈服	—	—	8 400
C50－400－1.35－F	56.10	4 054	4 173	480.00/屈服	25.01	21 599	8 412
C50－400－1.60－F	58.80	4 712	4 100	480.00/屈服	—	—	8 790
C50－500－1.00－F	52.30	5 620	4 649	576.00/屈服	19.10	17 073	7 851
C50－500－1.25－F	56.70	5 230	3 524	576.00/屈服	21.20	20 436	8 487
C50－500－1.50－F	60.20	6 444	4 704	576.00/屈服	24.50	23 021	9 146
C50－600－1.00－F	57.40	8 066	3 705	657.00/屈服	—	—	8 741
C50－600－1.20－F	59.50	6 025	4 257	657.00/屈服	—	—	9 044
C50－600－1.40－F	60.00	9 800	5 687	657.00/屈服	—	—	8 963
C60－400－1.10－F	58.30	2 178	2 517	480.00/屈服	—	—	8 718
C60－400－1.35－F	64.20	2 320	2 438	480.00/屈服	—	—	9 570
C60－400－1.60－F	66.50	2 526	2 761	480.00/屈服	—	—	9 902

续表3.3

试件编号	f_{cc0} /MPa	ε_{cc0} /×10^{-6}	ε_{sv0} /×10^{-6}	σ_{sv0} /MPa	f_{rup} /MPa	ε_{rup} /×10^{-6}	N/kN
C60－500－1.00－F	59.30	2 350	1 904	380.80/未屈服	—	—	8 862
C60－500－1.25－F	63.70	2 400	2 250	450.00/未屈服	—	—	9 497
C60－500－1.50－F	66.60	2 870	3 568	576.00/屈服	—	—	10 070
C60－600－1.00－F	60.30	2 394	4 702	576.00/屈服	—	—	9 160
C60－600－1.20－F	66.10	2 691	4 971	576.00/屈服	—	—	9 997
C60－600－1.40－F	69.50	2 941	4 600	657.00/屈服	—	—	10 335
C70－500－1.00－F	63.20	2 362	1 753	350.60/未屈服	—	—	9 425
C70－500－1.25－F	65.00	2 486	2 180	435.00/未屈服	—	—	9 685
C70－500－1.50－F	67.10	2 598	3 148	576.00/屈服	—	—	10 142
C70－600－1.00－F	63.00	2 092	1 770	354.00/未屈服	—	—	9 550
C70－600－1.20－F	65.50	2 365	1 940	388.00/未屈服	—	—	9 911
C70－600－1.40－F	70.10	2 830	2 150	430.00/未屈服	—	—	10 575
C70－1270－0.90－F	67.50	2 863	2 276	466.58/未屈服	—	—	10 200
C70－1270－1.20－F	73.22	3 023	2 499	512.30/未屈服	—	—	11 026
C70－1270－1.40－F	78.94	3 403	3 146	644.93/未屈服	37.80	10 810	11 698
C80－500－1.00－F	68.30	2 343	1 610	322.00/未屈服	—	—	10 162
C80－500－1.25－F	72.90	2 396	1 830	366.00/未屈服	—	—	10 826
C80－500－1.50－F	75.80	2 713	2 956	576.00/屈服	28.10	9 353	11 398
C80－600－1.00－F	65.30	2 580	1 680	336.00/未屈服	—	—	9 882
C80－600－1.20－F	70.00	2 700	1 900	360.00/未屈服	—	—	10 561
C80－600－1.40－F	76.60	3 060	2 100	440.00/未屈服	30.00	10 053	11 514
C80－1270－0.90－F	78.23	2 871	2 244	460.02/未屈服	—	—	11 749
C80－1270－1.20－F	81.41	2 975	2 470	506.35/未屈服	—	—	12 208
C80－1270－1.40－F	85.22	3 244	2 816	577.28/未屈服	35.00	10 159	12 605
C90－500－1.00－F	70.40	2 310	1 500	300.00/未屈服	—	—	10 465
C90－500－1.25－F	75.60	2 503	1 860	372.00/未屈服	—	—	11 216
C90－500－1.50－F	79.60	2 659	2 050	410.00/未屈服	—	—	11 947

续表3.3

试件编号	f_{cc0} /MPa	ε_{cc0} /×10^{-6}	ε_{sv0} /×10^{-6}	σ_{sv0} /MPa	f_{rup} /MPa	ε_{rup} /×10^{-6}	N/kN
C90－600－1.00－F	70.50	2 464	1 520	304.00/未屈服	—	—	10 633
C90－600－1.20－F	78.30	2 726	1 720	344.00/未屈服	—	—	11 759
C90－600－1.40－F	85.00	3 073	4 223	600.00/屈服	—	—	12 727
C90－800－0.90－F	78.88	2 785	1 863	381.92/未屈服	—	—	11 843
C90－800－1.20－F	84.45	2 975	2 158	442.39/未屈服	—	—	12 647
C90－800－1.40－F	88.54	3 271	2 583	529.52/未屈服	—	—	13 238
C90－970－0.90－F	78.20	2 721	1 968	403.44/未屈服	—	—	11 745
C90－970－1.20－F	82.28	3 080	2 495	511.48/未屈服	—	—	12 334
C90－970－1.40－F	87.04	3 207	2 648	542.84/未屈服	—	—	13 021
C90－1270－0.90－F	77.52	3 123	2 048	419.84/未屈服	—	—	11 647
C90－1270－1.20－F	82.28	3 249	2 280	467.40/未屈服	—	—	12 334
C90－1270－1.40－F	90.44	3 334	2 553	523.36/未屈服	—	—	13 512
RPC100－800－0.90－F	93.46	2 902	1 369	280.64/未屈服	21.68	9 572	13 948
RPC100－800－1.20－F	101.08	3 465	2 145	439.72/未屈服	28.89	10 836	15 049
RPC100－800－1.40－F	109.26	3 552	2 307	472.93/未屈服	37.73	11 626	16 230
RPC100－800－2.00－F	118.46	4 080	2 812	576.46/未屈服	41.52	12 909	17 558
RPC100－970－0.90－F	96.26	3 056	1 526	312.83/未屈服	25.63	9 682	14 353
RPC100－970－1.20－F	102.35	3 356	2 169	444.64/未屈服	29.58	11 187	15 232
RPC100－970－1.40－F	108.47	3 539	2 319	475.39/未屈服	31.85	12 290	16 116
RPC100－970－2.00－F	118.37	4 102	2 792	572.36/未屈服	40.35	12 873	17 545
RPC100－1270－0.90－F	94.35	2 908	1 441	295.40/未屈服	28.95	10 529	14 077
RPC100－1270－1.20－F	101.96	3 315	2 100	430.50/未屈服	33.19	11 921	15 176
RPC100－1270－1.40－F	108.64	3 609	2 416	495.28/未屈服	37.40	12 629	16 140
RPC100－1270－2.00－F	119.26	3 724	2 825	579.12/未屈服	53.49	12 885	17 674
RPC120－800－0.90－F	115.45	3 402	1 411	289.25/未屈服	24.76	11 232	17 124
RPC120－800－1.20－F	122.50	3 738	1 922	394.01/未屈服	26.27	12 343	18 142
RPC120－800－1.40－F	126.65	3 892	2 213	453.66/未屈服	35.73	12 449	18 741

续表3.3

试件编号	f_{cc0} /MPa	ε_{cc0} /×10^{-6}	ε_{sv0} /×10^{-6}	σ_{sv0} /MPa	f_{rup} /MPa	ε_{rup} /×10^{-6}	N/kN
RPC120－800－2.00－F	135.81	4 468	2 584	529.72/未屈服	44.87	13 374	20 064
RPC120－970－0.90－F	114.15	3 392	1 385	283.92/未屈服	28.64	11 838	16 936
RPC120－970－1.20－F	122.45	3 739	1 895	388.47/未屈服	32.16	12 050	18 134
RPC120－970－1.40－F	127.12	4 148	2 281	467.60/未屈服	42.93	12 527	18 809
RPC120－970－2.00－F	136.18	4 463	2 608	534.64/未屈服	50.99	12 455	20 117
RPC120－1270－0.90－F	116.72	3 445	1 396	286.18/未屈服	31.27	10 555	17 307
RPC120－1270－1.20－F	122.94	3 745	1 942	398.11/未屈服	37.94	12 816	18 205
RPC120－1270－1.40－F	126.84	3 979	2 255	462.27/未屈服	39.27	13 650	18 768
RPC120－1270－2.00－F	135.88	4 425	2 599	532.79/未屈服	55.30	16 937	20 074
RPC140－800－0.90－F	134.62	3 657	1 227	251.53/未屈服	23.72	11 312	19 892
RPC140－800－1.20－F	141.37	3 946	1 508	309.14/未屈服	36.05	12 384	20 866
RPC140－800－1.40－F	147.68	4 308	2 066	423.53/未屈服	34.33	13 509	21 778
RPC140－800－2.00－F	156.85	4 793	2 335	478.67/未屈服	43.20	14 552	23 102
RPC140－970－0.90－F	135.24	3 701	1 345	275.72/未屈服	28.99	11 894	19 981
RPC140－970－1.20－F	142.17	4 012	1 657	339.68/未屈服	36.59	13 351	20 982
RPC140－970－1.40－F	147.30	4 055	2 086	427.63/未屈服	36.45	14 299	21 723
RPC140－970－2.00－F	155.75	4 796	2 406	493.23/未屈服	49.92	15 201	22 943
RPC140－1270－0.90－F	136.07	3 751	1 356	277.98/未屈服	35.02	11 864	20 101
RPC140－1270－1.20－F	141.40	4 026	1 627	333.53/未屈服	37.64	14 076	20 871
RPC140－1270－1.40－F	146.68	4 320	2 112	432.96/未屈服	38.35	14 599	21 633
RPC140－1270－2.00－F	156.90	4 971	2 597	532.38/未屈服	55.88	15 598	23 109
RPC160－800－0.90－F	146.28	4 167	1 221	250.30/未屈服	30.81	12 598	21 575
RPC160－800－1.20－F	154.72	4 466	1 506	308.73/未屈服	38.42	14 257	22 794
RPC160－800－1.40－F	159.43	4 680	1 886	386.63/未屈服	36.30	14 691	23 474
RPC160－800－2.00－F	169.52	5 203	2 230	457.15/未屈服	47.33	15 035	24 931
RPC160－970－0.90－F	149.13	4 183	1 268	259.94/未屈服	31.11	13 010	21 987
RPC160－970－1.20－F	155.15	4 503	1 462	299.71/未屈服	34.39	13 403	22 856

续表3.3

试件编号	f_{cc0} /MPa	ε_{cc0} /×10⁻⁶	ε_{sv0} /×10⁻⁶	σ_{sv0} /MPa	f_{rup} /MPa	ε_{rup} /×10⁻⁶	N/kN
RPC160－970－1.40－F	158.63	4 671	1 803	369.61/未屈服	46.07	14 662	23 359
RPC160－970－2.00－F	169.67	5 236	2 256	462.48/未屈服	57.85	15 159	24 953
RPC160－1270－0.90－F	147.25	4 192	1 292	264.86/未屈服	34.46	13 573	21 716
RPC160－1270－1.20－F	154.80	4 475	1 652	338.66/未屈服	38.39	13 701	22 806
RPC160－1270－1.40－F	159.04	4 703	1 850	379.25/未屈服	44.13	15 738	23 418
RPC160－1270－2.00－F	170.06	5 304	2 345	480.72/未屈服	60.36	18 899	25 009
RPC180－800－0.90－F	169.62	4 272	940	192.70/未屈服	30.81	12 856	24 946
RPC180－800－1.20－F	174.05	4 472	1 141	233.90/未屈服	38.90	13 419	25 585
RPC180－800－1.40－F	178.94	4 526	1 364	279.62/未屈服	33.08	13 876	26 292
RPC180－800－2.00－F	190.06	5 236	2 143	439.31/未屈服	48.87	17 992	26 997
RPC180－970－0.90－F	168.89	4 283	985	201.92/未屈服	29.10	11 961	24 840
RPC180－970－1.20－F	174.88	4 461	1 131	231.85/未屈服	41.42	13 023	25 705
RPC180－970－1.40－F	177.72	4 594	1 439	294.99/未屈服	44.01	15 929	26 115
RPC180－970－2.00－F	191.77	5 368	2 115	433.57/未屈服	61.65	17 951	27 114
RPC180－1270－0.90－F	170.92	4 301	1 041	213.40/未屈服	31.97	13 665	25 133
RPC180－1270－1.20－F	174.53	4 475	1 241	254.40/未屈服	42.32	14 900	25 655
RPC180－1270－1.40－F	178.28	4 662	1 360	278.80/未屈服	47.33	15 948	26 196
RPC180－1270－2.00－F	194.62	5 326	2 118	434.19/未屈服	62.45	18 071	26 992

注：f_{cc0} 为约束混凝土压应力(MPa)；ε_{cc0} 为约束混凝土峰值压应变；ε_{sv0} 为峰值受压荷载下网格式箍筋外圈角部位置的箍筋拉应变；σ_{sv0} 为峰值受压荷载下箍筋拉应力(MPa)；f_{rup} 为箍筋破断时约束混凝土压应力(MPa)；ε_{rup} 为箍筋破断时约束混凝土压应变；N 为网格式箍筋约束混凝土方柱轴心受压承载力；"—"表示箍筋未发生破断。

3.4.2　网格式箍筋约束混凝土受压应力－应变关系曲线

为分析体积配箍率对箍筋约束混凝土受压应力－应变关系曲线的影响规律，将非约束混凝土抗压强度和箍筋屈服强度相同、体积配箍率不同的约束混凝土受压应力－应变关系曲线绘制在同一幅图中，如图3.7所示。图3.7中横轴 ε_{cc} 表示约束混凝土竖向压应变，纵轴 σ_{cc} 表示约束混凝土竖向压应力。图3.7中灰色圆点表示第一根箍筋破断时对应的约束混凝土竖向压应力和竖向压应变的点。

由图 3.7 和表 3.3 可知：

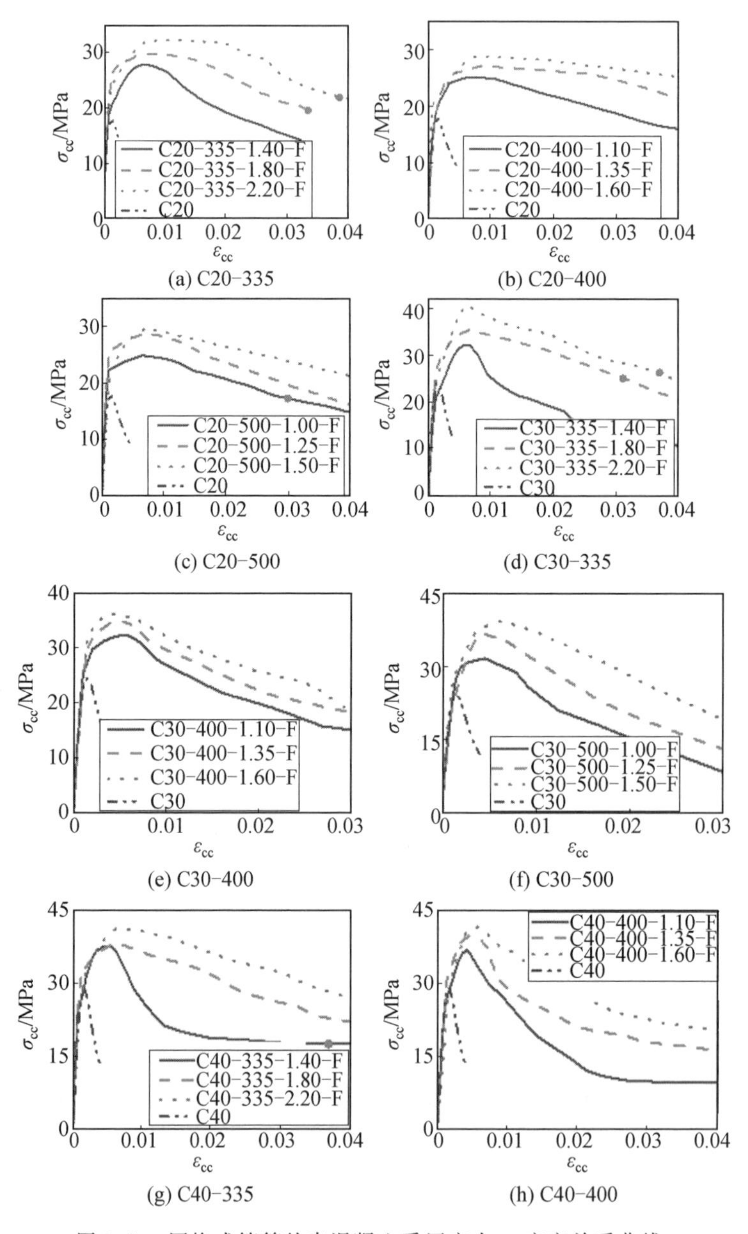

图 3.7　网格式箍筋约束混凝土受压应力－应变关系曲线

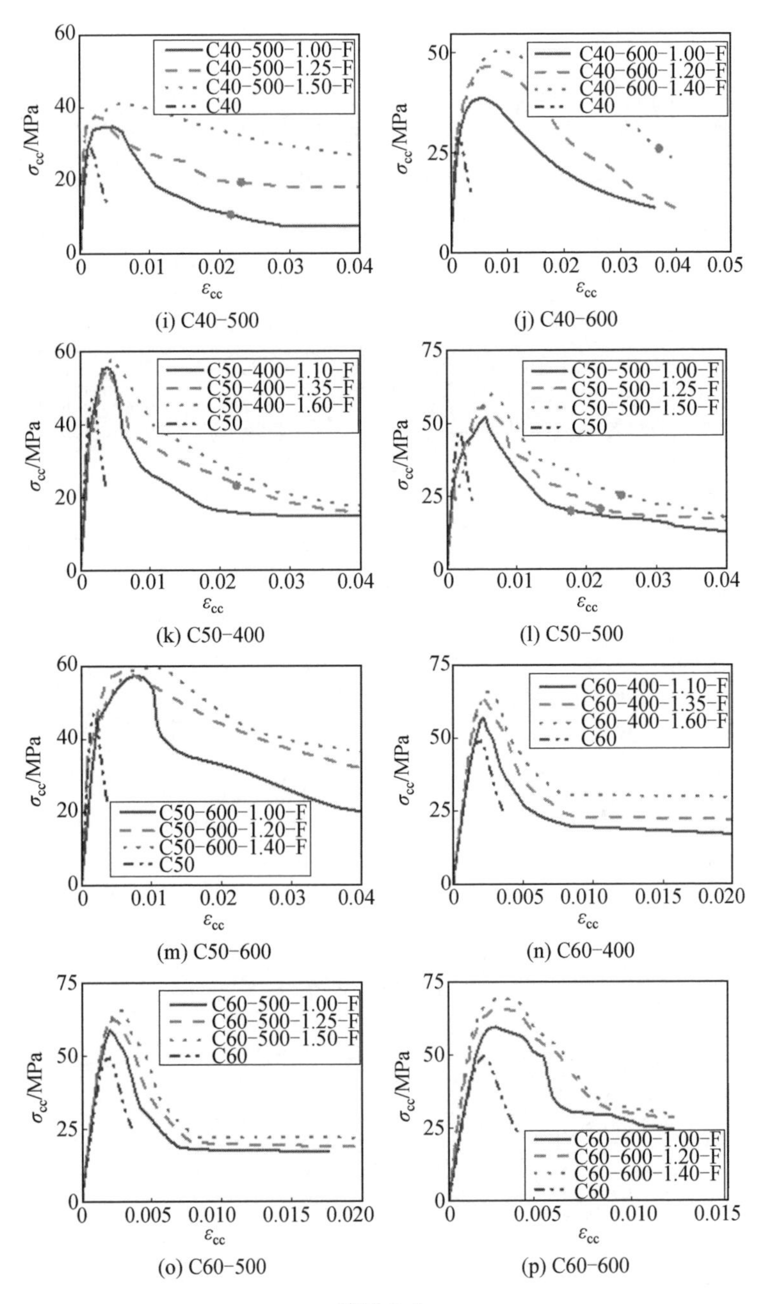

C40-500-1.00-F
C40-500-1.25-F
C40-500-1.50-F
C40
C40-600-1.00-F
C40-600-1.20-F
C40-600-1.40-F
C40
σ_{cc}/MPa
ε_{cc}
(i) C40-500
(j) C40-600
C50-400-1.10-F
C50-400-1.35-F
C50-400-1.60-F
C50
C50-500-1.00-F
C50-500-1.25-F
C50-500-1.50-F
C50
(k) C50-400
(l) C50-500
C50-600-1.00-F
C50-600-1.20-F
C50-600-1.40-F
C50
C60-400-1.10-F
C60-400-1.35-F
C60-400-1.60-F
C60
(m) C50-600
(n) C60-400
C60-500-1.00-F
C60-500-1.25-F
C60-500-1.50-F
C60
C60-600-1.00-F
C60-600-1.20-F
C60-600-1.40-F
C60
(o) C60-500
(p) C60-600

续图 3.7

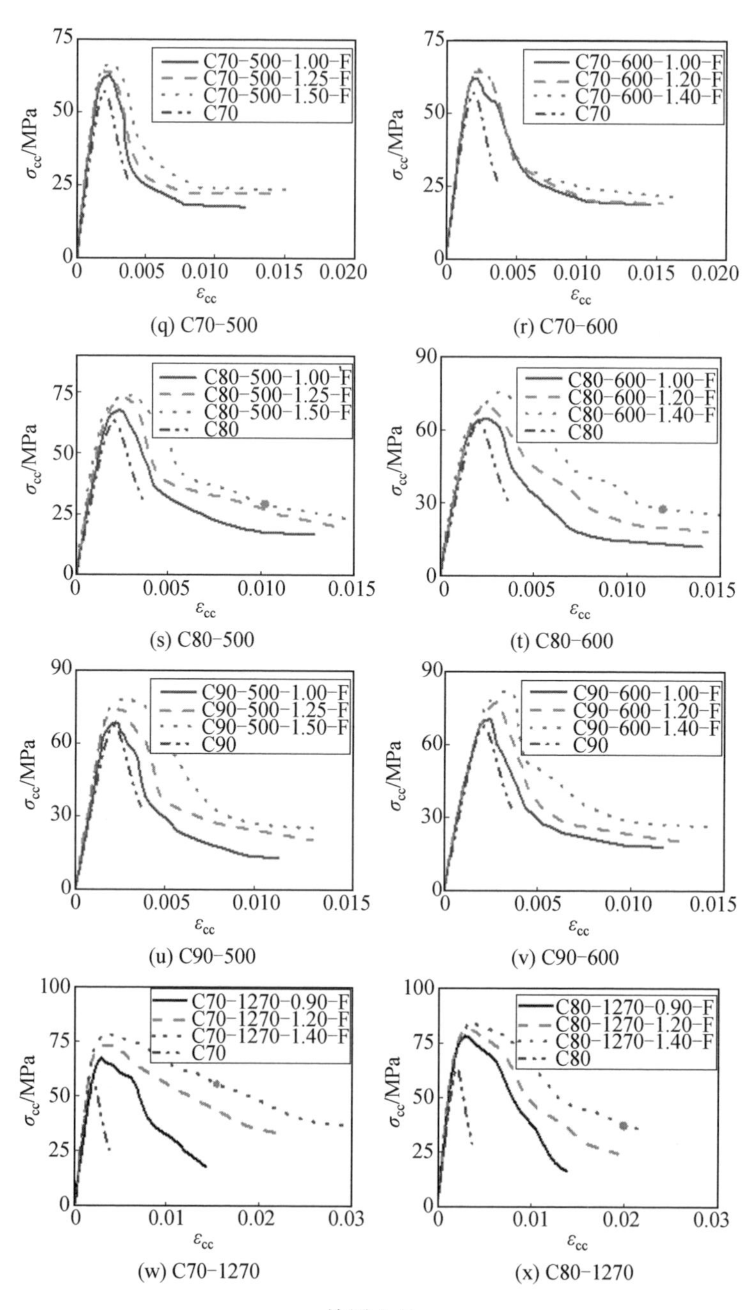

C70-500-1.00-F
C70-500-1.25-F
C70-500-1.50-F
C70
C70-600-1.00-F
C70-600-1.20-F
C70-600-1.40-F
C80-500-1.00-F
C80-500-1.25-F
C80-500-1.50-F
C80
C80-600-1.00-F
C80-600-1.20-F
C80-600-1.40-F
C90-500-1.00-F
C90-500-1.25-F
C90-500-1.50-F
C90
C90-600-1.00-F
C90-600-1.20-F
C90-600-1.40-F
C70-1270-0.90-F
C70-1270-1.20-F
C70-1270-1.40-F
C80-1270-0.90-F
C80-1270-1.20-F
C80-1270-1.40-F
σ_{cc}/MPa
ε_{cc}
(q) C70-500
(r) C70-600
(s) C80-500
(t) C80-600
(u) C90-500
(v) C90-600
(w) C70-1270
(x) C80-1270

续图 3.7

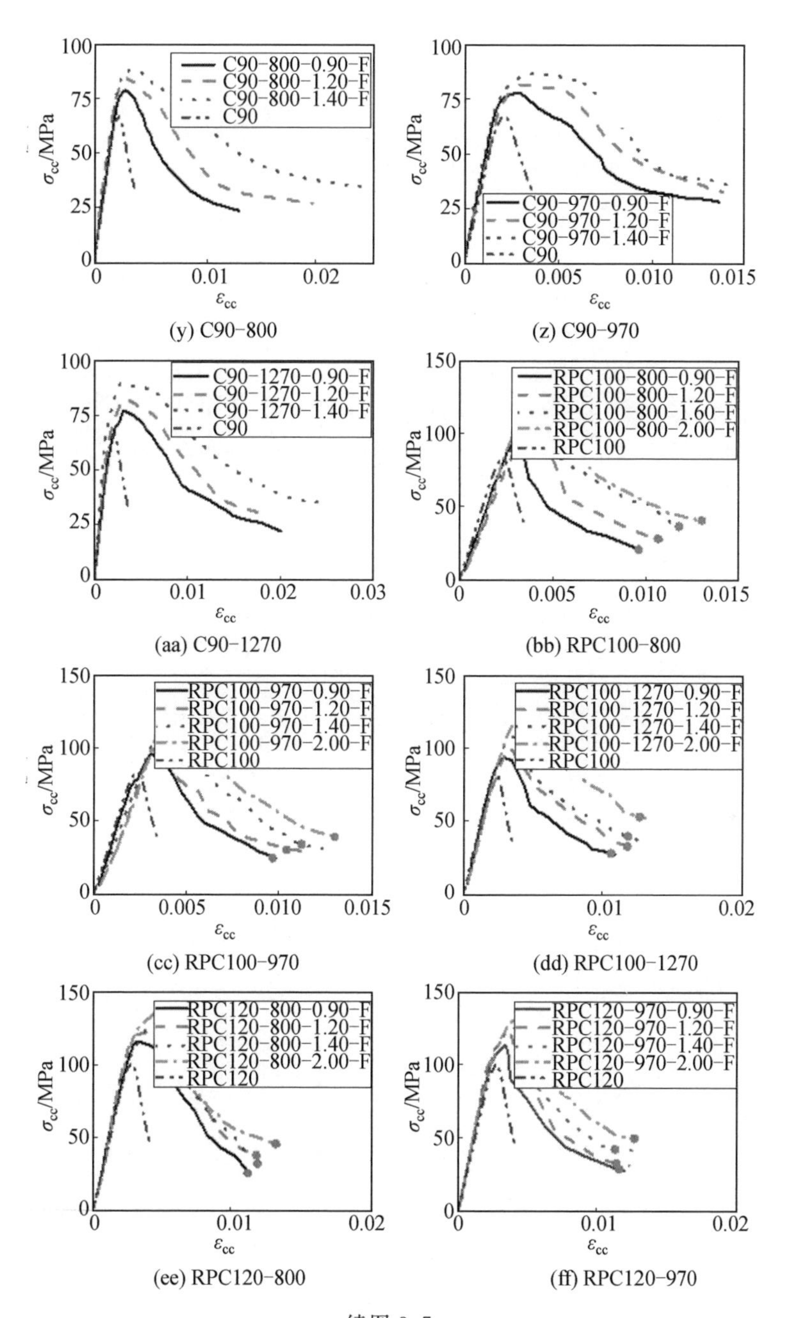

(y) C90-800　(z) C90-970

(aa) C90-1270　(bb) RPC100-800

(cc) RPC100-970　(dd) RPC100-1270

(ee) RPC120-800　(ff) RPC120-970

续图 3.7

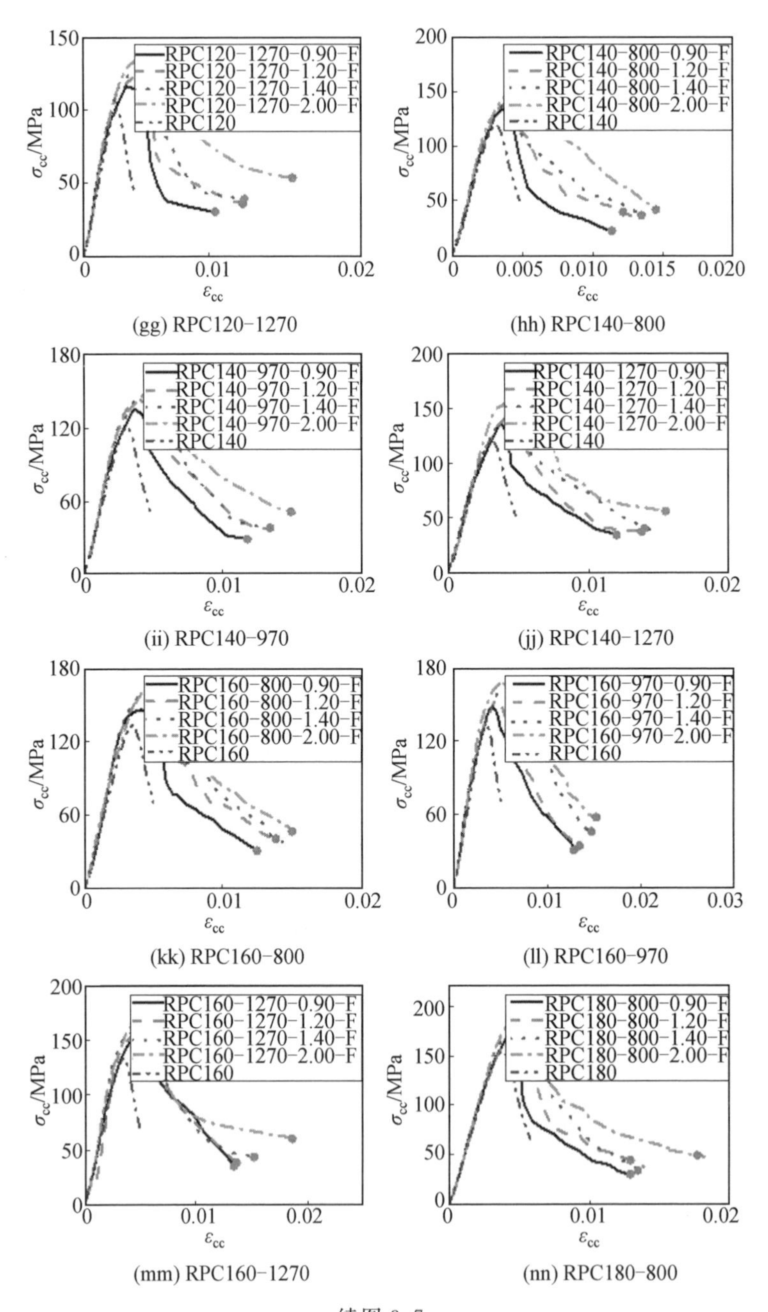

(gg) RPC120-1270

(hh) RPC140-800

(ii) RPC140-970

(jj) RPC140-1270

(kk) RPC160-800

(ll) RPC160-970

(mm) RPC160-1270

(nn) RPC180-800

续图 3.7

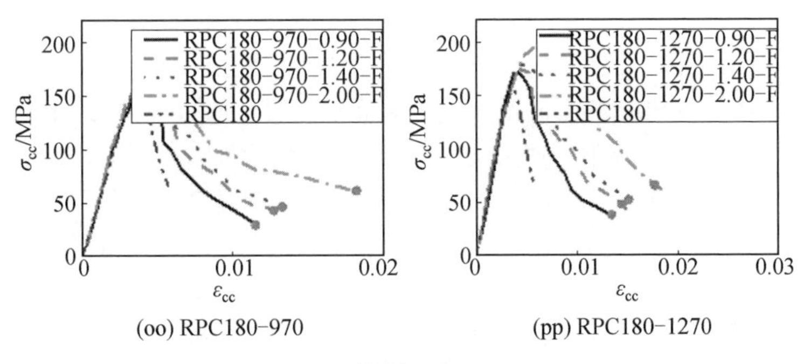

(oo) RPC180-970　　(pp) RPC180-1270

续图 3.7

(1) 当非约束混凝土轴心抗压强度和箍筋屈服强度相同时，随着体积配箍率的增大，峰值受压荷载下未屈服箍筋的拉应力增大，约束混凝土峰值压应力与非约束混凝土轴心抗压强度的比值增大，约束混凝土峰值压应变与非约束混凝土峰值压应变的比值增大。约束混凝土受压应力－应变曲线下降段更加平缓。对于网格式箍筋在约束混凝土受压应力－应变曲线下降段破断的试件，当非约束混凝土轴心抗压强度和箍筋屈服强度相同时，随着体积配箍率的增大，箍筋破断时对应的约束混凝土的竖向压应力增大。

(2) 当箍筋屈服强度和体积配箍率相同时，随着非约束混凝土轴心抗压强度的提高，峰值受压荷载下未屈服箍筋的拉应力减小，约束混凝土峰值压应力与非约束混凝土抗压强度的比值减小，约束混凝土峰值压应变与非约束混凝土峰值压应变的比值减小，约束混凝土受压应力－应变曲线更陡峭。

当非约束混凝土轴心抗压强度介于 18 ～ 47.4 MPa，约束指标（峰值受压荷载下箍筋有效侧向约束应力与非约束混凝土轴心抗压强度的比值）介于 3.48% ～15.92% 时，约束混凝土峰值压应力和峰值压应变的提高幅度分别为 33% ～ 112% 和 101% ～ 516%；当非约束混凝土轴心抗压强度介于 50 ～ 70 MPa，约束指标介于 1.44% ～ 6.38% 时，约束混凝土峰值压应力和峰值压应变的提高幅度分别为 14% ～ 59% 和 28% ～ 70%；当非约束混凝土轴心抗压强度介于 84.72 ～ 155.45 MPa，约束指标介于 0.32% ～ 4.67% 时，约束混凝土峰值压应力和峰值压应变的提高幅度分别为 8% ～ 40% 和 11% ～ 73%。对于约束混凝土受压应力－应变关系曲线下降段箍筋破断的试件，当箍筋屈服强度和体积配箍率相同时，随着非约束混凝土轴心抗压强度的提高，箍筋破断时约束混凝土的竖向压应力增大，约束混凝土的压应力水平（箍筋破断时约束混凝土竖向压应力与约束混凝土峰值压应力的比值）降低。

(3) 由峰值受压荷载下约束箍筋屈服试件的试验结果可知，当非约束混凝土轴心抗压强度和体积配箍率相同时，随着箍筋屈服强度的提高，约束混凝土峰值压应力与非约束混凝土轴心抗压强度的比值增大，约束混凝土峰值压应变与非约束混凝土峰值压应变的比值增大。约束混凝土受压应力－应变曲线下降段更加平缓。对于约束混凝土受压应力－应变关系曲线下降段箍筋破断的试件，当非约束混凝土轴心抗压强度和体积配箍率相同时，随着箍筋屈服强度的提高，箍筋破断时约束混凝土的竖向压应力增大，约束混凝土的压应力水平（箍筋破断时约束混凝土竖向压应力与约束混凝土峰值压应力的比值）提高。由峰值受压荷载下约束箍筋未屈服试件的试验结果可知，当非约束混凝土轴心抗压强度和体积配箍率相同时，随着箍筋屈服强度的提高，在峰值受压荷载下箍筋的拉应变变化不大，约束混凝土峰值压应力与非约束混凝土轴心抗压强度的比值变化不大，约束混凝土峰值压应变与非约束混凝土峰值压应变的比值变化不大，但是约束混凝土受压应力－应变曲线下降段更加平缓。

3.5 网格式箍筋约束混凝土柱轴压性能数值模拟

采用 ABAQUS 软件建立了网格式箍筋约束混凝土方柱轴心受压有限元模型，有限元模拟结果与试验结果吻合较好。在此基础上，通过扩参数分析，考察了试件核心截面尺寸、体积配箍率、箍筋屈服强度和非约束混凝土轴心抗压强度的变化对箍筋约束混凝土柱轴压力学性能的影响。

3.5.1 材料参数及有限元模型

1. 混凝土和钢筋材料参数

采用 ABAQUS 软件中混凝土损伤塑性模型模拟混凝土材料的性能。混凝土损伤塑性模型详细介绍见 2.5.1 节。所采用的混凝土材料参数见表 3.2。经计算后，各强度等级混凝土的单轴受压应力－非弹性压应变关系曲线和单轴受拉应力－开裂拉应变关系曲线如图 3.8 所示。CDP 模型中其他参数与 2.5.1 节取同。

所有钢筋的材料参数与 2.5.1 节取同。

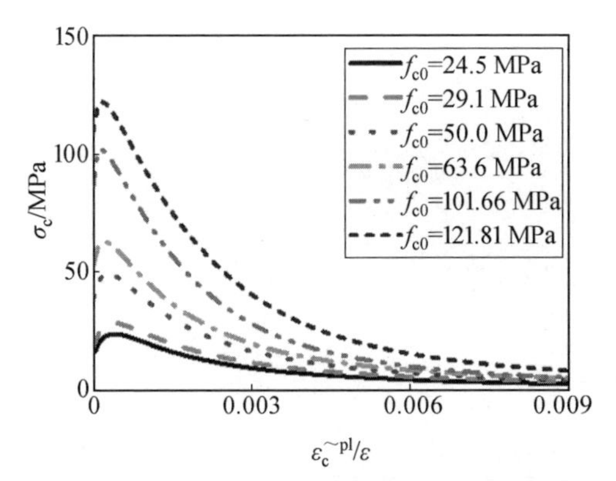

(a) 单轴受压应力-非弹性压应变关系曲线

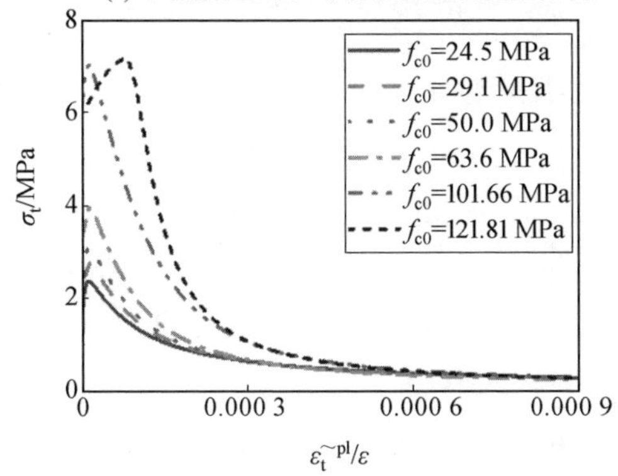

(b) 单轴受拉应力-开裂拉应变关系曲线

图 3.8　混凝土单轴受压应力－非弹性压应变关系曲线和单轴受拉应力－开裂拉应变关系曲线

2. 有限元模型的建立

网格式箍筋约束混凝土方柱有限元模型的单元类型、网格尺寸、边界条件、约束条件以及加载方式均与螺旋箍筋约束混凝土圆柱有限元模型取同。网格式箍筋约束混凝土方柱有限元模型如图 3.9 所示。

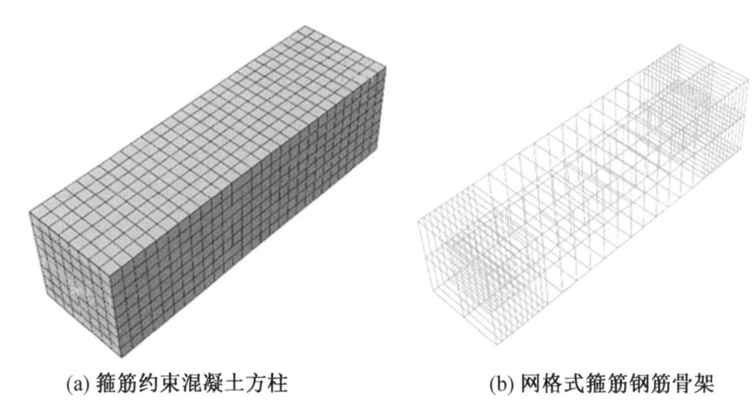

(a) 箍筋约束混凝土方柱　　(b) 网格式箍筋钢筋骨架

图 3.9　网格式箍筋约束混凝土方柱有限元模型

3.5.2　有限元模型验证

对 C30－400－1.10－F、C40－400－1.10－F、C60－400－1.35－F、C60－600－1.00－F、C80－500－1.00－F、C80－600－1.00－F、RPC120－800－0.90－F、RPC120－800－2.00－F 和 RPC140－1270－1.40－F 共 9 个试件进行了有限元分析，通过比较模拟结果和试验结果，验证了用有限元模型分析网格式箍筋约束混凝土柱轴压性能的可靠性和合理性。

1.约束混凝土受压应力－应变关系曲线

由有限元模型获得了 9 个模型柱的荷载－变形关系曲线，通过对模型柱的荷载－变形关系曲线进行处理，获得了各试件的约束混凝土受压应力－应变关系曲线，如图 3.10 所示。图 3.10 中应力以压应力为正，应变以压应变为正。

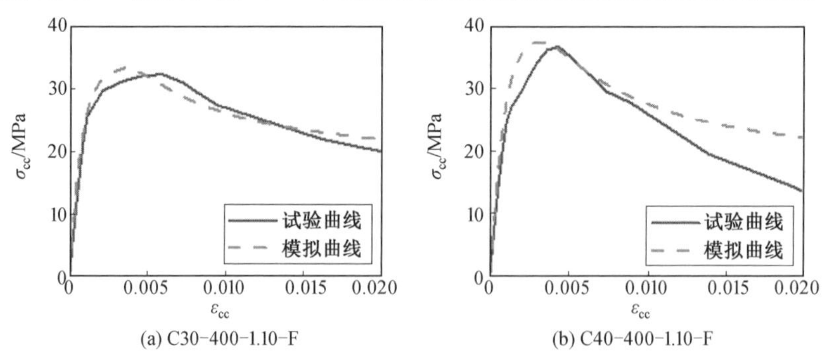

图 3.10　网格式箍筋约束混凝土受压应力－应变关系曲线

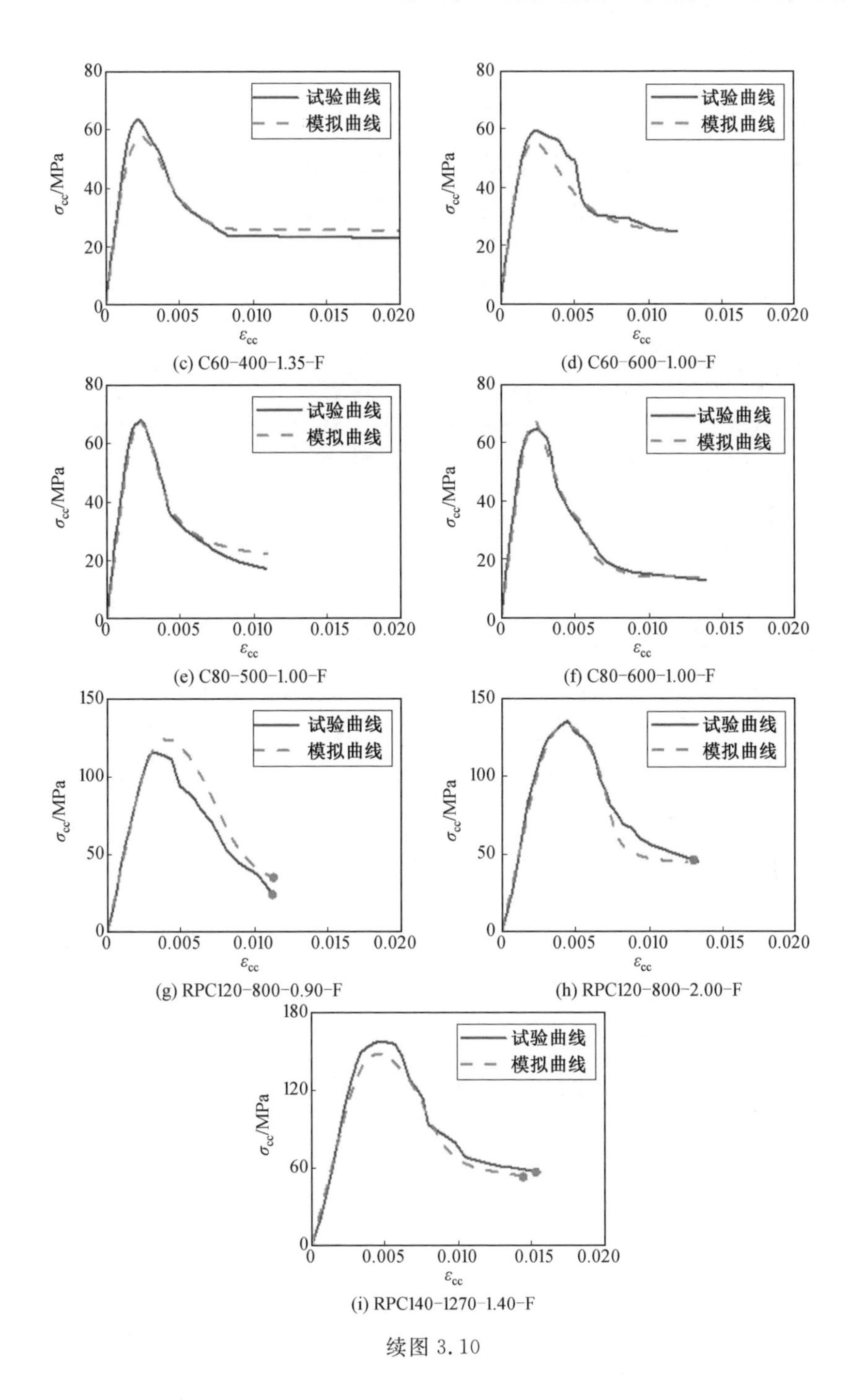

80
60
40
20
0
σ_{cc}/MPa
0
0.005
0.010
0.015
0.020
ε_{cc}
试验曲线
模拟曲线
(c) C60-400-1.35-F
(d) C60-600-1.00-F
(e) C80-500-1.00-F
(f) C80-600-1.00-F
150
100
50
(g) RPC120-800-0.90-F
(h) RPC120-800-2.00-F
180
120
(i) RPC140-1270-1.40-F

续图 3.10

由图 3.10 中试验实测的约束混凝土受压应力－应变关系曲线与模拟曲线比较可知，模拟曲线与试验曲线基本一致。

2. 箍筋拉应力－约束混凝土竖向压应变关系曲线

通过计算 9 个模型柱中非加密区的外圈箍筋角部单元的平均拉应力和约束混凝土单元的平均竖向压应变，获得了各试件的箍筋拉应力－约束混凝土竖向压应变关系曲线，如图 3.11 所示。图 3.11 中应力以拉应力为负，应变以压应变为正。

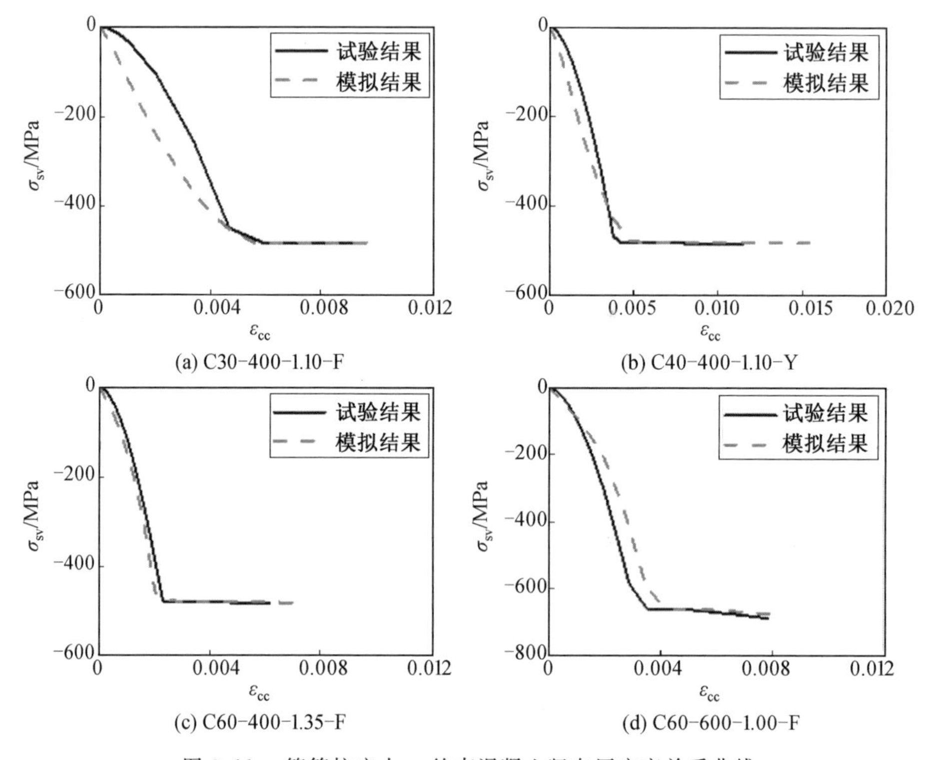

图 3.11　箍筋拉应力－约束混凝土竖向压应变关系曲线

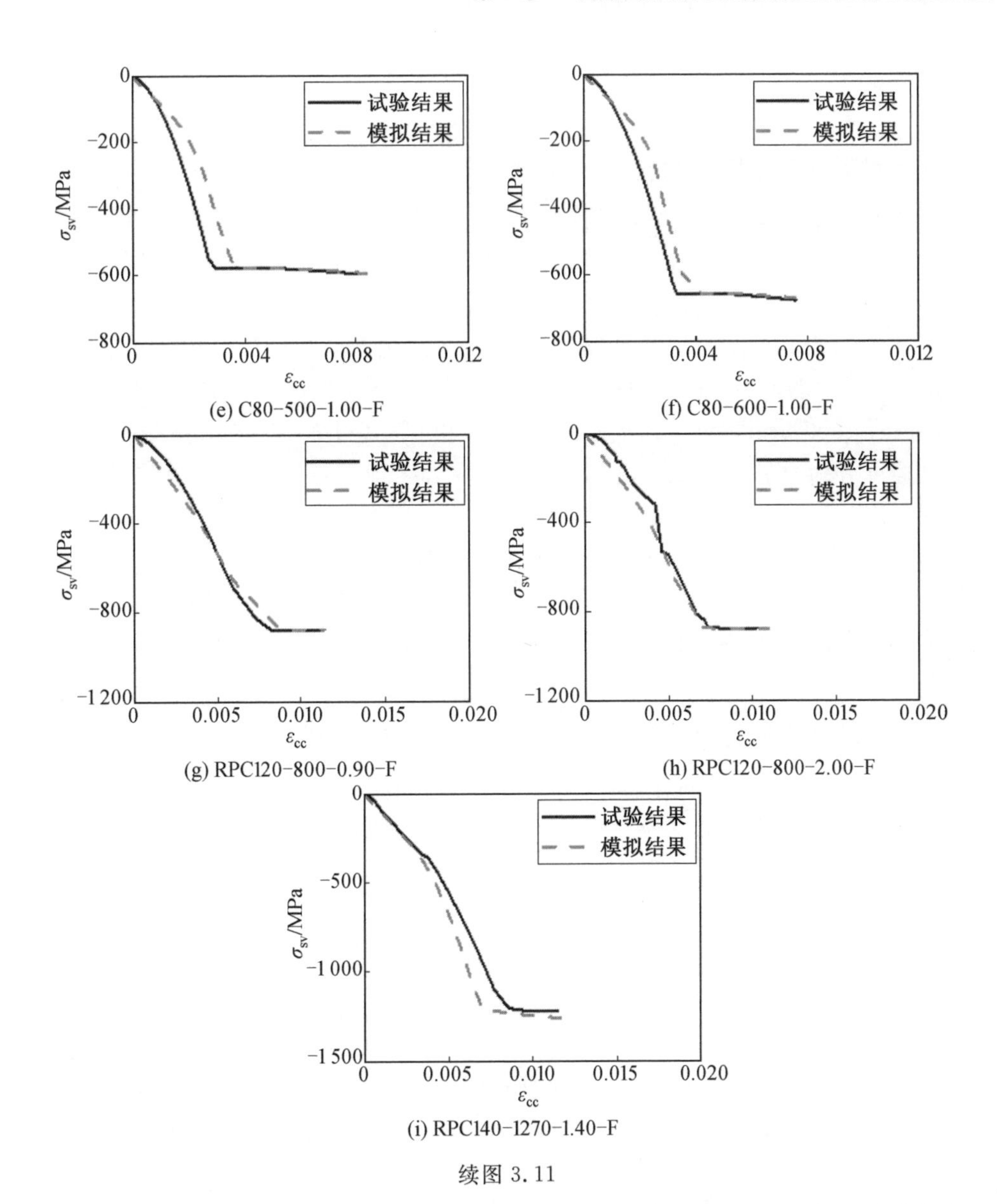

续图 3.11

由图 3.11 可知，模型柱的箍筋拉应力－约束混凝土竖向压应变关系曲线与试验曲线基本一致。

3.5.3 参数分析

1. 参数变化范围的选取

为研究非约束混凝土轴心抗压强度、箍筋屈服强度、体积配箍率和试件截面尺寸四个参数对网格式箍筋约束混凝土受压应力－应变关系曲线的影响，基于3.5.1节建立的有限元模型对以上四个参数进行扩参数分析。

共设计了144根网格式箍筋约束混凝土方柱。在截面尺寸为400 mm×400 mm的试验柱基础上，模型柱的核心截面尺寸取600 mm×600 mm、800 mm×800 mm、1 000 mm×1 000 mm和1 500 mm×1 500 mm，对应模型柱的高度分别为1 800 mm、2 400 mm、3 000 mm和4 500 mm。无箍筋外混凝土保护层。非约束混凝土轴心抗压强度取29.1 MPa、63.6 MPa和121.81 MPa，混凝土材料性能指标见表3.2。箍筋屈服强度取480 MPa、657 MPa和818 MPa，箍筋体积配箍率取1.0%、1.5%、2.0%和2.5%，纵筋屈服强度取480 MPa，纵筋配筋率取0.6%。钢筋的力学性能指标见表2.3和表2.4。箍筋形式为网格式箍筋。

2. 网格式箍筋约束混凝土受压应力－应变关系曲线

通过有限元模拟分析，获得了各模型柱的约束混凝土受压应力－应变关系曲线，采用单变量控制法考察非约束混凝土轴心抗压强度、箍筋屈服强度、体积配箍率和试件核心截面边长对约束混凝土受压应力－应变关系曲线的影响规律。

选取试件核心截面边长为600 mm，箍筋条件屈服强度为480 MPa，体积配箍率为1.5%，非约束混凝土轴心抗压强度分别为29.1 MPa、63.6 MPa和121.81 MPa，分别以约束混凝土压应变与非约束混凝土峰值压应变的比值和非约束混凝土轴心抗压强度为x轴和y轴，以约束混凝土压应力与非约束混凝土轴心抗压强度的比值为z轴，建立三维坐标系，如图3.12所示。

由图3.12可知，当试件核心截面边长、箍筋屈服强度和体积配箍率相同，非约束混凝土轴心抗压强度由29.1 MPa提高至121.81 MPa时，约束混凝土峰值压应力与非约束混凝土轴心抗压强度的比值由1.52减小为1.22，约束混凝土峰值压应变与非约束混凝土峰值压应变的比值由3.31减小至1.68，在峰值受压荷载后约束混凝土的竖向压应力与非约束混凝土轴心抗压强度的比值减小，约束混凝土受压应力－应变关系曲线的下降段由平缓变为陡峭。

选取试件核心截面边长为1 000 mm，非约束混凝土轴心抗压强度为

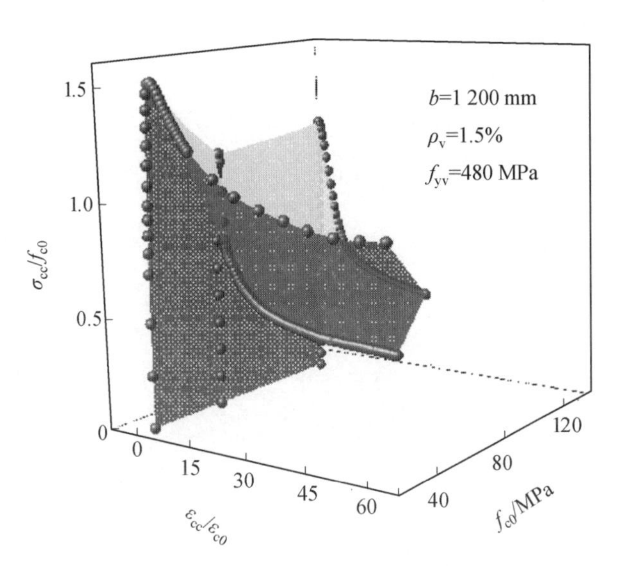

图 3.12　约束混凝土受压应力－应变曲线随非约束混凝土轴心抗压强度的变化

121.81 MPa，箍筋屈服强度为 480 MPa、657 MPa 和 818 MPa，体积配箍率为 1.0%，分别以约束混凝土压应变与非约束混凝土峰值压应变的比值和箍筋屈服强度为 x 轴和 y 轴，以约束混凝土压应力与非约束混凝土轴心抗压强度的比值为 z 轴，建立三维坐标系，如图 3.13 所示。

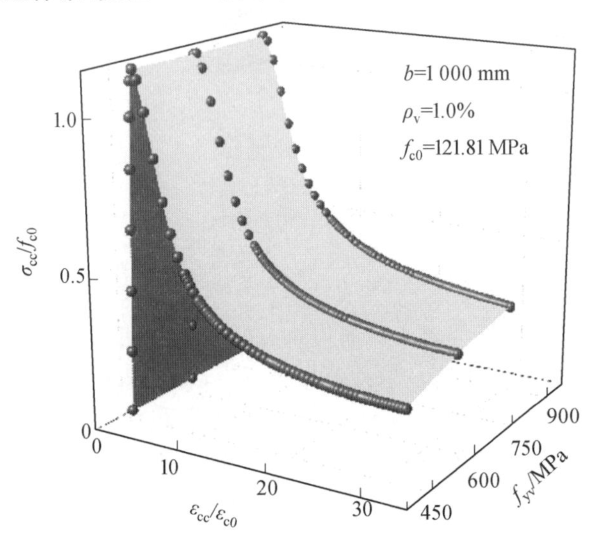

图 3.13　约束混凝土受压应力－应变曲线随箍筋屈服强度的变化

由模拟结果可知，当试件核心截面边长为 1 000 mm，非约束混凝土轴心抗压强度为 121.81 MPa，体积配箍率为 1.0% 时，在峰值受压荷载下屈服强度为 480 MPa、657 MPa 和 818 MPa 的箍筋未屈服。由图 3.13 可知，当试件核心截面边长、箍筋屈服强度和体积配箍率相同，箍筋屈服强度由 480 MPa 提高至 818 MPa 时，约束混凝土峰值压应力与非约束混凝土抗压强度的比值为1.12，约束混凝土峰值压应变与非约束混凝土峰值压应变的比值为 1.30。

选取试件核心截面边长为 800 mm，非约束混凝土轴心抗压强度为 63.6 MPa，箍筋屈服强度为 657 MPa，体积配箍率为 1.0%、1.5%、2.0% 和 2.5%，分别以约束混凝土压应变与非约束混凝土峰值压应变的比值和体积配箍率为 x 轴和 y 轴，以约束混凝土压应力与非约束混凝土轴心抗压强度的比值为 z 轴，建立三维坐标系，如图 3.14 所示。

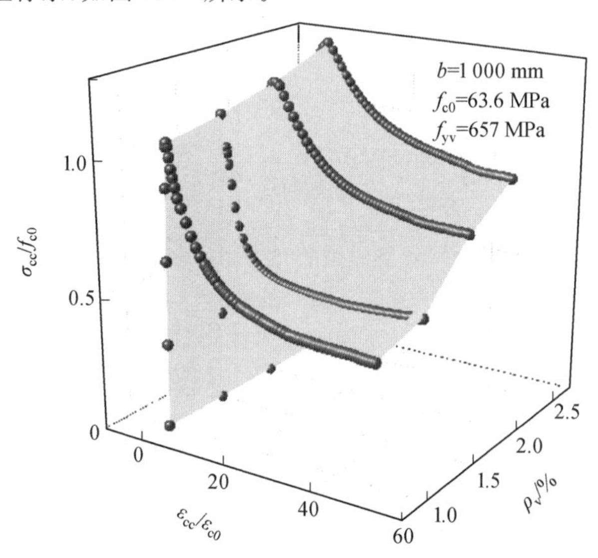

图 3.14　约束混凝土受压应力－应变关系曲线随体积配箍率的变化

由图 3.14 可知，当试件核心截面边长、箍筋屈服强度和非约束混凝土轴心抗压强度相同，体积配箍率由 1.0% 提高至 2.5% 时，约束混凝土峰值压应力与非约束混凝土轴心抗压强度的比值由 1.06 增大至 1.26，约束混凝土峰值压应变与非约束混凝土峰值压应变的比值由 1.37 增大至 3.67，在峰值受压荷载后约束混凝土的竖向压应力与非约束混凝土轴心抗压强度的比值减小，约束混凝土受压应力－应变关系曲线的下降段由平缓变为更平缓。

选取试件核心截面边长为 600 mm、800 mm、1 000 mm 和 1 500 mm，箍筋屈服强度为 657 MPa，非约束混凝土轴心抗压强度为 63.6 MPa，体积配箍率为

1.5%，分别以约束混凝土压应变与非约束混凝土峰值压应变的比值和试件核心截面边长为 x 轴和 y 轴，以约束混凝土压应力与非约束混凝土轴心抗压强度的比值为 z 轴，建立三维坐标系，如图 3.15 所示。

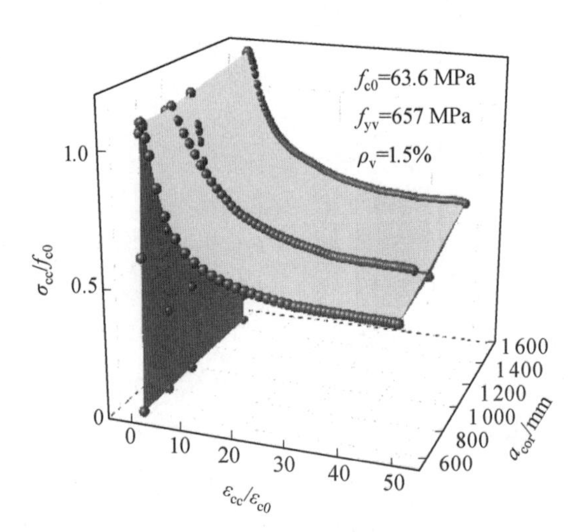

图 3.15　约束混凝土受压应力－应变关系曲线随试件核心截面边长的变化

由图 3.15 可知，当箍筋屈服强度、非约束混凝土轴心抗压强度和体积配箍率相同，试件核心截面边长由 600 mm 增大至 1 000 mm 时，约束混凝土峰值压应力与非约束混凝土轴心抗压强度的比值由 1.16 减小至 1.09，约束混凝土峰值压应变与非约束混凝土峰值压应变的比值由 1.70 减小至 1.28，在峰值受压荷载后约束混凝土的竖向压应力与非约束混凝土轴心抗压强度的比值增大。

3. 扩参数模型柱的模拟结果

扩参数模型柱的约束混凝土峰值压应力、峰值压应变、在峰值受压荷载下箍筋拉应力、箍筋破断时约束混凝土竖向压应力和竖向压应变见表3.4。

表 3.4　扩参数模型试件的模拟结果

试件编号	f_{cc0} /MPa	ε_{cc0} /×10^{-6}	σ_{sv0} /MPa	f_{rup} /MPa	ε_{rup} /×10^{-6}
C40－600－400－1.00－F	38.56	5 053	480.00	17.96	16 908
C40－600－400－1.50－F	43.14	6 138	480.00	23.95	22 073
C40－600－400－2.00－F	46.80	6 967	480.00	29.75	26 764
C40－600－400－2.50－F	50.06	7 698	480.00	35.39	31 097
C40－600－600－1.00－F	38.56	5 053	657.00	—	—
C40－600－600－1.50－F	45.42	6 657	657.00	—	—
C40－600－600－2.00－F	51.81	8 088	657.00	—	—
C40－600－600－2.50－F	55.75	8 972	657.00	—	—
C40－600－800－1.00－F	43.30	6 173	725.66	16.52	24 181
C40－600－800－1.50－F	50.00	7 684	779.88	26.72	32 099
C40－600－800－2.00－F	55.91	9 008	818.00	36.61	39 287
C40－600－800－2.50－F	60.34	10 018	818.00	46.21	45 929
C80－600－400－1.00－F	70.85	2 528	324.60	—	—
C80－600－400－1.50－F	75.88	2 801	378.99	—	—
C80－600－400－2.00－F	81.48	3 100	431.76	—	—
C80－600－400－2.50－F	87.33	3 413	480.00	44.97	8 629
C80－600－600－1.00－F	70.85	2 528	450.17	—	—
C80－600－600－1.50－F	75.88	2 801	579.82	—	—
C80－600－600－2.00－F	81.48	3 100	705.59	—	—
C80－600－600－2.50－F	87.33	3 413	741.39	—	—
C80－600－800－1.00－F	73.51	2 673	272.02	—	—
C80－600－800－1.50－F	81.76	3 114	300.42	—	—
C80－600－800－2.00－F	91.21	3 624	327.97	55.76	9 380
C80－600－800－2.50－F	98.03	4 003	354.69	64.99	9 940
RPC120－600－400－1.00－F	132.13	3 818	272.02	—	—
RPC120－600－400－1.50－F	138.42	4 068	300.42	—	—
RPC120－600－400－2.00－F	145.15	4 314	327.97	—	—

续表3.4

试件编号	f_{cc0} /MPa	ε_{cc0} /$\times 10^{-6}$	σ_{sv0} /MPa	f_{rup} /MPa	ε_{rup} /$\times 10^{-6}$
RPC120－600－400－2.50－F	152.18	4 558	354.68	—	—
RPC120－600－600－1.00－F	132.13	3 818	272.02	—	—
RPC120－600－600－1.50－F	138.42	4 038	300.42	—	—
RPC120－600－600－2.00－F	145.15	4 314	327.97	—	—
RPC120－600－600－2.50－F	152.18	4 558	354.69	—	—
RPC120－600－800－1.00－F	134.58	3 918	339.65	36.28	11 458
RPC120－600－800－1.50－F	143.87	4 269	407.34	46.35	12 829
RPC120－600－800－2.00－F	154.34	4 631	473.01	56.13	13 993
RPC120－600－800－2.50－F	165.56	5 003	536.68	65.60	15 018
C40－800－400－1.00－F	39.54	5 290	480.00	18.68	17 549
C40－800－400－1.50－F	43.97	6 327	480.00	25.22	23 118
C40－800－400－2.00－F	47.90	7 215	480.00	31.62	28 214
C40－800－400－2.50－F	51.98	8 126	480.00	38.89	33 714
C40－800－600－1.00－F	39.33	5 241	469.51	—	—
C40－800－600－1.50－F	46.97	7 005	599.29	—	—
C40－800－600－2.00－F	53.15	8 388	657.00	—	—
C40－800－600－2.50－F	58.03	9 490	657.00	—	—
C40－800－800－1.00－F	44.12	6 360	732.15	17.74	25 164
C40－800－800－1.50－F	51.40	7 994	791.34	28.88	33 700
C40－800－800－2.00－F	57.42	9 351	818.00	39.77	41 511
C40－800－800－2.50－F	62.88	10 609	818.00	42.18	49 939
C80－800－400－1.00－F	71.41	2 559	331.11	—	—
C80－800－400－1.50－F	77.05	2 863	390.49	—	—
C80－800－400－2.00－F	84.63	3 268	480.00	41.34	8 343
C80－800－400－2.50－F	89.77	3 545	480.00	48.34	8 877
C80－800－600－1.00－F	71.41	2 559	331.11	—	—
C80－800－600－1.50－F	77.05	2 863	390.49	—	—

续表3.4

试件编号	f_{cc0} /MPa	ε_{cc0} /$\times 10^{-6}$	σ_{sv0} /MPa	f_{rup} /MPa	ε_{rup} /$\times 10^{-6}$
C80－800－600－2.00－F	83.40	3 202	448.64	—	—
C80－800－600－2.50－F	91.40	3 634	514.80	—	—
C80－800－800－1.00－F	74.40	2 721	465.70	37.62	8 027
C80－800－800－1.50－F	86.40	3 363	607.23	48.32	8 876
C80－800－800－2.00－F	93.75	3 764	725.76	58.81	9 572
C80－800－800－2.50－F	101.97	4 228	755.92	70.73	10 261
RPC120－800－400－1.00－F	132.85	3 848	275.42	—	—
RPC120－800－400－1.50－F	139.84	4 122	306.42	—	—
RPC120－800－400－2.00－F	147.42	4 394	336.79	—	—
RPC120－800－400－2.50－F	156.77	4 713	371.33	—	—
RPC120－800－600－1.00－F	132.85	3 848	275.42	—	—
RPC120－800－600－1.50－F	139.84	4 122	306.42	—	—
RPC120－800－600－2.00－F	147.42	4 394	336.79	—	—
RPC120－800－600－2.50－F	156.77	4 713	371.33	—	—
RPC120－800－800－1.00－F	135.60	3 959	347.75	37.49	11 634
RPC120－800－800－1.50－F	146.04	4 346	421.65	48.48	13 094
RPC120－800－800－2.00－F	157.94	4 752	494.02	59.25	14 341
RPC120－800－800－2.50－F	172.97	5 244	576.36	71.50	15 617
C40－1000－400－1.00－F	40.19	5 447	480.00	19.61	18 365
C40－1000－400－1.50－F	44.84	6 525	480.00	26.58	24 231
C40－1000－400－2.00－F	48.97	7 453	480.00	33.44	29 626
C40－1000－400－2.50－F	52.67	8 281	480.00	40.21	34 678
C40－1000－600－1.00－F	40.35	5 485	487.85	—	—
C40－1000－600－1.50－F	48.66	7 384	626.42	—	—
C40－1000－600－2.00－F	54.44	8 676	657.00	—	—
C40－1000－600－2.50－F	58.86	9 677	657.00	—	—
C40－1000－800－1.00－F	45.16	6 597	740.52	19.32	26 415

续表3.4

试件编号	f_{cc0} /MPa	ε_{cc0} /×10^{-6}	σ_{sv0} /MPa	f_{rup} /MPa	ε_{rup} /×10^{-6}
C40－1000－800－1.50－F	52.87	8 325	803.71	31.20	35 406
C40－1000－800－2.00－F	58.87	9 677	818.00	32.90	43 674
C40－1000－800－2.50－F	63.79	10 825	818.00	44.42	51 417
C80－1000－400－1.00－F	72.15	2 599	339.50	—	—
C80－1000－400－1.50－F	78.34	2 932	402.90	—	—
C80－1000－400－2.00－F	85.35	3 306	465.32	43.11	8 485
C80－1000－400－2.50－F	90.67	3 594	480.00	49.60	8 967
C80－1000－600－1.00－F	72.15	2 599	339.50	—	—
C80－1000－600－1.50－F	78.35	2 933	402.90	—	—
C80－1000－600－2.00－F	85.35	3 306	465.32	—	—
C80－1000－600－2.50－F	92.91	3 717	526.73	—	—
C80－1000－800－1.00－F	75.59	2 786	485.70	39.13	8 159
C80－1000－800－1.50－F	85.89	3 336	636.81	50.56	9 034
C80－1000－800－2.00－F	95.84	3 880	733.36	61.81	9 754
C80－1000－800－2.50－F	103.44	4 312	761.38	72.89	10 377
RPC120－1000－400－1.00－F	133.78	3 887	279.80	—	—
RPC120－1000－400－1.50－F	141.40	4 179	312.90	—	—
RPC120－1000－400－2.00－F	149.71	4 474	345.49	—	—
RPC120－1000－400－2.50－F	158.54	4 772	377.56	—	—
RPC120－1000－600－1.00－F	133.78	3 886	279.90	—	—
RPC120－1000－600－1.50－F	141.40	4 179	312.90	—	—
RPC120－1000－600－2.00－F	149.71	4 474	345.49	—	—
RPC120－1000－600－2.50－F	158.54	4 772	377.56	62.32	14 673
RPC120－1000－800－1.00－F	136.95	4 012	358.19	39.04	11 856
RPC120－1000－800－1.50－F	148.46	4 430	437.10	50.78	13 373
RPC120－1000－800－2.00－F	161.59	4 873	514.77	62.34	14 675
RPC120－1000－800－2.50－F	175.82	5 337	591.20	73.71	15 834

续表3.4

试件编号	f_{cc0} /MPa	ε_{cc0} /×10^{-6}	σ_{sv0} /MPa	f_{rup} /MPa	ε_{rup} /×10^{-6}
C40－1500－400－1.00－F	41.08	5 659	480.00	20.88	19 479
C40－1500－400－1.50－F	46.29	6 852	480.00	28.91	26 096
C40－1500－400－2.00－F	50.40	7 773	480.00	35.99	31 554
C40－1500－400－2.50－F	54.33	8 653	480.00	43.43	37 016
C40－1500－600－1.00－F	41.80	5 826	513.28	—	—
C40－1500－600－1.50－F	51.19	7 949	657.00	—	—
C40－1500－600－2.00－F	56.16	9 063	657.00	—	—
C40－1500－600－2.50－F	60.81	10 128	657.00	—	—
C40－1500－800－1.00－F	46.60	6 922	752.00	21.50	28 123
C40－1500－800－1.50－F	55.20	8 848	818.00	435.17	38 264
C40－1500－800－2.00－F	60.79	10 122	818.00	37.24	46 629
C40－1500－800－2.50－F	65.94	11 337	818.00	49.92	55 000
C80－1500－400－1.00－F	73.20	2 657	351.13	—	—
C80－1500－400－1.50－F	80.63	3 054	424.07	—	—
C80－1500－400－2.00－F	87.75	3 436	480.00	45.55	8 673
C80－1500－400－2.50－F	92.83	3 713	480.00	52.70	9 179
C80－1500－600－1.00－F	73.20	2 657	351.13	—	—
C80－1500－600－1.50－F	80.63	3 054	424.07	—	—
C80－1500－600－2.00－F	88.13	3 456	488.44	—	—
C80－1500－600－2.50－F	96.70	3 928	556.03	—	—
C80－1500－800－1.00－F	77.31	2 877	513.43	41.23	8 334
C80－1500－800－1.50－F	89.76	3 545	687.27	54.38	9 290
C80－1500－800－2.00－F	98.71	4 041	743.90	65.98	9 997
C80－1500－800－2.50－F	107.01	4 522	774.72	78.17	10 652
RPC120－1500－400－1.00－F	135.11	3 940	285.88	—	—
RPC120－1500－400－1.50－F	144.13	4 278	323.96	—	—
RPC120－1500－400－2.00－F	152.96	4 585	357.57	—	—

续表3.4

试件编号	f_{cc0} /MPa	ε_{cc0} /$\times 10^{-6}$	σ_{sv0} /MPa	f_{rup} /MPa	ε_{rup} /$\times 10^{-6}$
RPC120－1500－400－2.50－F	162.94	4 917	392.86	—	—
RPC120－1500－600－1.00－F	135.11	3 940	285.88	—	—
RPC120－1500－600－1.50－F	144.13	4 278	323.96	—	—
RPC120－1500－600－2.00－F	152.96	4 585	357.57	—	—
RPC120－1500－600－2.50－F	162.94	4 917	392.86	66.68	15 129
RPC120－1500－800－1.00－F	138.90	4 086	372.67	41.20	12 154
RPC120－1500－800－1.50－F	152.74	4 577	463.44	54.70	13 831
RPC120－1500－800－2.00－F	166.82	5 044	543.54	66.62	15 124
RPC120－1500－800－2.50－F	182.93	5 567	627.65	79.14	16 355

3.6　本章小结

本章完成了 141 根网格式箍筋约束混凝土方柱的轴心受压试验，通过理论分析和有限元扩参数分析，得到以下结论：

(1) 当非约束混凝土轴心抗压强度相同时，约束指标越高，箍筋约束混凝土柱的竖向变形能力越强，横向膨胀变形越大，在峰值受压荷载下箍筋越容易屈服。当约束指标相同时，随着非约束混凝土轴心抗压强度的提高，在峰值受压荷载下箍筋不易屈服。

(2) 相较于热轧钢筋，中强度预应力钢丝在峰值受压荷载后破断所需的约束混凝土横向膨胀变形相对较小。当约束程度相同时，中强度预应力钢丝作为箍筋的试件在峰值受压荷载后易发生破断。当非约束混凝土轴心抗压强度相同时，随着约束指标的增大，竖向变形能力增强，横向膨胀变形越大，箍筋的拉应变越大，在峰值受压荷载后箍筋越易发生破断。

(3) 当非约束混凝土轴心抗压强度和箍筋屈服强度相同时，随着体积配箍率的增大，约束混凝土峰值压应力和峰值压应变增大，约束混凝土受压应力－应变曲线下降段更加平缓。当箍筋屈服强度和体积配箍率相同时，随着非约束混凝土轴心抗压强度的提高，约束混凝土峰值压应力与非约束混凝土轴心抗压强度的比值减小，约束混凝土峰值压应变与非约束混凝土峰值压应变的比值减小，约束混凝土变形能力降低。当在峰值受压荷载下箍筋屈服时，在非约束混凝土轴心抗压强度和体积配箍率相同的情况下，随着箍筋屈服强度的提高，约束混凝土峰值压应力和峰值压应变增大。当在峰值受压荷载下箍筋未屈服时，在非约束混凝土轴心抗压强度和体积配箍率相同的情况下，随着箍筋屈服强度的提高，约束混凝土峰值压应力和峰值压应变随箍筋屈服强度的提高变化不大，但配置屈服强度高的箍筋的约束混凝土受压应力－应变曲线下降段更加平缓，变形能力更强。

第4章

峰值受压荷载下未屈服约束箍筋的拉应力计算

本章考察了非约束混凝土抗压强度、体积配箍率、箍筋屈服强度和试件核心截面尺寸对在峰值受压荷载下箍筋约束混凝土柱未屈服箍筋的拉应变的影响，分别建立了在峰值受压荷载下热轧箍筋和无明显屈服点中强箍筋的拉应变计算公式和拉应力计算公式。获得了在峰值受压荷载下热轧箍筋和无明显屈服点中强箍筋受拉屈服所需的最小体积配箍率计算公式。

4.1　引　言

承受轴压荷载的箍筋约束混凝土柱，当达到轴压承载力时，约束箍筋并不一定受拉屈服。一般而言，非约束混凝土抗压强度越高、箍筋屈服强度越高，峰值受压荷载下约束箍筋受拉屈服所需的体积配箍率越大。峰值受压荷载下约束箍筋拉应力的合理取值，对箍筋约束混凝土柱轴心受压承载能力的合理计算至关重要。若直接采用箍筋屈服强度计算箍筋对混凝土的侧向约束应力，可能会高估箍筋的约束作用，进而高估箍筋约束混凝土柱的轴压承载力。因此，提出峰值受压荷载下箍筋能否受拉屈服的判断方法，建立峰值受压荷载下未屈服约束箍筋的拉应力计算公式，具有重要意义。

4.2　箍筋约束混凝土柱峰值受压荷载下未屈服约束箍筋的拉应变影响因素

由第 2 章螺旋箍筋约束混凝土圆柱轴心受压试验结果和有限元分析结果可知，156 个螺旋箍筋约束混凝土圆柱在峰值受压荷载下有 106 个试件的螺旋箍筋未屈服，144 个仿真分析的螺旋箍筋约束混凝土圆柱在峰值受压荷载下有 96 个试件的螺旋箍筋未屈服。峰值受压荷载下螺旋箍筋未屈服试件的详细信息见表 2.5 和表 2.6。为扩充峰值受压荷载下螺旋箍筋未屈服的试验数据，从已有文献中搜集了 58 个峰值受压荷载下螺旋箍筋未屈服试件的试验数据，详见附录中附表 1。

由第 3 章网格式箍筋约束混凝土方柱轴心受压试验结果和有限元分析结果可知，141 个网格式箍筋约束混凝土方柱在峰值受压荷载下有 92 个试件的网格式箍筋未屈服，144 个仿真分析的网格式箍筋约束混凝土方柱在峰值受压荷载下有 102 个试件的网格式箍筋未屈服。峰值受压荷载下网格式箍筋未屈服试件的详细信息见表 3.3 和表 3.4。为扩充峰值受压荷载下网格式箍筋未屈服的试验

数据，从已有文献中搜集了86个峰值受压荷载下网格式箍筋未屈服试件的试验数据，详见附录中附表2。

从以下四个方面探究箍筋约束混凝土柱在峰值受压荷载下未屈服箍筋拉应变的影响因素。

(1) 选取非约束混凝土轴心抗压强度为45～155.45 MPa，体积配箍率为1.0%～1.4%，箍筋条件屈服强度为1 190 MPa，箍筋形式为螺旋箍筋，试件核心截面直径为260 mm的试验结果，分别以非约束混凝土轴心抗压强度和体积配箍率为x轴和y轴，以峰值受压荷载下未屈服箍筋的拉应变为z轴，建立三维直角坐标系，如图4.1所示。

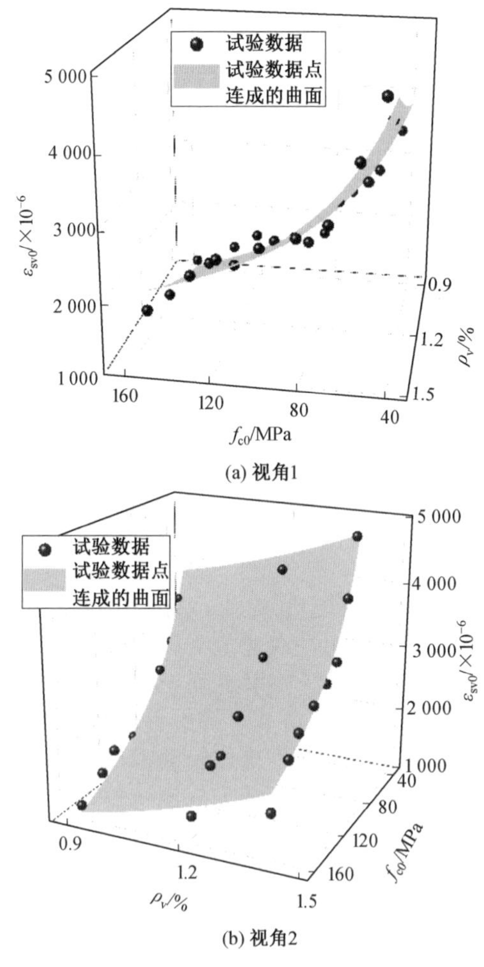

图4.1　峰值受压荷载下未屈服箍筋的拉应变随体积配箍率和非约束混凝土轴心抗压强度的变化

由图 4.1 可知，当箍筋屈服强度、体积配箍率、箍筋形式和试件核心截面直径相同时，随着非约束混凝土轴心抗压强度的提高，在峰值受压荷载下未屈服箍筋的拉应变减小。当箍筋屈服强度、箍筋形式和非约束混凝土轴心抗压强度相同时，随着体积配箍率的增大，峰值受压荷载下未屈服箍筋的拉应变增大。其原因主要有以下两点：

① 箍筋对混凝土的约束作用是一种被动约束。箍筋拉应变依赖于混凝土的横向膨胀变形。当箍筋屈服强度、体积配箍率和箍筋形式一定时，随着非约束混凝土轴心抗压强度的提高，混凝土中胶凝材料的含量增多，横向膨胀变形减小，不利于箍筋强度的发挥。

② 当箍筋屈服强度、箍筋形式和非约束混凝土轴心抗压强度相同时，随着体积配箍率的增大，峰值受压荷载下约束箍筋的拉应变增大，约束混凝土的峰值压应变增大，横向膨胀变形增大。

(2) 选取箍筋条件屈服强度为 818 MPa、926 MPa 和 1 190 MPa，非约束混凝土轴心抗压强度为 134.43 MPa，体积配箍率为 0.9%、1.2%、1.4%、1.6% 和 2.0%，以及箍筋形式为螺旋箍筋，试件核心截面直径为 260 mm 的试验结果，以体积配箍率和箍筋条件屈服强度为 x 轴和 y 轴，以峰值受压荷载下未屈服箍筋的拉应变为 z 轴，建立三维直角坐标系，如图 4.2 所示。

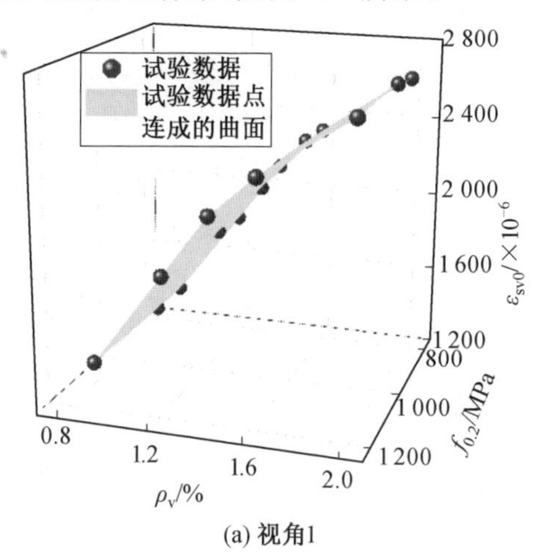

(a) 视角1

图 4.2　峰值受压荷载下未屈服箍筋拉应变随箍筋条件屈服强度和体积配箍率的变化

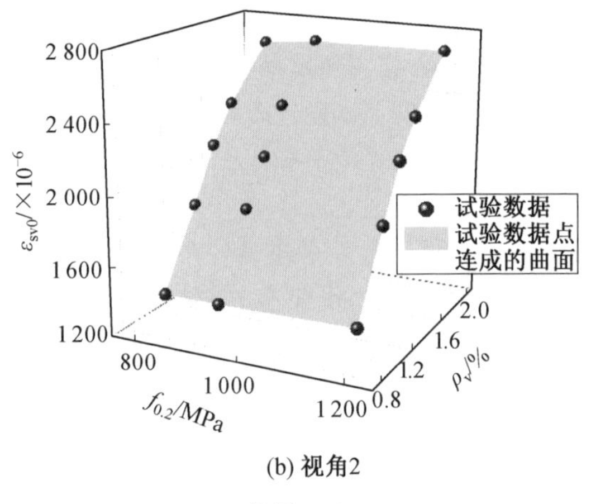

(b) 视角2

续图 4.2

由图 4.2 可知，当箍筋条件屈服强度、非约束混凝土轴心抗压强度、箍筋形式、试件核心截面直径相同时，随着体积配箍率的增大，峰值受压荷载下未屈服箍筋的拉应变增大。当箍筋形式、非约束混凝土轴心抗压强度、体积配箍率、试件核心截面直径相同时，随着箍筋条件屈服强度的提高，峰值受压荷载下未屈服箍筋的拉应变变化不大。

(3) 选取箍筋条件屈服强度为 926 MPa，体积配箍率为 0.9%、1.2%、1.4% 和 2.0%，箍筋形式为螺旋箍筋和网格式箍筋，非约束混凝土轴心抗压强度为 121.81 MPa 的试件的试验数据，分别以箍筋形式和体积配箍率为 x 轴和 y 轴，以峰值受压荷载下未屈服箍筋的拉应变为 z 轴，建立三维直角坐标系，如图 4.3 所示。

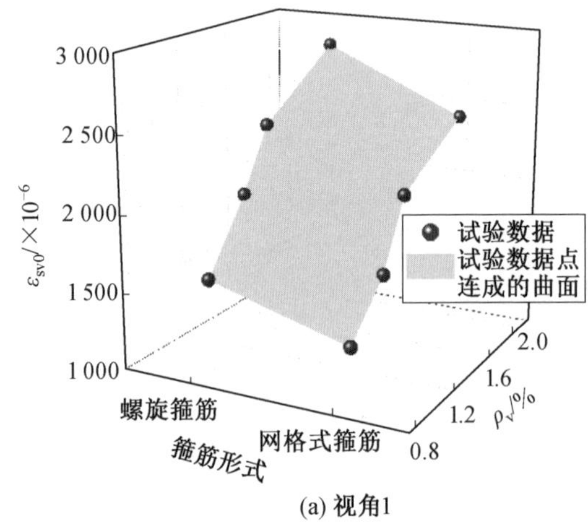

(a) 视角1

图 4.3　峰值受压荷载下未屈服箍筋的拉应变随箍筋形式和体积配箍率的变化

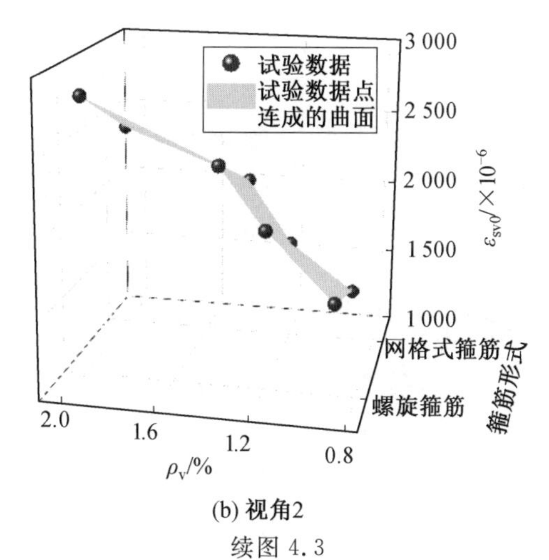

(b) 视角2

续图 4.3

由图 4.3 可知，当箍筋条件屈服强度、非约束混凝土轴心抗压强度和箍筋形式相同时，峰值受压荷载下未屈服箍筋的拉应变随体积配箍率增大而增大。当箍筋条件屈服强度、非约束混凝土轴心抗压强度和体积配箍率相同时，峰值受压荷载下未屈服螺旋箍筋的拉应变高于未屈服网格式箍筋的拉应变。

(4) 选取非约束混凝土轴心抗压强度为 29.1 MPa、63.6 MPa 和 121.81 MPa，体积配箍率为 1.0%，箍筋条件屈服强度为 818 MPa，箍筋形式为网格式箍筋，试件核心截面边长为 600 mm、800 mm、1 000 mm 和 1 500 mm 的试件的模拟结果，分别以非约束混凝土轴心抗压强度和试件核心截面边长为 x 轴和 y 轴，以峰值受压荷载下未屈服箍筋的拉应变为 z 轴，建立三维直角坐标系，将峰值受压荷载下未屈服箍筋的数据点布置于三维坐标系内，如图 4.4 所示。

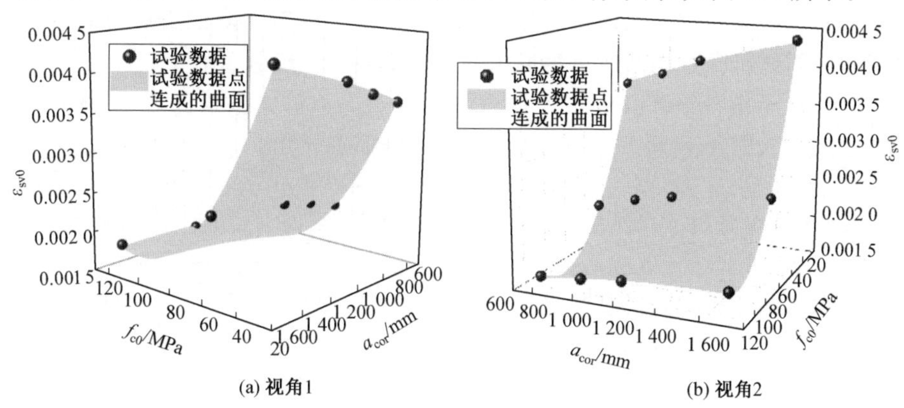

(a) 视角1　　(b) 视角2

图 4.4　峰值受压荷载下未屈服箍筋的拉应变随非约束混凝土轴心抗压强度和试件核心截面边长的变化

由图4.4可知，当箍筋屈服强度、箍筋形式、体积配箍率、试件核心截面边长相同时，峰值受压荷载下未屈服箍筋的拉应变随非约束混凝土轴心抗压强度的提高而减小；当箍筋屈服强度、箍筋形式、体积配箍率、非约束混凝土轴心抗压强度相同时，峰值受压荷载下未屈服箍筋的拉应变随试件核心截面边长的增大而增大。

4.3 峰值受压荷载下未屈服约束箍筋的拉应变计算公式

当前，国内外学者针对箍筋约束混凝土柱在峰值受压荷载下约束箍筋未屈服的情况，基于回归分析和数值迭代方法提出了多种预测峰值受压荷载下未屈服箍筋拉应力的计算公式。这些计算公式是通过将体积配箍率与非约束混凝土轴心抗压强度的比值作为一个整体参数建立起来的，未区分热轧钢筋和无明显屈服点钢筋作为箍筋未屈服的情况。此外，这些公式忽略了箍筋屈服强度、箍筋形式和纵筋分布等因素。这导致现有预测峰值受压荷载下未屈服箍筋拉应力的计算公式存在形式多样化、预测结果离散性大、适用范围有限等问题。根据前人的研究成果以及4.2节峰值受压荷载下未屈服箍筋拉应变的影响因素分析可知，峰值受压荷载下未屈服箍筋拉应变主要与非约束混凝土轴心抗压强度、体积配箍率、箍筋类别、箍筋形式、纵筋分布和试件截面尺寸等因素有关。基于峰值受压荷载下箍筋未屈服试件的试验结果和有限元分析结果，用有效约束系数 k_e 综合考虑箍筋形式、箍筋间距、纵筋分布和试件核心截面尺寸等因素对峰值受压荷载下未屈服箍筋的拉应变的影响，采用回归分析法提出了峰值受压荷载下热轧钢筋和无明显屈服点钢筋作为箍筋未屈服时的拉应变计算公式。

热轧钢筋作为箍筋在峰值受压荷载下未屈服的试件参数包括：非约束混凝土轴心抗压强度介于20～128 MPa，箍筋屈服强度介于317～657 MPa，体积配箍率介于0.68%～3.12%。基于试验数据，分别以 $k_e\rho_v E_{sv}/f_{c0}$ 和 f_{c0} 为 x 轴和 y 轴，以峰值受压荷载下未屈服热轧箍筋的拉应变 ε_{sv0} 为 z 轴，建立三维直角坐标系，如图4.5所示。

通过回归分析，当非约束混凝土抗压强度介于20～128 MPa、箍筋屈服强度介于317～657 MPa、体积配箍率介于0.68%～3.12%时，峰值受压荷载下热轧钢筋作为箍筋未屈服时的拉应变计算公式为

$$\varepsilon_{sv0}=\frac{2.51\times10^{-5}k_e\rho_v E_{sv}}{f_{c0}}+1.69\times10^{-3}\left(\frac{f_{c0}}{E_{sv}}\right)^{0.05} \tag{4.1}$$

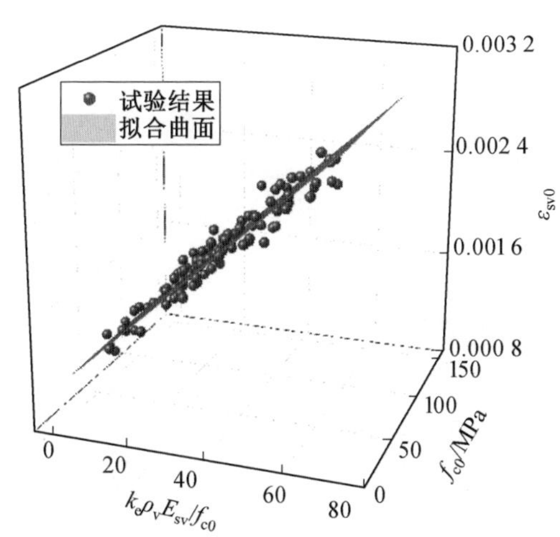

图 4.5　峰值受压荷载下未屈服热轧箍筋 ε_{sv0} 与 $k_e\rho_v E_{sv}/f_{c0}$ 和 f_{c0} 的关系

式中，ε_{sv0} 为峰值受压荷载下箍筋的拉应变；k_e 为箍筋有效约束系数，螺旋箍筋有效约束系数 $k_e=\left(1-\dfrac{s'}{2D_{cor}}\right)/(1-\rho_s)$，网格式箍筋有效约束系数 $k_e=\left[1-\dfrac{\sum b_i^2}{6a_{cor}^2}\right]\left(1-\dfrac{s'}{2a_{cor}}\right)^2/(1-\rho_s)$；$D_{cor}$ 为螺旋箍筋或焊接环式箍筋所围的混凝土圆柱核心截面直径(mm)；ρ_s 为纵筋配筋率；b_i 为沿方形柱截面周边受两个方向箍筋约束的纵向钢筋间距(mm)；a_{cor} 为网格式箍筋约束混凝土方柱所围核心截面边长(mm)；s' 为相邻箍筋净间距(mm)；ρ_v 为体积配箍率；E_{sv} 为箍筋弹性模量(MPa)；f_{c0} 为非约束混凝土轴心抗压强度(MPa)。

无明显屈服点钢筋作为箍筋在峰值受压荷载下未屈服的试件参数包括：非约束混凝土轴心抗压强度介于 29.1 ～ 155.45 MPa，箍筋条件屈服强度介于 818 ～ 1 420 MPa，体积配箍率介于 0.68% ～ 4.90%。基于试验数据，分别以 $k_e\rho_v E_{sv}/f_{c0}$ 和 f_{c0} 为 x 轴和 y 轴，以峰值受压荷载下无明显屈服点箍筋未屈服的拉应变 ε_{sv0} 为 z 轴，建立三维直角坐标系，如图 4.6 所示。

通过回归分析，当非约束混凝土轴心抗压强度介于 33.52 ～ 155.45 MPa、箍筋条件屈服强度介于 818 ～ 1 420 MPa、体积配箍率介于 0.68% ～ 4.90% 时，峰值受压荷载下无明显屈服点钢筋作为箍筋未屈服时的拉应变计算公式为

$$\varepsilon_{sv0}=\frac{5.68\times10^{-5}k_e\rho_v E_{sv}}{f_{c0}}+1.47\times10^{-3}\left(\frac{f_{c0}}{E_{sv}}\right)^{0.05} \tag{4.2}$$

式(4.2) 中各符号意义与式(4.1) 相同。

由式(4.1) 获得了箍筋约束混凝土柱在峰值受压荷载下热轧钢筋作为箍筋

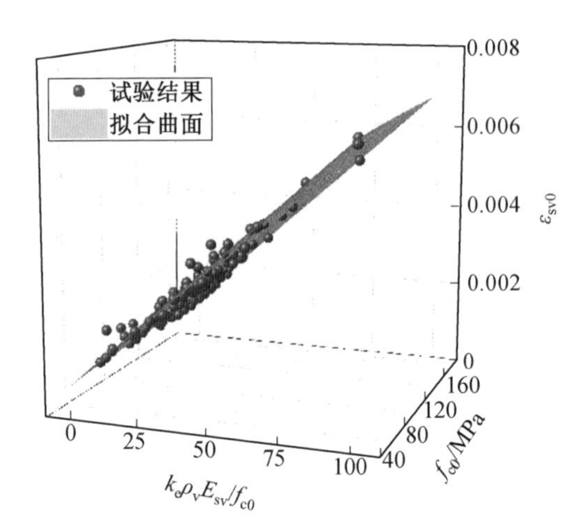

图 4.6　峰值受压荷载下无明显屈服点箍筋未屈服的拉应变 ε_{sv0} 与 $k_e\rho_v E_{sv}/f_{c0}$ 和 f_{c0} 的关系

未屈服时的拉应变预测值 $\varepsilon_{sv0,预测值}$。在峰值受压荷载下未屈服箍筋的拉应变预测值与试验值的比较如图 4.7 所示。经统计分析后发现，$\varepsilon_{sv0,预测值}/\varepsilon_{sv0,试验值}$ 的平均值为 1.003，均方差为 0.041，变异系数为 0.041。

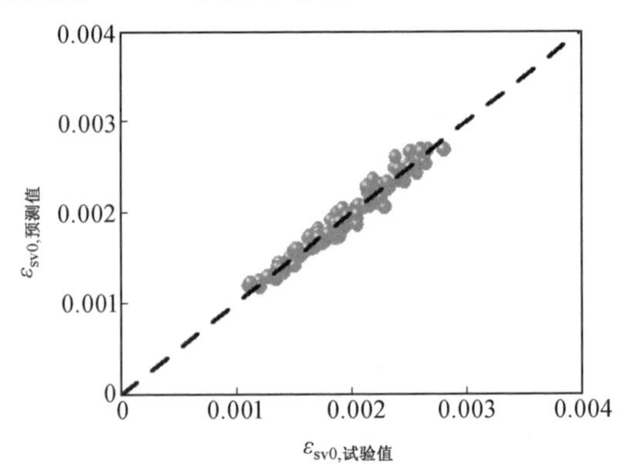

图 4.7　峰值受压荷载下未屈服热轧箍筋的拉应变 ε_{sv0} 预测值与试验值比较

由式(4.2)获得了箍筋约束混凝土柱在峰值受压荷载下无明显屈服点箍筋未屈服时的拉应变预测值 $\varepsilon_{sv0,预测值}$。峰值受压荷载下无明显屈服点箍筋未屈服的拉应变预测值与试验值的比较如图 4.8 所示。经统计分析后发现，$\varepsilon_{sv0,预测值}/\varepsilon_{sv0,试验值}$ 的平均值为 0.988，均方差为 0.061，变异系数为 0.062。

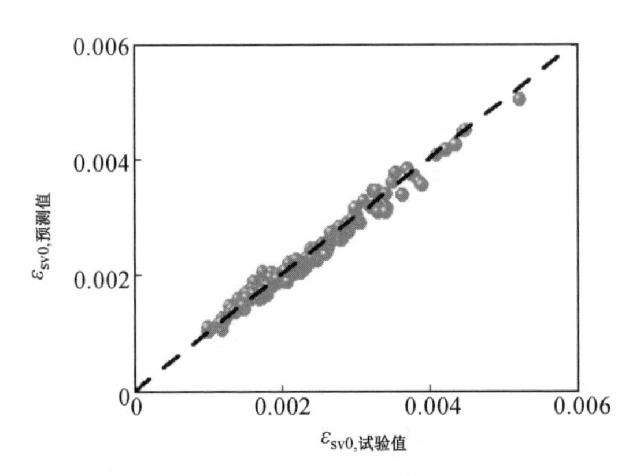

图 4.8　峰值受压荷载下无明显屈服点箍筋未屈服的拉应变 ε_{sv0} 预测值与试验值比较

4.4　峰值受压荷载下箍筋受拉屈服所需最小体积配箍率

有明显屈服点的热轧钢筋在受拉屈服前处于线弹性阶段。HPB300、HRB400、HRB500 和 HRB600 钢筋的屈服强度介于 317 ～ 657 MPa。热轧箍筋未屈服时的应力按胡克定律计算，即

$$\sigma_{sv0} = E_{sv}\varepsilon_{sv0} \leqslant f_{yv} \tag{4.3}$$

式中，σ_{sv0} 为箍筋约束混凝土柱在峰值受压荷载下箍筋的拉应力(MPa)；E_{sv} 为箍筋弹性模量(MPa)；ε_{sv0} 为箍筋约束混凝土柱在峰值受压荷载下箍筋的拉应变；f_{yv} 为箍筋屈服强度(MPa)。

令按式(4.3) 计算确定的箍筋约束混凝土柱在峰值受压荷载下箍筋的拉应力 σ_{sv0} 等于箍筋屈服强度 f_{yv}，可得如下箍筋约束混凝土柱在峰值受压荷载下热轧箍筋受拉屈服所需的最小配箍率计算公式：

$$[\rho_v] \geqslant \frac{\left[f_{yv}/E_{sv} - 1.69 \times 10^{-3}\left(\dfrac{f_{c0}}{E_{sv}}\right)^{0.05}\right]f_{c0}}{2.51 \times 10^{-5}k_e E_{sv}} \tag{4.4}$$

式中，$[\rho_v]$ 为箍筋约束混凝土柱在峰值受压荷载下热轧箍筋受拉屈服所需的最小体积配箍率；f_{yv} 为箍筋屈服强度(MPa)；E_{sv} 为箍筋弹性模量(MPa)；f_{c0} 为非约束混凝土轴心抗压强度(MPa)；k_e 为有效约束系数，螺旋箍筋有效约束系数$k_e = \left(1 - \dfrac{s'}{2D_{cor}}\right) / (1-\rho_s)$，网格式箍筋有效约束系数 $k_e = \left[1 - \dfrac{\sum b_i^2}{6a_{cor}^2}\right]\left(1 - \dfrac{s'}{2a_{cor}}\right)^2 / (1-\rho_s)$；$s'$ 为相邻

箍筋净间距(mm);ρ_v 为体积配箍率;D_{cor} 为螺旋箍筋或焊接环式箍筋所围的混凝土方柱核心截面直径(mm);ρ_s 为纵筋配筋率;b_i 为沿方形柱截面周边受两个方向箍筋约束的纵向钢筋间距(mm);a_{cor} 为网格式箍筋约束混凝土方柱所围核心截面边长(mm)。

无明显屈服点中强度预应力钢丝的条件屈服强度被定义为在钢筋受拉应力一应变关系曲线上取残余应变为0.2%时对应的应力值,其条件屈服应变为 $\varepsilon_{0.2}=f_{0.2}/E_{sv}+0.002$,其中,$\varepsilon_{0.2}$ 为钢筋条件屈服应变,$f_{0.2}$ 为钢筋条件屈服强度,E_{sv} 为钢筋弹性模量。采用三折线模型来描述无明显屈服点钢筋的受拉应力一应变关系,如图4.9所示。无明显屈服点钢筋的受拉应力一应变关系按下式计算:

$$\sigma_s=\begin{cases}E_{sv}\varepsilon_s & (\varepsilon_s\leqslant\sigma_p/E_{sv})\\ \sigma_p+E_{sv}\left(\dfrac{f_{0.2}-\sigma_p}{\varepsilon_{0.2}-\sigma_p/E_{sv}}\right)(\varepsilon_s-\sigma_p/E_{sv}) & (\varepsilon_{0.2}\geqslant\varepsilon_s>\sigma_p/E_{sv})\\ f_{0.2}+\dfrac{f_u-f_{0.2}}{\varepsilon_u-\varepsilon_{0.2}}(\varepsilon_s-\varepsilon_{0.2}) & (\varepsilon_u\geqslant\varepsilon_s>\varepsilon_{0.2})\end{cases}\tag{4.5}$$

式中,σ_s 为箍筋拉应力(MPa);E_{sv} 为箍筋弹性模量(MPa);ε_s 为箍筋拉应变;σ_p 为无明显屈服点钢筋的比例极限(MPa);$f_{0.2}$ 为无明显屈服点钢筋的条件屈服强度(MPa);$\varepsilon_{0.2}$ 为无明显屈服点钢筋的条件屈服应变;f_u 为无明显屈服点钢筋的抗压强度(MPa);ε_u 为无明显屈服点钢筋的最大力下拉应变。

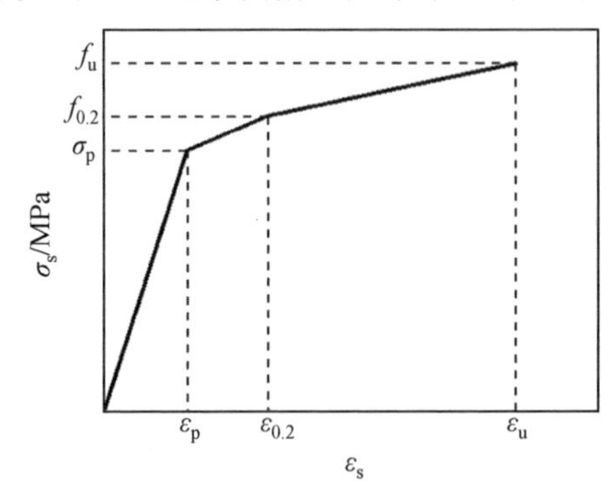

图4.9 无明显屈服点钢筋受拉应力一应变关系曲线

箍筋约束混凝土柱在峰值受压荷载下无明显屈服点箍筋的拉应力计算公式为

$$\sigma_{sv0}=\begin{cases}E_{sv}\varepsilon_{sv0} & (\varepsilon_{sv0}\leqslant\sigma_p/E_{sv})\\ \sigma_p+E_{sv}\left(\dfrac{f_{0.2}-\sigma_p}{\varepsilon_{0.2}-\sigma_p/E_{sv}}\right)(\varepsilon_{sv0}-\sigma_p/E_{sv}) & (\varepsilon_{0.2}\geqslant\varepsilon_{sv0}>\sigma_p/E_{sv})\\ f_{0.2} & (\varepsilon_{sv0}>\varepsilon_{0.2})\end{cases} \tag{4.6}$$

式中，σ_{sv0} 为峰值受压荷载下箍筋的拉应力(MPa)；E_{sv} 为箍筋弹性模量(MPa)；ε_{sv0} 为峰值受压荷载下箍筋的拉应变；σ_p 为无明显屈服点钢筋的比例极限(MPa)；$f_{0.2}$ 为无明显屈服点钢筋的条件屈服强度(MPa)；$\varepsilon_{0.2}$ 为无明显屈服点钢筋的条件屈服应变。

令按式(4.2) 计算确定的箍筋约束混凝土柱在峰值受压荷载下箍筋的拉应力 σ_{sv0} 等于箍筋条件屈服强度 $f_{0.2}$，可获得峰值受压荷载下无明显屈服点箍筋受拉屈服所需的最小体积配箍率计算公式，即

$$[\rho_v]\geqslant\frac{\left[f_{0.2}/E_{sv}-1.47\times10^{-3}\left(\dfrac{f_{c0}}{E_{sv}}\right)^{0.05}+0.002\right]f_{c0}}{5.68\times10^{-5}k_eE_{sv}} \tag{4.7}$$

式中，$[\rho_v]$ 为箍筋约束混凝土柱在峰值受压荷载下无明显屈服点箍筋受拉屈服所需的最小体积配箍率；$f_{0.2}$ 为箍筋条件屈服强度(MPa)；E_{sv} 为箍筋弹性模量(MPa)；f_{c0} 为非约束混凝土轴心抗压强度(MPa)；k_e 为有效约束系数，螺旋箍筋有效约束系数 $k_e=\left(1-\dfrac{s'}{2D_{cor}}\right)/(1-\rho_s)$，网格式箍筋有效约束系数 $k_e=\left(1-\dfrac{\sum b_i^2}{6a_{cor}^2}\right)\left(1-\dfrac{s'}{2a_{cor}}\right)^2/(1-\rho_s)$；$s'$ 为相邻箍筋净间距(mm)；D_{cor} 为螺旋箍筋或焊接环式箍筋所围的混凝土圆柱核心截面直径(mm)；ρ_s 为纵筋配筋率；b_i 为沿方形柱截面周边受两个方向箍筋约束的纵向钢筋间距(mm)；a_{cor} 为网格式箍筋约束混凝土方柱所围核心截面边长(mm)。

热轧钢筋和中强度预应力钢丝的屈服强度(条件屈服强度) 和弹性模量分别按表 2.3 和表 2.4 取用。非约束混凝土轴心抗压强度按表 4.1 取用。由式(4.4)、式(4.7) 和表 4.1 获得了箍筋约束混凝土柱在峰值受压荷载下螺旋箍筋和网格式箍筋受拉屈服所需的最小体积配箍率，分别见表 4.2 和表 4.3。

表 4.1　非约束混凝土轴心抗压强度

混凝土强度等级	f_{c0}/MPa
C20	18.24
C30	27.36
C40	36.48
C50	43.70
C60	52.21
C70	60.00
C80	68.88
C90	79.15
RPC100	91.48
RPC120	108.73
RPC140	126.83
RPC160	143.84
RPC180	161.50

表 4.2　箍筋约束混凝土柱在峰值受压荷载下螺旋箍筋受拉屈服所需的最小体积配箍率

混凝土强度等级	$[\rho_v]$/%						
	HRB335	HRB400	HRB500	HRB600	PC800	PC970	PC1270
C20	0.30	0.54	0.73	0.90	0.88	0.97	1.20
C30	0.43	0.80	1.09	1.33	1.32	1.46	1.79
C40	0.57	1.05	1.44	1.77	1.75	1.94	2.38
C50	0.67	1.24	1.71	2.10	2.10	2.32	2.85
C60	0.79	1.48	2.04	2.50	2.50	2.76	3.40
C70	0.89	1.69	2.33	2.87	2.87	3.17	3.91
C80	1.01	1.92	2.66	3.28	3.29	3.64	4.48
C90	1.15	2.20	3.04	3.75	3.77	4.17	5.14
RPC100	1.31	2.53	3.50	4.32	4.36	4.82	5.94
RPC120	1.54	2.98	4.14	5.11	5.17	5.72	7.05
RPC140	1.77	3.45	4.80	5.94	6.02	6.66	8.22
RPC160	1.98	3.89	5.42	6.71	6.82	7.54	9.30
RPC180	2.20	4.35	6.06	7.65	7.65	8.46	10.44

注：k_e 取参考值 0.9，其具体计算公式见式(4.7)。

表 4.3　箍筋约束混凝土柱在峰值受压荷载下网格式箍筋受拉屈服所需的最小体积配箍率

混凝土强度等级	$[\rho_v]$/%						
	HRB335	HRB400	HRB500	HRB600	PC800	PC970	PC1270
C20	0.38	0.69	0.94	1.15	1.13	1.25	1.54
C30	0.56	1.03	1.40	1.71	1.69	1.87	2.30
C40	0.73	1.35	1.85	2.27	2.25	2.49	3.07
C50	0.85	1.61	2.20	2.71	2.70	2.98	3.67
C60	1.01	1.90	2.62	3.22	3.21	3.55	4.38
C70	1.15	2.17	2.99	3.68	3.69	4.08	5.02
C80	1.30	2.48	3.42	4.21	4.23	4.67	5.76
C90	1.48	2.83	3.91	4.83	4.85	5.36	6.61
RPC100	1.69	3.25	4.50	5.56	5.60	6.19	7.64
RPC120	1.98	3.83	5.32	6.57	6.65	7.35	9.07
RPC140	2.27	4.44	6.17	7.64	7.74	8.56	10.56
RPC160	2.55	5.01	6.97	8.63	8.77	9.70	11.97
RPC180	2.83	5.59	7.80	9.66	9.83	10.87	13.43

注：k_e 取参考值 0.7，其具体计算公式见式(4.7)。

4.5　本章小结

本章通过对箍筋约束混凝土柱在峰值受压荷载下未屈服箍筋的拉应力进行分析，得到以下结论：

(1) 螺旋箍筋约束混凝土柱在峰值受压荷载下未屈服箍筋的拉应变随非约束混凝土抗压强度的提高而减小，随体积配箍率的增大而增大，未屈服螺旋箍筋的拉应变大于未屈服网格式箍筋的拉应变。在峰值受压荷载下未屈服箍筋的拉应变随箍筋屈服强度的提高变化不大。

(2) 分别以(有效约束系数×体积配箍率×箍筋弹性模量÷非约束混凝土轴心抗压强度)和(非约束混凝土轴心抗压强度÷箍筋弹性模量)为横坐标，以峰值受压荷载下未屈服箍筋的拉应变为纵坐标，建立三维坐标系，将峰值受压荷载下箍筋未屈服试件的试验数据放入坐标系内，分别得到了峰值受压荷载下热轧钢筋和无明显屈服点钢筋作为箍筋未屈服时的拉应变拟合公式。拟合公式的预测结果与试验结果吻合较好。

(3) 由箍筋约束混凝土柱在峰值受压荷载下未屈服箍筋拉应变的计算公式，结合热轧钢筋和无明显屈服点钢筋的受拉应力－应变关系曲线，给出了峰值受压荷载下热轧钢筋和无明显屈服点钢筋作为箍筋的拉应力计算公式，进而获得了峰值受压荷载下箍筋受拉屈服所需的最小体积配箍率。

第5章

约束混凝土峰值压应力后箍筋破断规律

本章针对在箍筋约束混凝土受压应力－应变曲线下降段发生箍筋破断的情况，获得了用来判断热轧钢筋作箍筋破断的下包面表达式和无明显屈服点中强钢丝作箍筋破断的下包面表达式。建立了箍筋破断时约束混凝土竖向压应力和竖向压应变的计算公式。

5.1　引　言

箍筋约束混凝土轴心受压柱的约束箍筋在柱的荷载－变形曲线的下降段可能发生破断。箍筋破断会影响约束混凝土柱的剩余轴压承载力和受压变形能力。因此,考察箍筋约束混凝土柱在受力过程中箍筋的破断规律,具有重要意义。

5.2　约束混凝土峰值压应力后箍筋是否破断的判断方法

基于第2、3章中585个箍筋约束混凝土柱的轴心受压试验结果和有限元分析结果,考察在约束混凝土峰值压应力后箍筋破断的规律。热轧钢筋在最大力下的拉应变为0.106～0.176,中强度预应力钢丝在最大力下的拉应变为0.041～0.054。相较于热轧钢筋,采用中强度预应力钢丝作为约束箍筋破断时所需的约束混凝土横向膨胀变形小。因此,分别对热轧钢筋作为箍筋和中强度预应力钢丝作为箍筋的箍筋约束混凝土柱在轴压荷载作用下箍筋破断的数据进行分析,提出箍筋约束混凝土柱在达到约束混凝土峰值压应力后热轧钢筋作为箍筋和中强度预应力钢丝作为箍筋是否破断的判断方法。

热轧钢筋作为箍筋的约束混凝土柱的试件参数包括:非约束混凝土轴心抗压强度介于18～121.81 MPa,箍筋屈服强度介于360～657 MPa,体积配箍率介于0.9%～2.5%,箍筋形式为螺旋箍筋和网格式箍筋。基于试验数据,分别以非约束混凝土轴心抗压强度$k_e\rho_v f_{yv}/f_{c0}$和f_{c0}为x轴和y轴,以约束混凝土峰值压应力较非约束混凝土轴心抗压强度的相对提高幅度$(f_{cc0}-f_{c0})/f_{c0}$为z轴,建立三维直角坐标系,如图5.1所示。图5.1中,圆形点表示箍筋破断的试验数据点，方形点表示箍筋未发生破断的试验数据点，图中的斜平面为箍筋破断下包面，低于该下包面不会发生箍筋破断。

由图 5.1 可知，当非约束混凝土轴心抗压强度介于 18 ～ 121.81 MPa，体积配箍率介于 0.9% ～ 2.5%，箍筋屈服强度介于 360 ～ 657 MPa 时，在约束混凝土峰值压应力后箍筋未破断的数据点在箍筋破断下包面以下。箍筋破断下包面的计算公式为

$$(f_{cc0}-f_{c0})/f_{c0}=\begin{cases}0.30 & (0.052\leqslant k_e\rho_v f_{yv}/f_{c0}<2.36\times10^{-5}f_{c0}+0.12)\\ 2.50(k_e\rho_v f_{yv}/f_{c0})-5.90\times10^{-5}(f_{c0}) & (2.36\times10^{-5}f_{c0}+0.12\leqslant k_e\rho_v f_{yv}/f_{c0}\leqslant 0.429)\end{cases}\tag{5.1}$$

式中，f_{cc0} 为箍筋约束混凝土峰值压应力(MPa)；f_{c0} 为非约束混凝土轴心抗压强度(MPa)；k_e 为有效约束系数，螺旋箍筋有效约束系数 $k_e=\left(1-\frac{s'}{2D_{cor}}\right)/(1-\rho_s)$，网格式箍筋有效约束系数 $k_e=\left[1-\frac{\sum b_i^2}{6a_{cor}^2}\right]\left(1-\frac{s'}{2a_{cor}}\right)^2/(1-\rho_s)$；$s'$ 为相邻二箍筋净间距(mm)；D_{cor} 为螺旋箍筋或焊接环式箍筋所围的混凝土圆柱核心截面直径(mm)；ρ_s 为纵筋配筋率；b_i 为沿方形柱截面周边受两个方向箍筋约束的纵向钢筋间距(mm)；a_{cor} 为网格式箍筋约束混凝土方柱所围核心截面的边长(mm)；ρ_v 为体积配箍率。

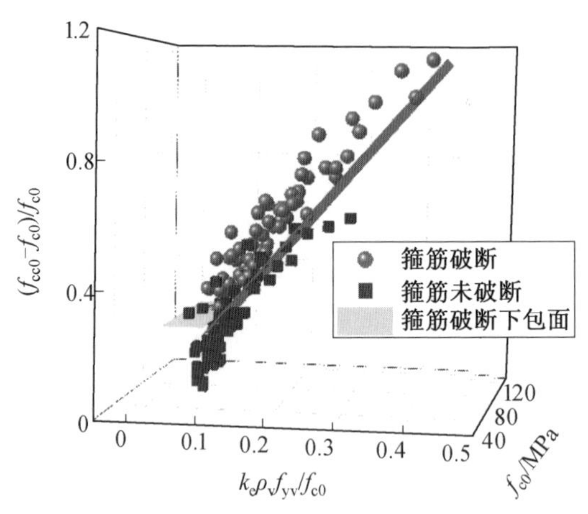

图 5.1　热轧钢筋作为箍筋的试件的试验数据分布及箍筋破断下包面

中强度预应力钢丝作为箍筋约束混凝土柱的试件参数包括：非约束混凝土轴心抗压强度介于 29.1 ～ 155.45 MPa，体积配箍率介于 0.9% ～ 2.5%，箍筋条件屈服强度介于 818 ～ 1 190 MPa，箍筋形式为螺旋箍筋和网格式箍筋。基于试

验数据，分别以非约束混凝土轴心抗压强度 $k_e\rho_v f_{0.2}/f_{c0}$ 和 f_{c0} 为 x 轴和 y 轴，以约束混凝土峰值压应力较非约束混凝土轴心抗压强度的相对提高幅度 $(f_{cc0}-f_{c0})/f_{c0}$ 为 z 轴，建立三维直角坐标系，如图 5.2 所示。图 5.2 中，圆形点表示箍筋破断的试验数据点，方形点表示箍筋未发生破断的试验数据点，图中的斜曲面为箍筋破断下包面，低于该下包面不会发生箍筋破断。

由图 5.2 可知，当非约束混凝土轴心抗压强度介于 29.1 ～ 155.45 MPa、体积配箍率介于 0.9% ～ 2.5%、箍筋条件屈服强度介于 818 ～ 1 190 MPa、$k_e\rho_v f_{0.2}/f_{c0}$ 介于 0.064 ～ 0.603 时，在约束混凝土峰值压应力后箍筋不破断的数据点在箍筋破断下包面以下。箍筋破断下包面的计算公式为

$$(f_{cc0}-f_{c0})/f_{c0}=1.90\,(k_e\rho_v f_{0.2}/f_{c0})^{0.68}-1.48\times10^{-3}f_{c0}-0.12 \quad (5.2)$$

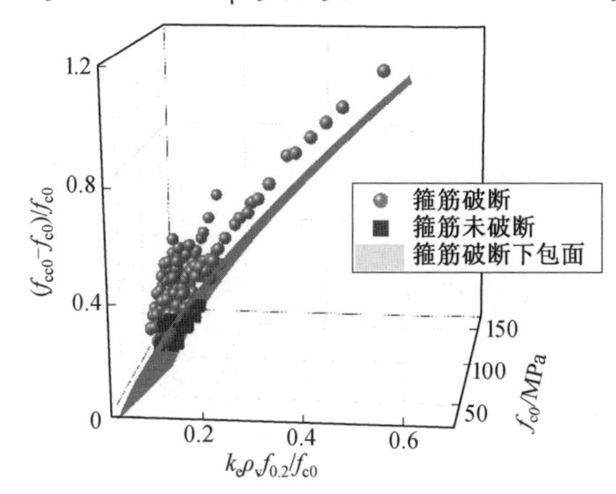

图 5.2　中强度预应力钢丝作为箍筋的试件的试验数据及箍筋破断下包面

由式(5.1) 和式(5.2) 可分别对热轧钢筋作为箍筋和中强度预应力钢丝作为箍筋在约束混凝土峰值压应力后是否破断进行判断。当约束混凝土峰值压应力较非约束混凝土轴心抗压强度的相对提高幅度低于式(5.1) 和式(5.2) 的计算结果时，在约束混凝土峰值压应力后箍筋不破断。

5.3　约束指标介于 0.33% ～ 24.22% 的箍筋破断时约束混凝土竖向压应力计算公式

约束指标是指峰值受压荷载下箍筋有效侧向约束应力与非约束混凝土轴心抗压强度的比值。由第 2 章螺旋箍筋约束混凝土圆柱轴心受压试验结果和有限元分析结果可知，156 个螺旋箍筋约束混凝土圆柱在约束混凝土受压应力－应

变曲线下降段有151个试件的螺旋箍筋发生破断，144个仿真分析的螺旋箍筋约束混凝土圆柱在约束混凝土受压应力－应变曲线下降段有112个试件的螺旋箍筋发生破断。在约束混凝土受压应力－应变曲线下降段螺旋箍筋发生破断试件的详细信息见表2.5和表2.6。为扩充在约束混凝土受压应力－应变曲线下降段螺旋箍筋发生破断的试验数据，从已有文献中搜集了178个在约束混凝土受压应力－应变曲线下降段螺旋箍筋发生破断试件的试验数据，详见附录中附表1。

由第3章网格式箍筋约束混凝土方柱轴心受压试验结果和有限元分析结果可知，141个网格式箍筋约束混凝土方柱在约束混凝土受压应力－应变曲线下降段有77个试件的网格式箍筋发生破断，144个仿真分析的网格式箍筋约束混凝土方柱在约束混凝土受压应力－应变曲线下降段有72个试件的网格式箍筋发生破断。在约束混凝土受压应力－应变曲线下降段网格式箍筋发生破断的试件的详细信息见表3.3和表3.4。为扩充在约束混凝土受压应力－应变曲线下降段网格式箍筋发生破断的试验数据，从已有文献中搜集了178个在约束混凝土受压应力－应变曲线下降段网格式箍筋发生破断的试件的试验数据，详见附录中附表2。

5.3.1 影响因素分析

从以下五个方面分析非约束混凝土轴心抗压强度、箍筋屈服强度、体积配箍率和箍筋形式对箍筋破断时约束混凝土竖向压应力的影响。

(1) 选取非约束混凝土轴心抗压强度介于18～40 MPa、体积配箍率介于1.1%～1.6%、箍筋屈服强度为480 MPa、箍筋形式为螺旋箍筋、试件核心截面直径为260 mm的试件的试验数据，分别以非约束混凝土轴心抗压强度f_{c0}和体积配箍率ρ_v为x轴和y轴，以箍筋破断时约束混凝土竖向压应力f_{rup}为z轴，建立三维直角坐标系，如图5.3所示。

(2) 选取非约束混凝土轴心抗压强度介于56～155.45 MPa、体积配箍率介于0.9%～1.4%、箍筋条件屈服强度为1 190 MPa、箍筋形式为螺旋箍筋、试件核心截面直径为260 mm的试件的试验数据，分别以非约束混凝土轴心抗压强度f_{c0}和体积配箍率ρ_v为x轴和y轴，以箍筋破断时约束混凝土竖向压应力f_{rup}为z轴，建立三维直角坐标系，如图5.4所示。

(3) 选取箍筋条件屈服强度为818 MPa、926 MPa和1 215 MPa，体积配箍率为0.9%～2.0%，非约束混凝土轴心抗压强度为121.81 MPa，箍筋形式为螺旋箍筋，试件核心截面直径为260 mm的试件的试验数据，分别以箍筋条件屈服强度$f_{0.2}$和体积配箍率ρ_v为x轴和y轴，以箍筋破断时约束混凝土竖向压应力f_{rup}

为 z 轴，建立三维直角坐标系，如图 5.5 所示。

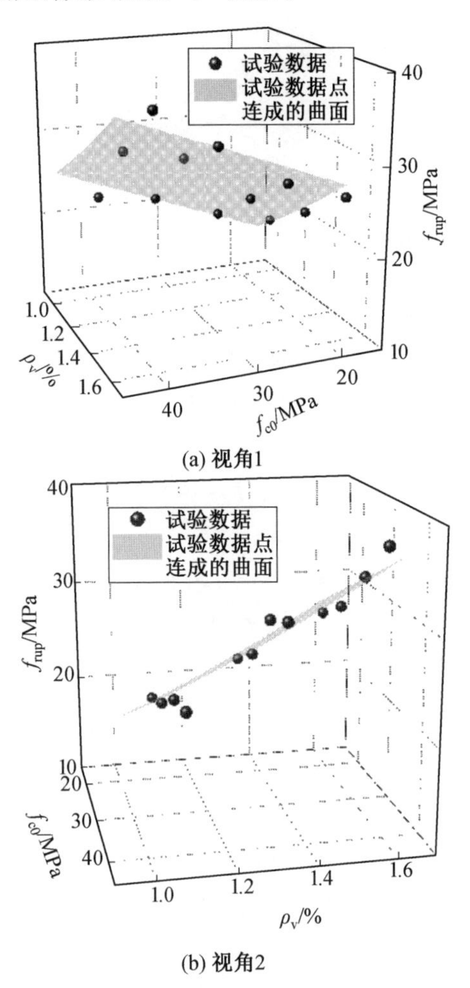

(a) 视角1

(b) 视角2

图 5.3　热轧钢筋作为箍筋破断时约束混凝土竖向压应力随体积配箍率和非约束混凝土轴心抗压强度的变化

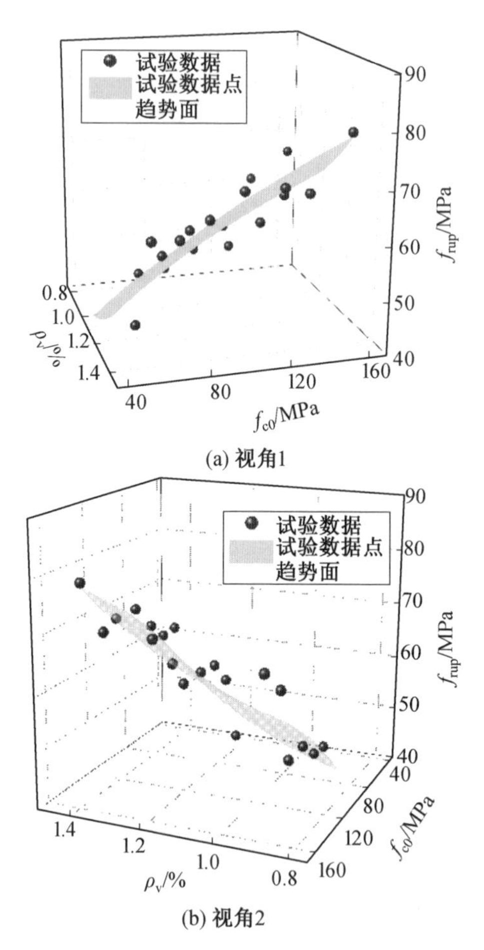

(a) 视角1

(b) 视角2

图 5.4　中强度预应力钢丝作为箍筋破断时约束混凝土竖向压应力随体积配箍率和非约束混凝土轴心抗压强度的变化

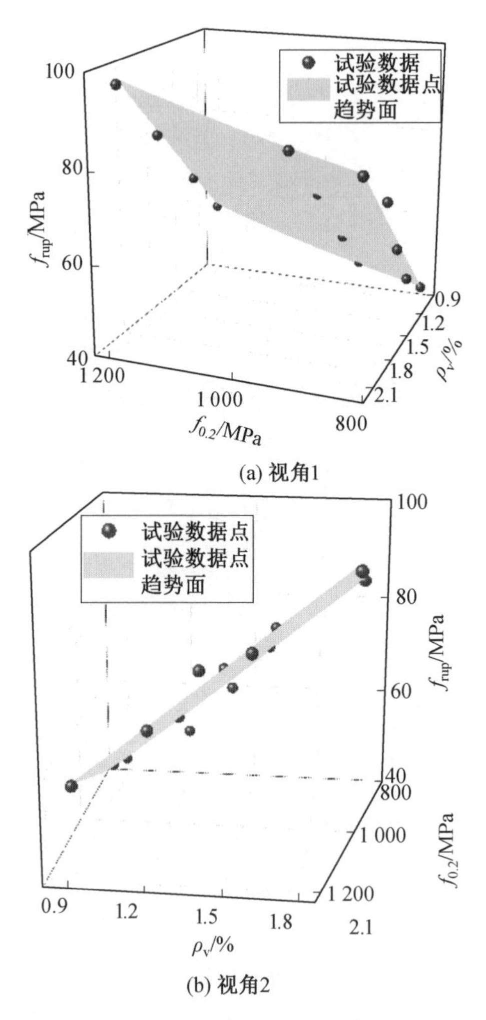

图 5.5　箍筋破断时约束混凝土竖向压应力随箍筋条件屈服强度和体积配箍率的变化

(4) 选取箍筋条件屈服强度为 926 MPa，非约束混凝土轴心抗压强度为 84.74 MPa，体积配箍率为 0.9%、1.2%、1.4% 和 2.0%，箍筋形式为螺旋箍筋和网格式箍筋的试件的试验数据，以体积配箍率和箍筋形式为 x 轴和 y 轴，以箍筋破断时约束混凝土的竖向压应力为 z 轴，建立三维直角坐标系，如图 5.6 所示。

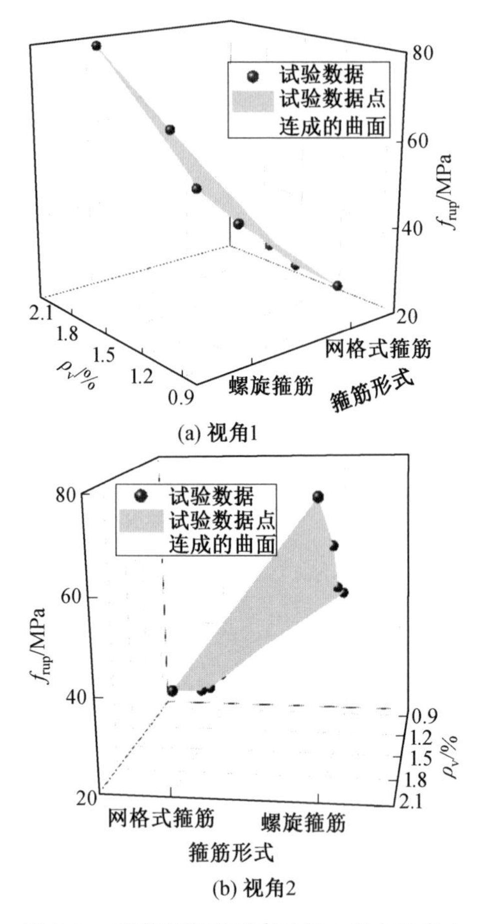

(a) 视角1

(b) 视角2

图 5.6　箍筋破断时约束混凝土竖向压应力随箍筋形式和体积配箍率的变化

(5) 选取非约束混凝土轴心抗压强度为 29.1 MPa、63.6 MPa 和 121.81 MPa，体积配箍率为 1.0%，箍筋条件屈服强度为 818 MPa，箍筋形式为网格式箍筋，试件核心截面边长为 600 mm、800 mm、1 000 mm 和 1 500 mm 的试件的模拟结果，分别以非约束混凝土轴心抗压强度和试件核心截面边长为 x 轴和 y 轴，以箍筋破断时约束混凝土的竖向压应力为 z 轴，建立三维直角坐标系，将上述数据点布置于坐标系中，如图 5.7 所示。

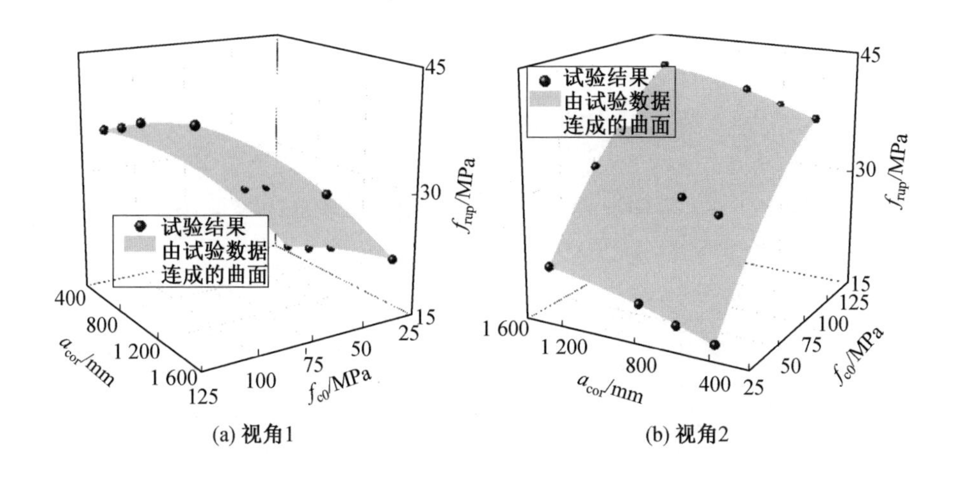

图 5.7　箍筋破断时约束混凝土竖向压应力随体积配箍率和试件核心截面边长的变化

5.3.2　约束指标介于 0.33% ～ 24.22% 的箍筋破断时约束混凝土竖向压应力计算公式

基于箍筋破断时约束混凝土竖向压应力的试验结果，用有效约束系数 k_e 综合考虑箍筋形式、箍筋间距、纵筋分布和试件核心截面尺寸等因素对箍筋破断时约束混凝土竖向压应力的影响，采用回归分析法提出了箍筋破断时约束混凝土竖向压应力的计算公式。

箍筋破断时约束混凝土的竖向压应力与非约束混凝土轴心抗压强度呈正相关，与有效侧向约束应力呈正相关。箍筋破断时约束混凝土的竖向压应力计算公式可表示为

$$f_{rup}=f_1(f_{c0})+f_2(\sigma_{ls}) \tag{5.3}$$

$$\sigma_{ls}=k_e\rho_v f_{yv}/2 \tag{5.4}$$

式中，f_{rup} 为箍筋破断时约束混凝土竖向压应力(MPa)；f_{c0} 为非约束混凝土轴心抗压强度(MPa)；$f_1(f_{c0})$ 为与非约束混凝土轴心抗压强度相关的函数；σ_{ls} 为箍筋有效侧向约束应力(MPa)；$f_2(\sigma_{ls})$ 为与有效侧向约束应力相关的函数；k_e 为箍筋有效约束系数，螺旋箍筋有效约束系数 $k_e=\left(1-\dfrac{s'}{2D_{cor}}\right)/(1-\rho_s)$，网格式箍筋有效约束系数 $k_e=\left[1-\dfrac{\sum b_i^2}{6a_{cor}^2}\right]\left(1-\dfrac{s'}{2a_{cor}}\right)^2/(1-\rho_s)$；$s'$ 为相邻二箍筋净间距(mm)；D_{cor} 为螺旋箍筋或焊接环式箍筋所围的混凝土圆柱核心截面直径(mm)；ρ_s 为纵筋配筋率；b_i 为沿方形柱截面周边受两个方向箍筋约束的纵向钢筋间距(mm)；a_{cor} 为

网格式箍筋约束混凝土方柱所围核心截面边长(mm);ρ_v 为体积配箍率;f_{yv} 为箍筋屈服强度(MPa)。

当非约束混凝土轴心抗压强度介于 18 ~ 49.52 MPa,箍筋有效侧向约束应力介于 0.35 ~ 9.95 MPa 时,分别以箍筋有效侧向约束应力 σ_{ls} 和非约束混凝土轴心抗压强度 f_{c0} 为 x 轴和 y 轴,以箍筋破断时约束混凝土竖向压应力 f_{rup} 为 z 轴,建立三维直角坐标系,如图 5.8 所示。

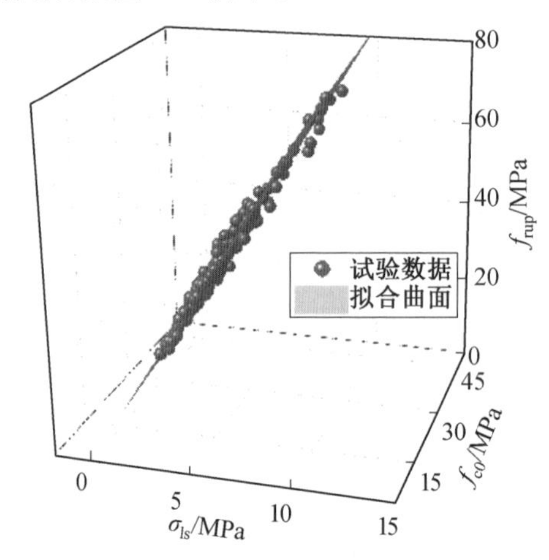

图 5.8 f_{rup} 的试验结果及拟合曲面 1

通过回归分析,当非约束混凝土轴心抗压强度介于 18 ~ 49.52 MPa,箍筋有效侧向约束应力介于 0.35 ~ 9.95 MPa 时,箍筋破断时约束混凝土竖向压应力的计算公式为

$$f_{rup} = 0.20 f_{c0} + 7.30 \sigma_{ls} \tag{5.5}$$

当非约束混凝土轴心抗压强度介于 51.84 ~ 79.94 MPa,箍筋有效侧向约束应力介于 0.42 ~ 12.45 MPa 时,分别以箍筋侧向约束应力 σ_{ls} 和非约束混凝土轴心抗压强度 f_{c0} 为 x 轴和 y 轴,以箍筋破断时约束混凝土竖向压应力 f_{rup} 为 z 轴,建立三维直角坐标系,如图 5.9 所示。

通过回归分析,当非约束混凝土轴心抗压强度介于 51.84 ~ 79.94 MPa,箍筋有效侧向约束应力介于 0.42 ~ 12.45 MPa 时,箍筋破断时约束混凝土竖向压应力的计算公式为

$$f_{rup} = 0.26 f_{c0} + 7.02 \sigma_{ls} \tag{5.6}$$

当非约束混凝土轴心抗压强度介于 82.46 ~ 155.45 MPa,箍筋有效侧向约束应力介于 0.85 ~ 11.98 MPa 时,分别以箍筋有效侧向约束应力 σ_{ls} 和非约束混凝土轴心抗压强度 f_{c0} 为 x 轴和 y 轴,以箍筋破断时约束混凝土竖向压应力 f_{rup}

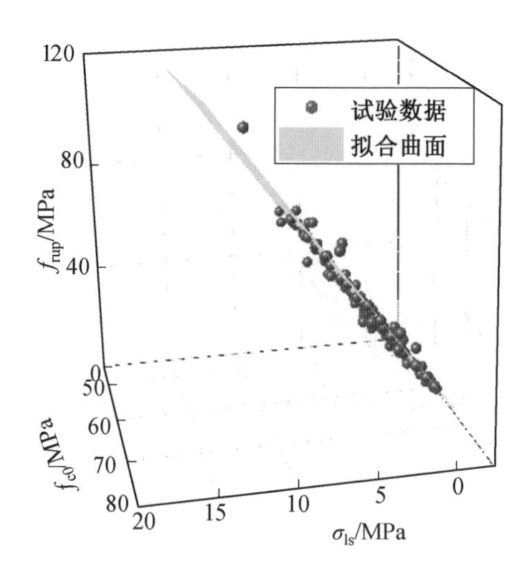

图 5.9　$f_{\rm rup}$ 的试验结果及拟合曲面 2

为 z 轴，建立三维直角坐标系，如图 5.10 所示。

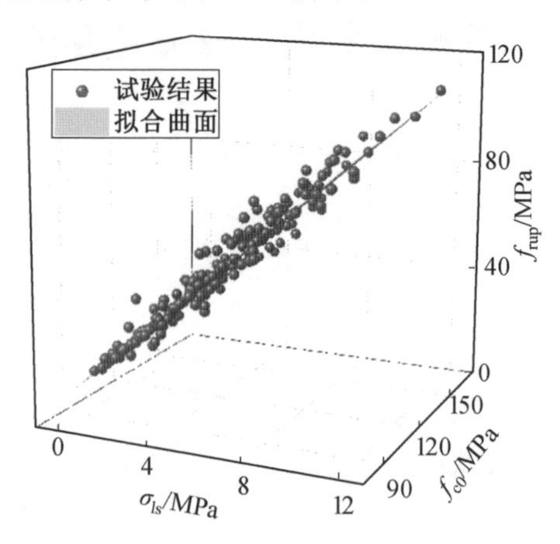

图 5.10　$f_{\rm rup}$ 的试验结果及拟合曲面 3

通过回归分析，当非约束混凝土轴心抗压强度介于 82.46 ～ 155.45 MPa，箍筋有效侧向约束应力介于 0.85 ～ 11.98 MPa 时，箍筋破断时约束混凝土竖向压应力的计算公式为

$$f_{\rm rup}=0.13f_{\rm c0}+7.21\sigma_{\rm ls} \tag{5.7}$$

由式(5.5)、式(5.6) 和式(5.7) 得到了箍筋破断时约束混凝土竖向压应力的预测值 $f_{\rm rup,预测值}$。箍筋破断时约束混凝土竖向压应力预测值与试验值的比较如图 5.11 所示。经统计分析后发现，$f_{\rm rup,预测值}/f_{\rm rup,试验值}$ 的平均值为 0.995，均方差为 0.067，变异系数为 0.067。$f_{\rm rup}$ 的计算值与试验值吻合较好。

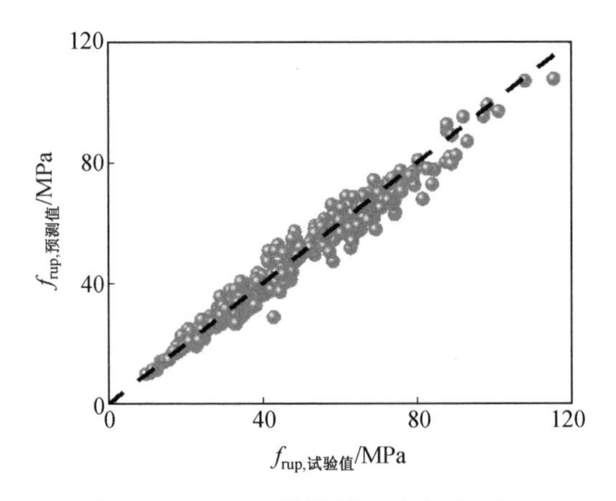

图 5.11　f_{rup} 的预测值与试验值比较

5.4　约束指标介于 0.33% ～ 24.22% 的箍筋破断时约束混凝土竖向压应变计算公式

约束指标为峰值受压荷载下有效侧向约束应力与非约束混凝土轴心抗压强度的比值。Mander 等人将第一根箍筋破断时约束混凝土的竖向压应变定义为约束混凝土的极限压应变，并给出了箍筋破断时约束混凝土竖向压应变的计算公式。他们指出，箍筋破断时约束混凝土的竖向压应变与约束混凝土的峰值压应力、体积配箍率、箍筋屈服强度和箍筋断裂应变有关。此外，Li Bing 等人将箍筋破断时约束混凝土的竖向压应变定义为极限压应变，并建立了箍筋破断时约束混凝土竖向压应变与有效侧向约束应力之间的关系式。但 Mander 提出的约束混凝土极限压应变公式是基于普通强度箍筋约束普通混凝土柱的试验结果提出的，对箍筋约束高强混凝土柱的适用性有待探究，同时 Mander 提出的公式计算过程烦琐，预测准确性较低。Li Bing 提出的约束混凝土极限压应变计算公式是针对条件屈服强度为 1 318 MPa 的箍筋约束混凝土柱的试验结果提出的，适用范围较窄。

根据前人的相关研究，箍筋破断时约束混凝土的竖向压应变与非约束混凝土轴心抗压强度 f_{c0} 以及箍筋有效侧向约束应力与非约束混凝土轴心抗压强度的比值 σ_{ls}/f_{c0} 有关。基于第 2、3 章中 500 个在约束混凝土峰值压应力后箍筋破断的试件的试验结果，建立了箍筋破断时约束混凝土竖向压应变的计算公式。

为了使箍筋破断时约束混凝土竖向压应变拟合公式与试验数据吻合程度

高，将试件的试验数据按非约束混凝土轴心抗压强度分别介于 18 ～ 47.36 MPa、57.2 ～ 70 MPa、84.42 ～ 155.45 MPa 来拟合。

当非约束混凝土轴心抗压强度介于 18 ～ 47.36 MPa，箍筋有效侧向约束应力与非约束混凝土抗压强度的比值介于 0.04 ～ 0.24 时，分别以非约束混凝土轴心抗压强度与其弹性模量的比值 f_{c0}/E_{c0} 和箍筋有效侧向约束应力与非约束混凝土轴心抗压强度的比值 σ_{ls}/f_{c0} 为 x 轴和 y 轴，以箍筋破断时约束混凝土竖向压应变与非约束混凝土峰值压应变的比值 $\varepsilon_{rup}/\varepsilon_{c0}$ 为 z 轴，建立三维直角坐标系，如图 5.12 所示。

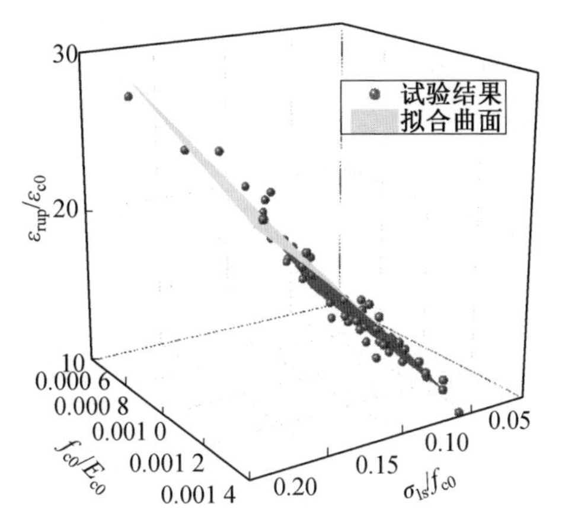

图 5.12　$\varepsilon_{rup}/\varepsilon_{c0}$ 的试验结果及拟合曲面 1

通过回归分析，当非约束混凝土轴心抗压强度介于 18 ～ 47.36 MPa，箍筋有效侧向约束应力与非约束混凝土轴心抗压强度的比值介于 0.04 ～ 0.24 时，箍筋破断时约束混凝土竖向压应变的计算公式为

$$\varepsilon_{rup}/\varepsilon_{c0}=2+(111.600-31\,430f_{c0}/E_{c0})(\sigma_{ls}/f_{c0})^{0.709} \tag{5.8}$$

$$\sigma_{ls}=k_e\rho_v f_{yv}/2 \tag{5.9}$$

式中，ε_{rup} 为箍筋破断时约束混凝土竖向压应变；ε_{c0} 为非约束混凝土峰值压应变；σ_{ls} 为箍筋有效侧向约束应力（MPa）；k_e 为箍筋有效约束系数，螺旋箍筋有效约束系数 $k_e=\left(1-\dfrac{s'}{2D_{cor}}\right)/(1-\rho_s)$，网格式箍筋有效约束系数 $k_e=\left[1-\dfrac{\sum b_i^2}{6a_{cor}^2}\right]\left(1-\dfrac{s'}{2a_{cor}}\right)^2/(1-\rho_s)$；$s'$ 为相邻二箍筋净间距（mm）；D_{cor} 为螺旋箍筋或焊接环式箍筋所围的混凝土圆柱核心截面直径（mm）；ρ_s 为纵筋配筋率；b_i 为沿方形柱截面周边受两个方向箍筋约束的纵向钢筋间距（mm）；a_{cor} 为网格式

箍筋约束混凝土方柱所围核心截面的边长(mm);ρ_v 为体积配箍率;f_{yv} 为箍筋屈服强度(MPa)。

当非约束混凝土轴心抗压强度介于 57.2 ~ 70 MPa,箍筋有效侧向约束应力与非约束混凝土轴心抗压强度的比值介于 0.03 ~ 0.15 时,分别以非约束混凝土轴心抗压强度与其弹性模量的比值 f_{c0}/E_{c0} 和箍筋有效侧向约束应力与非约束混凝土轴心抗压强度的比值 σ_{ls}/f_{c0} 为 x 轴和 y 轴,以箍筋破断时约束混凝土竖向压应变与非约束混凝土峰值压应变的比值 $\varepsilon_{rup}/\varepsilon_{c0}$ 为 z 轴,建立三维直角坐标系,如图 5.13 所示。

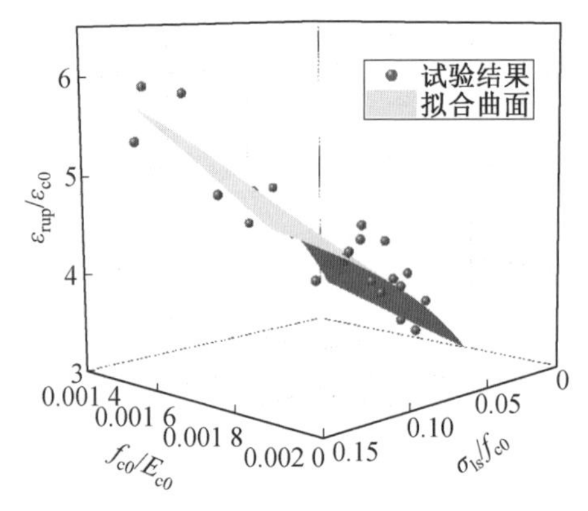

图 5.13　$\varepsilon_{rup}/\varepsilon_{c0}$ 的试验结果及拟合曲面 2

通过回归分析,当非约束混凝土轴心抗压强度介于 57.2 ~ 70 MPa,箍筋有效侧向约束应力与非约束混凝土轴心抗压强度的比值介于 0.03 ~ 0.15 时,箍筋破断时约束混凝土竖向压应变的计算公式为

$$\varepsilon_{rup}/\varepsilon_{c0}=2+(19.470-7\,035f_{c0}/E_{c0})(\sigma_{ls}/f_{c0})^{0.443} \tag{5.10}$$

当非约束混凝土轴心抗压强度介于 84.42 ~ 155.45 MPa,箍筋有效侧向约束应力与非约束混凝土轴心抗压强度的比值介于 0.02 ~ 0.13 时,分别以箍筋有效侧向约束应力与非约束混凝土轴心抗压强度的比值 σ_{ls}/f_{c0} 和非约束混凝土轴心抗压强度与其弹性模量的比值 f_{c0}/E_{c0} 为 x 轴和 y 轴,以箍筋破断时约束混凝土竖向压应变与非约束混凝土峰值压应变的比值 $\varepsilon_{rup}/\varepsilon_{c0}$ 为 z 轴,建立三维直角坐标系,如图 5.14 所示。

通过回归分析,当非约束混凝土轴心抗压强度介于 84.42 ~ 155.45 MPa,箍筋有效侧向约束应力与非约束混凝土轴心抗压强度的比值介于 0.02 ~ 0.13 时,箍筋破断时约束混凝土竖向压应变的计算公式为

$$\varepsilon_{rup}/\varepsilon_{c0}=2+(17.750-848.500f_{c0}/E_{c0})(\sigma_{ls}/f_{c0})^{0.608} \tag{5.11}$$

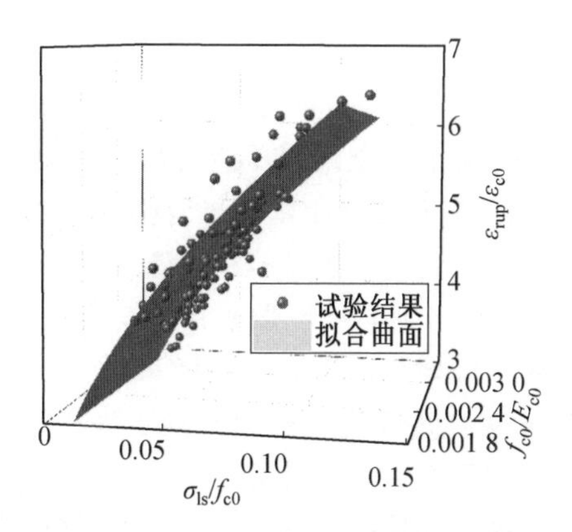

图5.14　$\varepsilon_{rup}/\varepsilon_{c0}$ 的试验结果及拟合曲面3

由式(5.8)、式(5.10)和式(5.11)得到了箍筋破断时约束混凝土竖向压应变的预测值 $\varepsilon_{rup,预测值}$。箍筋破断时约束混凝土竖向压应变预测值与试验值的比较如图5.15所示。经过统计分析后发现，$\varepsilon_{rup,预测值}/\varepsilon_{rup,试验值}$ 的平均值为1.070，均方差为0.056，变异系数为0.056。

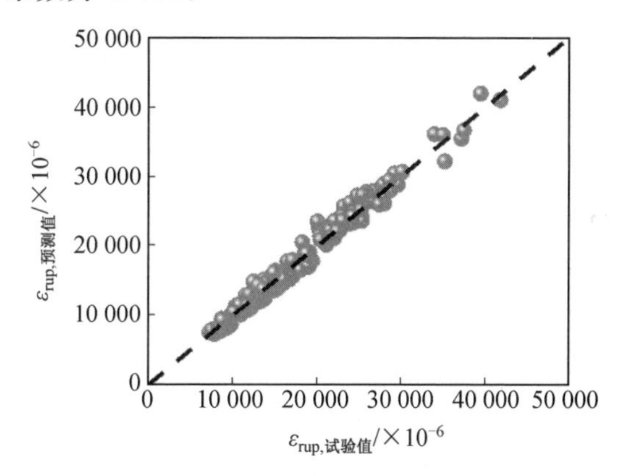

图5.15　ε_{rup} 预测值与试验值的比较

5.5　本章小结

本章通过对在约束混凝土峰值压应力后箍筋的破断规律以及箍筋破断时约束混凝土竖向压应力和竖向压应变分析，得到了以下结论：

(1) 分别以非约束混凝土轴心抗压强度和箍筋有效侧向约束应力与非约束混凝土轴心抗压强度的比值为横坐标，以约束混凝土峰值压应力较非约束混凝土轴心抗压强度的相对提高幅度为纵坐标,建立三维直角坐标系,将箍筋破断与不破断的试验数据点放入坐标系内,获得了在约束混凝土峰值压应力后箍筋破断的下包面表达式。当约束混凝土峰值压应力较非约束混凝土轴心抗压强度的相对提高幅度低于下包面表达式的计算结果时箍筋不破断,为初步判断在约束混凝土峰值压应力后箍筋破断的可能性提供了参考依据。

(2) 分别以非约束混凝土轴心抗压强度和箍筋有效侧向约束应力为横坐标,以箍筋破断时约束混凝土竖向压应力为纵坐标,建立三维直角坐标系,将箍筋破断时约束混凝土竖向压应力的试验数据点布置于坐标系内,获得了箍筋破断时约束混凝土竖向压应力的计算公式。计算结果与试验结果吻合较好。

(3) 分别以非约束混凝土轴心抗压强度和箍筋有效侧向约束应力与非约束混凝土轴心抗压强度的比值为横坐标,以箍筋破断时约束混凝土竖向压应变为纵坐标,建立三维直角坐标系,将箍筋破断时约束混凝土的竖向压应变数据点布置于坐标系内,获得了箍筋破断时约束混凝土竖向压应变的计算公式。计算结果与试验结果吻合较好。

第6章

约束指标介于0.33%～24.22%的箍筋约束混凝土受压应力－应变关系

本章建立了箍筋约束混凝土峰值压应力、峰值压应变、峰值后压应力降至85%峰值压应力时约束混凝土的竖向压应变、峰值后压应力降至50%峰值压应力时约束混凝土的竖向压应变计算公式。提出了综合考虑非约束混凝土抗压强度、箍筋牌号、约束程度、箍筋破断等影响的约束指标介于0.33%～24.22%的箍筋约束混凝土受压应力－应变关系曲线方程。

6.1　引　言

基于第 2、3 章箍筋约束混凝土柱的轴心受压试验结果和有限元分析结果，分析了非约束混凝土轴心抗压强度、体积配箍率、箍筋屈服强度、箍筋形式等参数对约束混凝土受压应力－应变关系曲线的影响，给出了考虑非约束混凝土轴心抗压强度和箍筋有效侧向约束应力影响的约束混凝土峰值压应力、峰值压应变和受压应力－应变关系曲线下降段特征点的竖向压应力及竖向压应变的计算公式，提出了约束指标介于 0.33% ～ 24.22% 的箍筋约束混凝土受压应力－应变关系曲线方程。

6.2　箍筋约束混凝土峰值压应力和峰值压应变

本节基于第 2、3 章中 585 根箍筋约束混凝土柱的轴心受压试验结果，分析了非约束混凝土轴心抗压强度、体积配箍率、箍筋形式和箍筋屈服强度对箍筋约束混凝土峰值压应力和峰值压应变的影响，建立了约束混凝土峰值压应力和峰值压应变的计算公式。

6.2.1　关键因素分析

关键因素对箍筋约束混凝土峰值压应力和峰值压应变的影响主要包括以下四个方面：

(1) 选取非约束混凝土轴心抗压强度介于 45 ～ 155.45 MPa，箍筋条件屈服强度为 1 190 MPa，体积配箍率介于 0.9% ～ 1.4%，箍筋形式为螺旋箍筋，试件核心截面直径为 260 mm 的试件的试验数据，分别以非约束混凝土轴心抗压强度 f_{c0} 和体积配箍率 ρ_v 为 x 轴和 y 轴，以约束混凝土峰值压应力与非约束混凝土轴

心抗压强度的比值 f_{cc0}/f_{c0} 为 z 轴，建立三维直角坐标系，如图 6.1 所示。同理，约束混凝土峰值压应变与非约束混凝土峰值压应变的比值 $\varepsilon_{cc0}/\varepsilon_{c0}$ 随非约束混凝土轴心抗压强度 f_{c0} 和体积配箍率 ρ_v 的变化，如图 6.2 所示。

由图 6.1 可知，当箍筋条件屈服强度、体积配箍率、箍筋形式和试件核心截面直径相同时，随着非约束混凝土轴心抗压强度的提高，约束混凝土峰值压应力与非约束混凝土轴心抗压强度的比值 f_{cc0}/f_{c0} 减小；非约束混凝土轴心抗压强度、箍筋条件屈服强度、箍筋形式和试件核心截面直径相同时，随着体积配箍率的增大，约束混凝土峰值压应力与非约束混凝土抗压强度的比值 f_{cc0}/f_{c0} 增大。

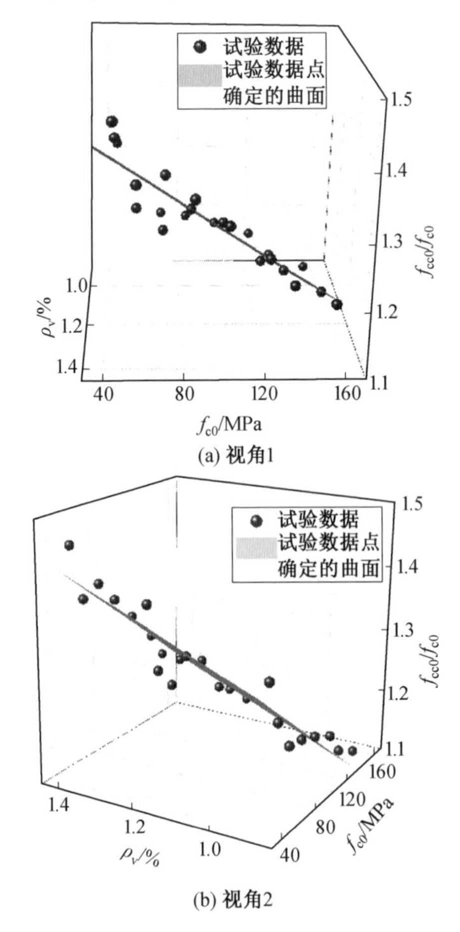

图 6.1 非约束混凝土轴心抗压强度和体积配箍率对 f_{cc0}/f_{c0} 的影响

由图 6.2 可知，当箍筋条件屈服强度、体积配箍率、箍筋形式和试件核心截面

直径相同时，随着非约束混凝土轴心抗压强度的提高，约束混凝土峰值压应变与非约束混凝土峰值压应变的比值 $\varepsilon_{cc0}/\varepsilon_{c0}$ 减小。当非约束混凝土轴心抗压强度、箍筋条件屈服强度、箍筋形式和试件核心截面直径相同时，随着体积配箍率的增大，约束混凝土峰值压应变与非约束混凝土峰值压应变的比值 $\varepsilon_{cc0}/\varepsilon_{c0}$ 增大。

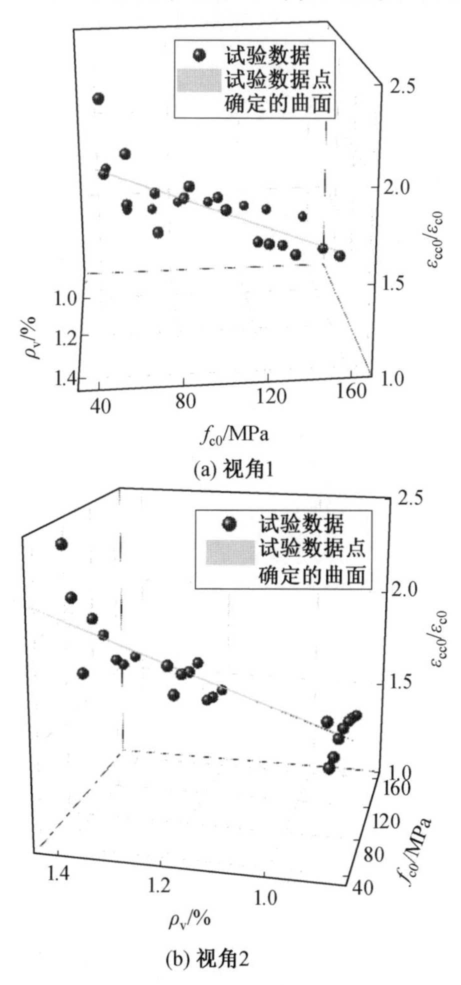

图 6.2　非约束混凝土轴心抗压强度和体积配箍率对 $\varepsilon_{cc0}/\varepsilon_{c0}$ 的影响

(2) 选取非约束混凝土轴心抗压强度介于 33 ～ 70 MPa，箍筋屈服强度为 576 MPa 和 657 MPa，体积配箍率为 1.0%，箍筋形式为螺旋箍筋，试件核心截面直径为 260 mm 的试件的试验结果，分别以非约束混凝土轴心抗压强度 f_{c0} 和箍筋屈服强度 f_{yv} 为 x 轴和 y 轴，以约束混凝土峰值压应力与非约束混凝土轴心抗

压强度的比值 f_{cc0}/f_{c0} 为 z 轴，建立三维直角坐标系，如图 6.3 所示。同理，约束混凝土峰值压应变与非约束混凝土峰值压应变的比值 $\varepsilon_{cc0}/\varepsilon_{c0}$ 随箍筋屈服强度和非约束混凝土轴心抗压强度的变化，如图 6.4 所示。

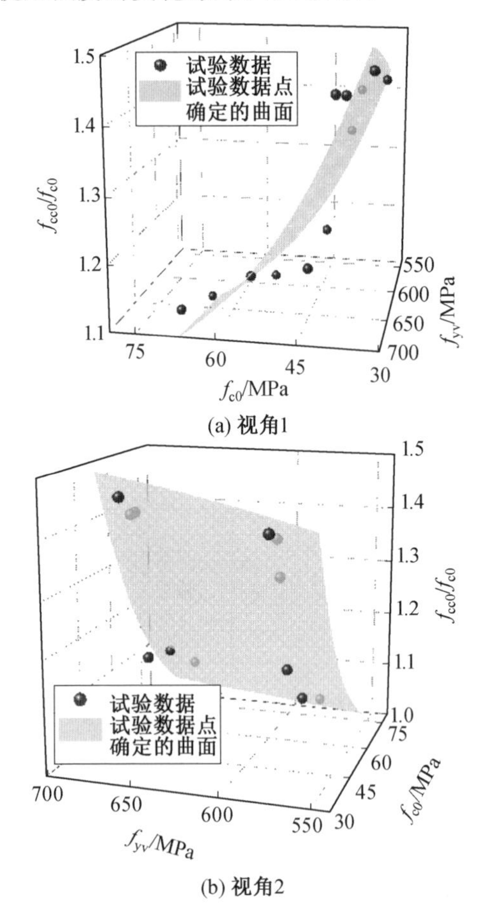

图 6.3　非约束混凝土轴心抗压强度和箍筋屈服强度对 f_{cc0}/f_{c0} 的影响

由图 6.3 可知，在非约束混凝土轴心抗压强度、体积配箍率、箍筋形式和试件核心截面直径相同的情况下，当非约束混凝土轴心抗压强度不高于 50 MPa 时，在峰值受压荷载下约束箍筋能够屈服。随着箍筋屈服强度的提高，约束混凝土峰值压应力与非约束混凝土轴心抗压强度的比值 f_{cc0}/f_{c0} 增大；当非约束混凝土轴心抗压强度高于 50 MPa 时，随着箍筋屈服强度的提高，约束混凝土峰值压应力与非约束混凝土轴心抗压强度的比值 f_{cc0}/f_{c0} 变化不大。

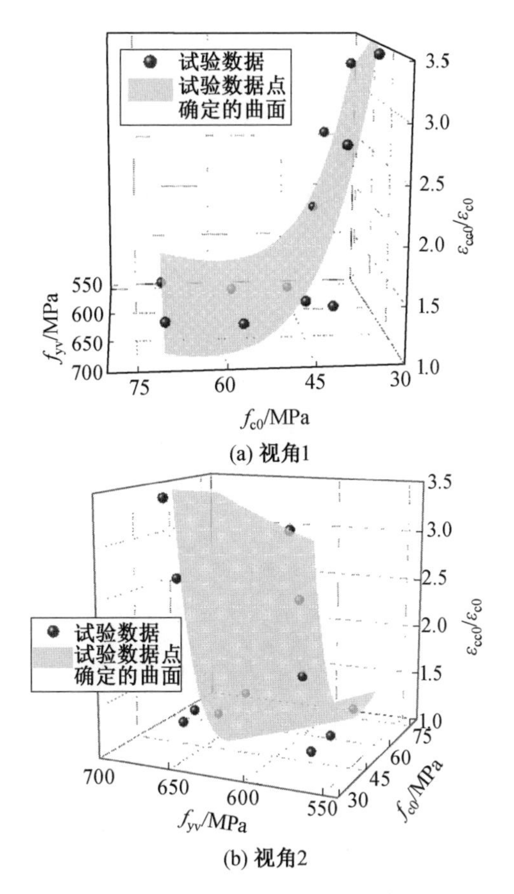

图 6.4　非约束混凝土轴心抗压强度和箍筋屈服强度对 $\varepsilon_{cc0}/\varepsilon_{c0}$ 的影响

由图 6.4 可知，在非约束混凝土轴心抗压强度、体积配箍率、箍筋形式和试件核心截面直径相同的情况下，当非约束混凝土轴心抗压强度不高于 50 MPa 时，在峰值受压荷载下约束箍筋能够屈服。随着箍筋屈服强度的提高，约束混凝土峰值压应变与非约束混凝土峰值压应变的比值 $\varepsilon_{cc0}/\varepsilon_{c0}$ 增大；当非约束混凝土轴心抗压强度高于50 MPa 时，随着箍筋屈服强度的提高，约束混凝土峰值压应变与非约束混凝土峰值压应变的比值 $\varepsilon_{cc0}/\varepsilon_{c0}$ 变化不大。

(3) 选取非约束混凝土轴心抗压强度介于 84.72 ～ 155.45 MPa，箍筋条件屈服强度为 926 MPa，体积配箍率为 1.4%，箍筋形式为螺旋箍筋和网格式箍筋的试件的试验结果，分别以非约束混凝土轴心抗压强度 f_{c0} 和箍筋形式为 x 轴和 y 轴，以约束混凝土峰值压应力与非约束混凝土轴心抗压强度的比值 f_{cc0}/f_{c0} 为 z

轴,建立三维直角坐标系,如图 6.5 所示。同理,约束混凝土峰值压应变与非约束混凝土峰值压应变的比值 $\varepsilon_{cc0}/\varepsilon_{c0}$ 随箍筋形式和非约束混凝土轴心抗压强度 f_{c0} 的变化,如图 6.6 所示。

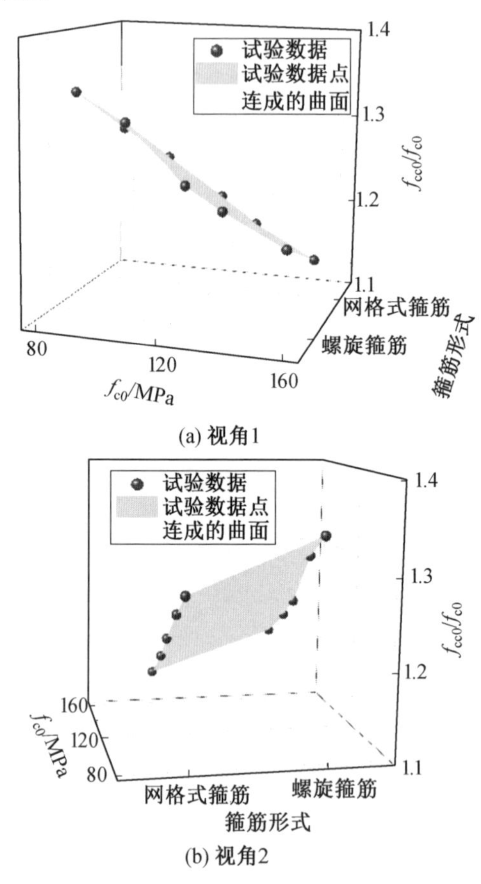

图 6.5　非约束混凝土轴心抗压强度和箍筋形式对 f_{cc0}/f_{c0} 的影响

由图 6.5 可知,当非约束混凝土轴心抗压强度、箍筋条件屈服强度和体积配箍率相同时,螺旋箍筋约束混凝土峰值压应力与非约束混凝土轴心抗压强度的比值 f_{cc0}/f_{c0} 高于网格式箍筋约束混凝土峰值压应力与非约束混凝土轴心抗压强度的比值 f_{cc0}/f_{c0};当箍筋条件屈服强度、体积配箍率和箍筋形式相同时,随着非约束混凝土轴心抗压强度的提高,约束混凝土峰值压应力与非约束混凝土轴心抗压强度的比值 f_{cc0}/f_{c0} 减小。

由图 6.6 可知,当非约束混凝土轴心抗压强度、箍筋条件屈服强度和体积配

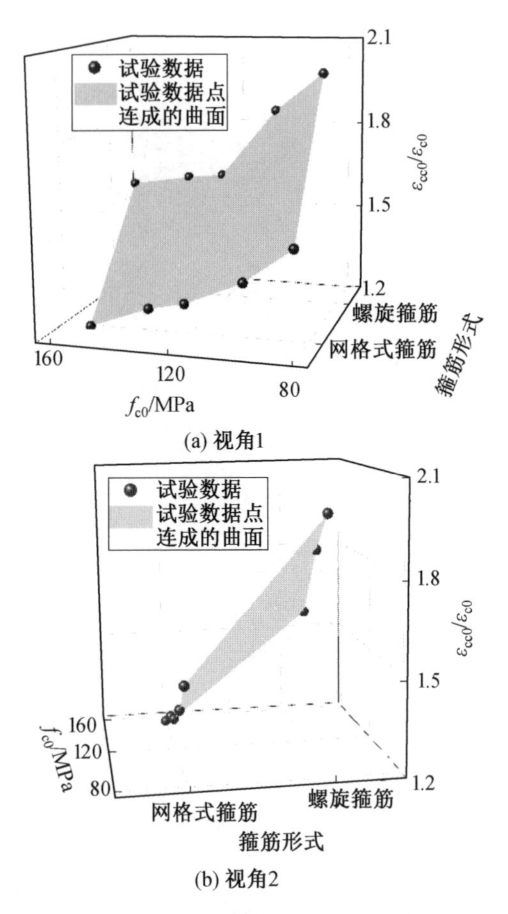

(a) 视角1

(b) 视角2

图 6.6　非约束混凝土轴心抗压强度和箍筋形式对 $\varepsilon_{cc0}/\varepsilon_{c0}$ 的影响

箍率相同时，螺旋箍筋约束混凝土峰值压应变与非约束混凝土峰值压应变的比值 $\varepsilon_{cc0}/\varepsilon_{c0}$ 高于网格式箍筋约束混凝土峰值压应变与非约束混凝土峰值压应变的比值 $\varepsilon_{cc0}/\varepsilon_{c0}$。当箍筋条件屈服强度、体积配箍率和箍筋形式相同时，随着非约束混凝土轴心抗压强度的提高，约束混凝土峰值压应变与非约束混凝土峰值压应变的比值 $\varepsilon_{cc0}/\varepsilon_{c0}$ 减小。

(4) 选取非约束混凝土轴心抗压强度为 29.1 MPa、63.6 MPa 和 121.81 MPa，体积配箍率为 1.0%，箍筋条件屈服强度为 818 MPa，箍筋形式为网格式箍筋，试件核心截面边长为 600 mm、800 mm、1 000 mm 和 1 500 mm 的试件的模拟结果，分别以非约束混凝土轴心抗压强度和试件核心边长为 x 轴和 y 轴，以约束混凝土峰值压应力与非约束混凝土轴心抗压强度 f_{cc0}/f_{c0} 为 z 轴，建立三维直角坐标系，将上述数据点布置于坐标系中，如图 6.7 所示。同理，约束混凝土峰值压应变与非约束混凝土峰值压应变的比值 $\varepsilon_{cc0}/\varepsilon_{c0}$ 随非约束混凝土轴心抗压强度和试件核心截面边长的变化如图 6.8 所示。

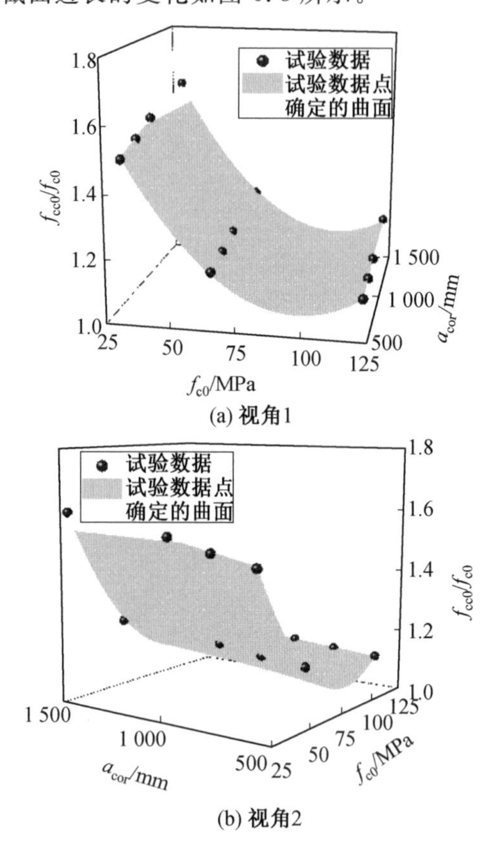

(a) 视角1

(b) 视角2

图 6.7　非约束混凝土轴心抗压强度和试件核心截面边长对 f_{cc0}/f_{c0} 的影响

由图 6.7 可知，当箍筋条件屈服强度、体积配箍率、箍筋形式和试件核心截面边长相同时，随着非约束混凝土轴心抗压强度的提高，约束混凝土峰值压应力与非约束混凝土轴心抗压强度的比值 f_{cc0}/f_{c0} 增大；当箍筋条件屈服强度、体积配箍率、箍筋形式和非约束混凝土轴心抗压强度相同时，随着试件核心截面边长的增大，约束混凝土峰值压应力与非约束混凝土轴心抗压强度的比值 f_{cc0}/f_{c0} 增大。

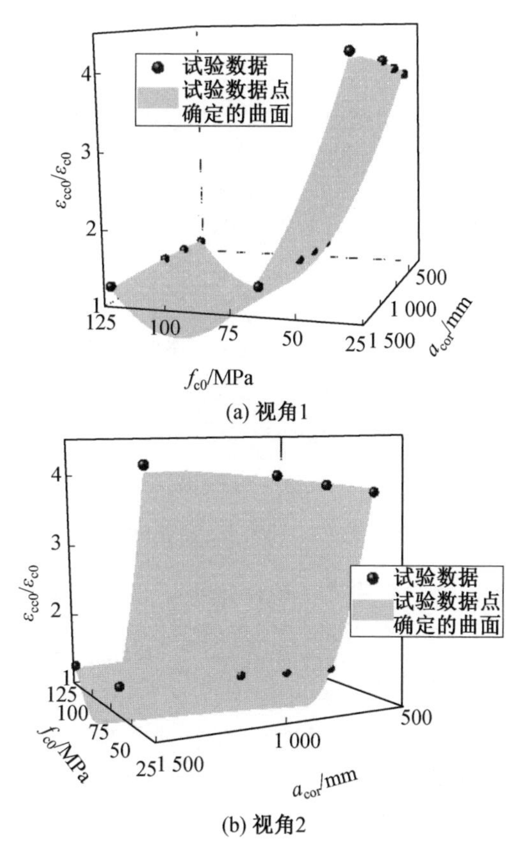

(a) 视角1

(b) 视角2

图 6.8　非约束混凝土轴心抗压强度和试件核心截面边长对 $\varepsilon_{cc0}/\varepsilon_{c0}$ 的影响

由图 6.8 可知，当箍筋条件屈服强度、体积配箍率、箍筋形式和试件核心截面边长相同时，随着非约束混凝土轴心抗压强度的提高，约束混凝土峰值压应变与非约束混凝土峰值压应变的比值 $\varepsilon_{cc0}/\varepsilon_{c0}$ 增大；当箍筋条件屈服强度、体积配箍率、箍筋形式和非约束混凝土轴心抗压强度相同时，随着试件核心截面边长的增大，约束混凝土峰值压应变与非约束混凝土峰值压应变的比值 $\varepsilon_{cc0}/\varepsilon_{c0}$ 增大。

6.2.2　箍筋约束混凝土峰值压应力计算公式

在箍筋约束混凝土中，混凝土处于三向受压应力状态，约束混凝土的峰值压应力会得到提高。国内外众多学者对约束混凝土的峰值压应力进行了预测。Richart 等人发现约束混凝土峰值压应力的提高幅度为 4.1 倍的侧向约束应力。Mander 等人采用 William-Warnke“五参数”多轴破坏准则，建立了约束混凝土峰值压应力的计算公式。Legeron 等人提出了考虑体积配箍率、非约束混凝土轴心抗压强度和箍筋屈服强度影响的约束混凝土峰值压应力的计算公式。其他学者均指出约束混凝土峰值压应力与非约束混凝土轴心抗压强度和箍筋有效侧向约束应力有关。现有预测箍筋约束混凝土峰值压应力的计算公式是基于普通强度箍筋约束普通混凝土的试验结果提出的，适用范围有限。现有预测公式未考虑在峰值受压荷载下未屈服箍筋拉应力对约束混凝土峰值压应力的影响。

采用 William-Warnke“五参数”多轴破坏准则获得了箍筋约束混凝土峰值压应力的计算公式，即

$$f_{cc0}=f_{c0}\left[\frac{3(A_1+\sqrt{2})}{2A_2}+\sqrt{\left(\frac{3(A_1+\sqrt{2})}{2A_2}\right)^2-\frac{9A_0}{A_2}-\frac{9\sqrt{2}\sigma_{ls}}{A_2 f_{c0}}-\frac{2\sigma_{ls}}{f_{c0}}}\right] \tag{6.1}$$

$$\sigma_{ls}=\frac{k_e\rho_v\sigma_{sv0}}{2} \tag{6.2}$$

式中，f_{cc0} 为箍筋约束混凝土峰值压应力(MPa)；f_{c0} 为非约束混凝土轴心抗压强度(MPa)；A_0、A_1、A_2 为拟合系数；σ_{ls} 为在峰值受压荷载下箍筋有效侧向约束应力(MPa)；k_e 为箍筋有效约束系数，螺旋箍筋有效约束系数 $k_e=\left(1-\frac{s'}{2D_{cor}}\right)/(1-\rho_s)$，网格式箍筋有效约束系数 $k_e=\left[1-\frac{\sum b_i^2}{6a_{cor}^2}\right]\left(1-\frac{s'}{2a_{cor}}\right)^2/(1-\rho_s)$；$\rho_s$ 为纵筋配筋率；b_i 为沿方形柱截面周边受两个方向箍筋约束的纵向钢筋间距(mm)；s' 为相邻二箍筋净间距(mm)；D_{cor} 为螺旋箍筋或焊接环式箍筋所围的混凝土圆柱核心截面直径(mm)；a_{cor} 为网格式箍筋约束混凝土柱所围核心截面的边长(mm)；ρ_v 为体积配箍率；σ_{sv0} 为在峰值受压荷载下的箍筋拉应力(MPa)，在峰值受压荷载下箍筋屈服时，箍筋拉应力取箍筋屈服强度；在峰值受压荷载下箍筋未屈服时，箍筋拉应力按式(4.3)或式(4.5)计算。

根据式(6.1)，结合第2、3章的585个试件的轴心受压试验结果，通过回归分析，获得了箍筋约束混凝土峰值压应力的计算公式。

为了使约束混凝土峰值压应力的拟合公式与试验数据吻合程度高，将试件的试验数据按非约束混凝土轴心抗压强度分别介于 18 ～ 47.4 MPa、50 ～ 70 MPa、84.72 ～ 155.45 MPa 来拟合。

(1) 当非约束混凝土轴心抗压强度介于 18 ～ 47.4 MPa，箍筋有效侧向约束应力与非约束混凝土轴心抗压强度的比值介于 0.030 ～ 0.216 时，分别以非约束混凝土轴心抗压强度 f_{c0} 和箍筋有效侧向约束应力 σ_{ls} 为 x 轴和 y 轴，以约束混凝土峰值压应力 f_{cc0} 为 z 轴，建立三维直角坐标系，如图 6.9 所示。

通过回归分析，得到 $A_0=0.126$，$A_1=-1.145$，$A_2=-0.322$。当非约束混凝

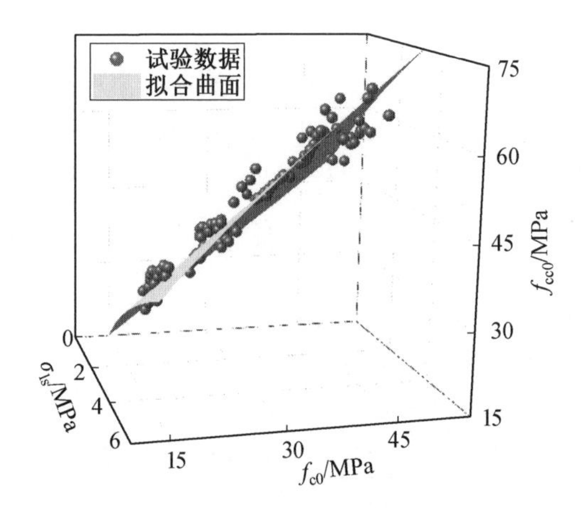

图 6.9　f_{cc0} 的拟合曲面与试验结果对比图 1

土轴心抗压强度介于 18 ～ 47.4 MPa，箍筋有效侧向约束应力与非约束混凝土轴心抗压强度的比值介于 0.030 ～ 0.216 时，箍筋约束混凝土峰值压应力的计算公式为

$$f_{cc0}=f_{c0}\left(-1.254+\sqrt{5.080+\frac{39.520\sigma_{ls}}{f_{c0}}}-\frac{2\sigma_{ls}}{f_{c0}}\right) \tag{6.3}$$

(2) 当非约束混凝土轴心抗压强度介于 50 ～ 70 MPa，箍筋有效侧向约束应力与非约束混凝土轴心抗压强度的比值介于 0.013 ～ 0.140 时，分别以非约束混凝土轴心抗压强度 f_{c0} 和箍筋有效侧向约束应力 σ_{ls} 为 x 轴和 y 轴，以约束混凝土峰值压应力 f_{cc0} 为 z 轴，建立三维直角坐标系，如图 6.10 所示。

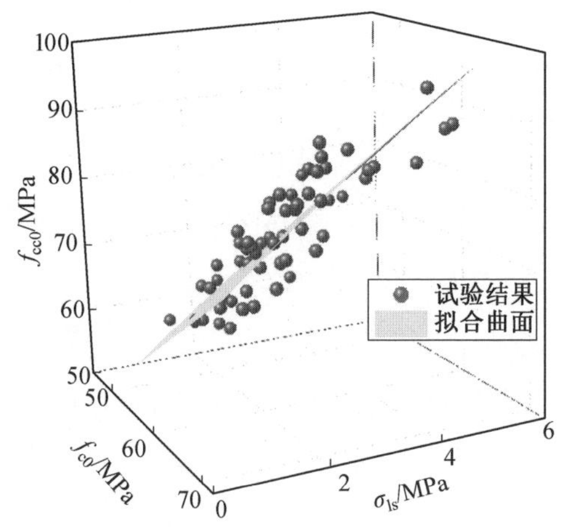

图 6.10　f_{cc0} 的拟合曲面与试验结果对比图 2

通过回归分析，得到$A_0=0.125$，$A_1=-1.144$，$A_2=-0.323$。当非约束混凝土轴心抗压强度介于50～70 MPa，箍筋有效侧向约束应力与非约束混凝土轴心抗压强度的比值介于0.013～0.140时，箍筋约束混凝土峰值压应力的计算公式为

$$f_{cc0}=f_{c0}\left(-1.254+\sqrt{5.080+\frac{39.370\sigma_{ls}}{f_{c0}}}-\frac{2\sigma_{ls}}{f_{c0}}\right) \tag{6.4}$$

(3) 当非约束混凝土轴心抗压强度介于84.72～155.45 MPa，箍筋有效侧向约束应力与非约束混凝土轴心抗压强度的比值介于0.003～0.072时，分别以非约束混凝土轴心抗压强度f_{c0}和箍筋有效侧向约束应力σ_{ls}为x轴和y轴，以约束混凝土峰值压应力f_{cc0}为z轴，建立三维直角坐标系，如图6.11所示。

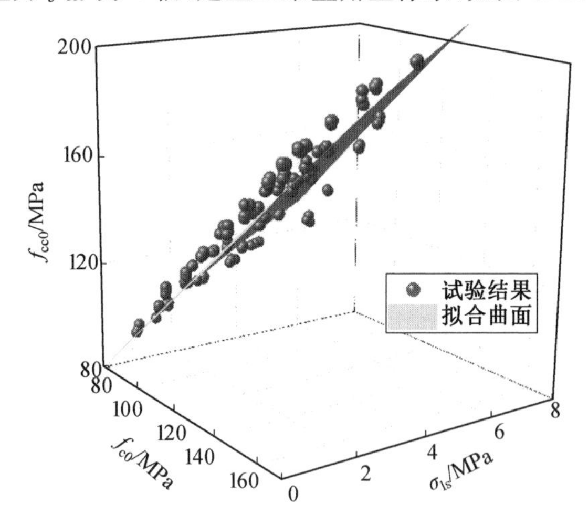

图6.11 f_{cc0}的拟合曲面与试验结果对比图3

通过回归分析，得到$A_0=0.070$，$A_1=-1.312$，$A_2=-0.323$。当非约束混凝土轴心抗压强度介于84.72～155.45 MPa，箍筋有效侧向约束应力与非约束混凝土轴心抗压强度的比值介于0.003～0.072时，箍筋约束混凝土峰值压应力的计算公式为

$$f_{cc0}=f_{c0}\left(-0.473+\sqrt{2.170+\frac{39.400\sigma_{ls}}{f_{c0}}}-\frac{2\sigma_{ls}}{f_{c0}}\right) \tag{6.5}$$

由式(6.3)～(6.5)获得了箍筋约束混凝土峰值压应力的预测值$f_{cc0,预测值}$。约束混凝土峰值压应力预测值与试验值的比较如图6.12所示。经过统计分析后发现，$f_{cc0,预测值}/f_{cc0,试验值}$的平均值为0.995，均方差为0.046，变异系数为0.046。

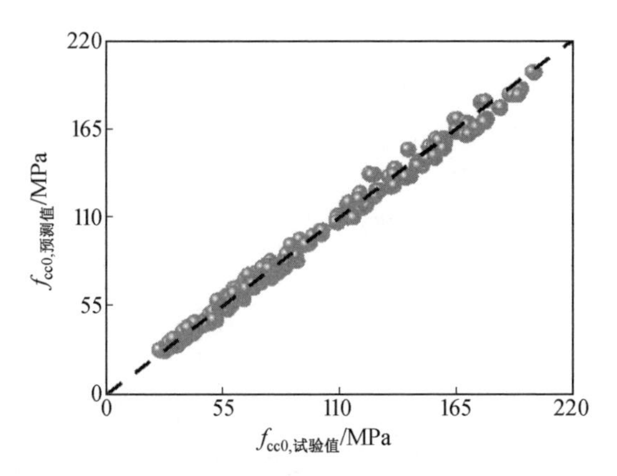

图6.12　约束混凝土峰值压应力预测值与试验值对比

6.2.3　箍筋约束混凝土峰值压应变计算公式

箍筋的约束作用不仅提高了约束混凝土的峰值压应力，也提高了约束混凝土的峰值压应变。以往的研究表明，箍筋屈服强度、体积配箍率、箍筋形式以及非约束混凝土轴心抗压强度均会对约束混凝土的峰值压应变产生明显影响，在建立约束混凝土峰值压应变计算公式时应充分考虑这些因素的影响。Mander等人认为，约束混凝土峰值压应变较非约束混凝土峰值压应变的提高幅度与约束混凝土峰值压应力较非约束混凝土轴心抗压强度的提高幅度成正比。Razvi等人认为，约束混凝土峰值压应变与非约束混凝土峰值压应变的比值与在峰值受压荷载下有效侧向约束应力与非约束混凝土轴心抗压强度的比值 σ_{ls}/f_{c0} 呈正相关。Li Bing等人认为，约束混凝土峰值压应变与非约束混凝土峰值压应变的比值和在峰值受压荷载下箍筋有效侧向约束应力与非约束混凝土抗压强度的比值 σ_{ls}/f_{c0} 有关。同时，随着非约束混凝土抗压强度的提高，箍筋对混凝土的约束效果逐渐减弱。基于试验结果，对非约束混凝土轴心抗压强度进行分段后建立箍筋约束混凝土峰值压应变的计算公式。此外，其他学者普遍认为，约束混凝土峰值压应变较非约束混凝土峰值压应变的提高幅度与非约束混凝土轴心抗压强度 f_{c0} 和在峰值受压荷载下箍筋有效侧向约束应力与非约束混凝土轴心抗压强度的比值 σ_{ls}/f_{c0} 有关。现有预测箍筋约束混凝土峰值压应力的计算公式主要是基于普通强度箍筋约束普通混凝土的试验结果提出的，适用范围有限。现有预测公式未考虑在峰值受压荷载下未屈服箍筋拉应力对约束混凝土峰值压应变的影响。

根据前人的相关研究，约束混凝土峰值压应变较非约束混凝土峰值压应变的提高幅度与以下因素有关：在峰值受压荷载下箍筋有效侧向约束应力与非约束混凝土轴心抗压强度的比值和非约束混凝土轴心抗压强度。基于第 2、3 章的 585 个试件的试验结果，建立了箍筋约束混凝土峰值压应变的计算公式。

为了使约束混凝土峰值压应变的拟合公式与试验数据吻合程度高，将试件的试验数据按非约束混凝土轴心抗压强度分别介于 18 ～ 47.4 MPa、50 ～ 70 MPa、84.72 ～ 155.45 MPa 来拟合。

(1) 当非约束混凝土轴心抗压强度介于 18 ～ 47.4 MPa，在峰值受压荷载下箍筋有效侧向约束应力与非约束混凝土轴心抗压强度的比值为 0.030 ～ 0.216 时，分别以 f_{c0}/E_{c0} 和 σ_{ls0}/f_{c0} 为 x 轴和 y 轴，以约束混凝土峰值压应变与非约束混凝土峰值压应变的比值 $\varepsilon_{cc0}/\varepsilon_{c0}$ 为 z 轴，建立三维直角坐标系，如图 6.13 所示。

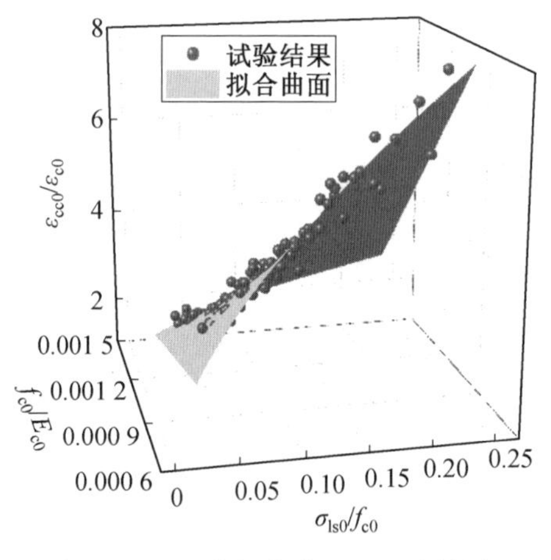

图 6.13　ε_{cc0} 的拟合曲面和试验结果 1

通过回归分析，当非约束混凝土轴心抗压强度介于 18 ～ 47.4 MPa，箍筋有效侧向约束应力与非约束混凝土轴心抗压强度的比值介于 0.030 ～ 0.216 时，箍筋约束混凝土峰值压应变的计算公式为

$$\varepsilon_{cc0} = \varepsilon_{c0}[1 + (29.930 - 17\ 990 f_{c0}/E_{c0})(\sigma_{ls0}/f_{c0})^{0.639}] \tag{6.6}$$

$$\sigma_{ls0} = \frac{k_e \rho_v \sigma_{s0}}{2} \tag{6.7}$$

式中，ε_{cc0} 为箍筋约束混凝土峰值压应变；ε_{c0} 为非约束混凝土峰值压应变；f_{c0} 为非约束混凝土轴心抗压强度(MPa)；σ_{ls0} 为峰值受压荷载下箍筋有效侧向约束应力(MPa)；k_e 为箍筋有效约束系数，螺旋箍筋有效约束系数 $k_e = \left(1 - \frac{s'}{2D_{cor}}\right)/(1-\rho_s)$，网格式箍筋有效约束系数 $k_e = \left[1 - \frac{\sum b_i^2}{6a_{cor}^2}\right]\left(1 - \frac{s'}{2a_{cor}}\right)^2/(1-\rho_s)$；$\rho_s$ 为纵筋配筋率；b_i 为沿方形柱

截面周边受两个方向箍筋约束的纵向钢筋间距(mm)；s'为相邻二箍筋净间距(mm)；D_{cor}为螺旋箍筋或焊接环式箍筋所围的混凝土圆柱核心截面直径(mm)；a_{cor}、h_{cor}为网格式箍筋约束混凝土柱所围核心截面的宽度、高度(mm)；ρ_v为体积配箍率；σ_{sv0}为在峰值受压荷载下的箍筋拉应力(MPa)，在峰值受压荷载下箍筋屈服时，取箍筋屈服强度；在峰值受压荷载下箍筋未屈服时，按式(4.3)或式(4.5)计算。

(2) 当非约束混凝土轴心抗压强度介于50～70 MPa，箍筋有效侧向约束应力与非约束混凝土轴心抗压强度的比值介于0.013～0.140时，分别以f_{c0}/E_{c0}和σ_{ls0}/f_{c0}为x轴和y轴，以约束混凝土峰值压应变与非约束混凝土峰值压应变的比值$\varepsilon_{cc0}/\varepsilon_{c0}$为$z$轴，建立三维直角坐标系，如图6.14所示。

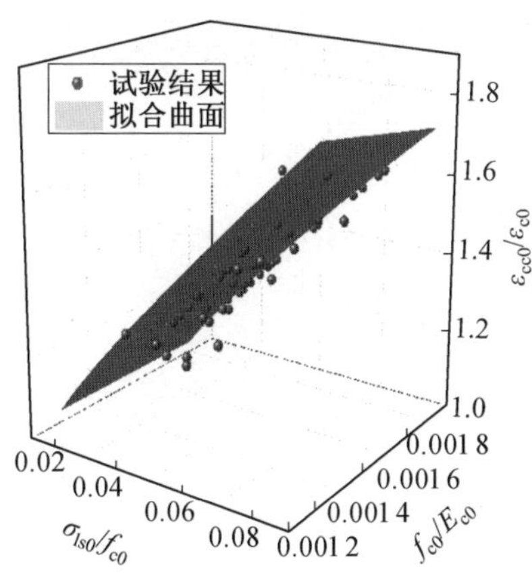

图6.14　ε_{cc0}的拟合曲面和试验结果2

通过回归分析，当非约束混凝土轴心抗压强度介于50～70 MPa，箍筋有效侧向约束应力与非约束混凝土轴心抗压强度的比值介于0.013～0.140时，箍筋约束混凝土峰值压应变的计算公式为

$$\varepsilon_{cc0}=\varepsilon_{c0}[1+(9.769-1\,508.00f_{c0}/E_{c0})(\sigma_{ls0}/f_{c0})^{0.893}] \tag{6.8}$$

(3) 当非约束混凝土轴心抗压强度介于84.72～155.45 MPa，箍筋有效侧向约束应力与非约束混凝土轴心抗压强度的比值介于0.003～0.072时，分别以f_{c0}/E_{c0}和σ_{ls0}/f_{c0}为x轴和y轴，以约束混凝土峰值压应变与非约束混凝土峰值压应变的比值$\varepsilon_{cc0}/\varepsilon_{c0}$为$z$轴，建立三维直角坐标系，如图6.15所示。

通过回归分析，非约束混凝土轴心抗压强度介于84.72～155.45 MPa，箍筋有效侧向约束应力与非约束混凝土轴心抗压强度的比值介于0.003～0.072时，箍筋约束混凝土峰值压应变的计算公式为

$$\varepsilon_{cc0}=\varepsilon_{c0}[1+(6.468-520.500f_{c0}/E_{c0})(\sigma_{ls0}/f_{c0})^{0.663}] \tag{6.9}$$

由式(6.6)、式(6.8)和式(6.9)获得了箍筋约束混凝土峰值压应变的预测值

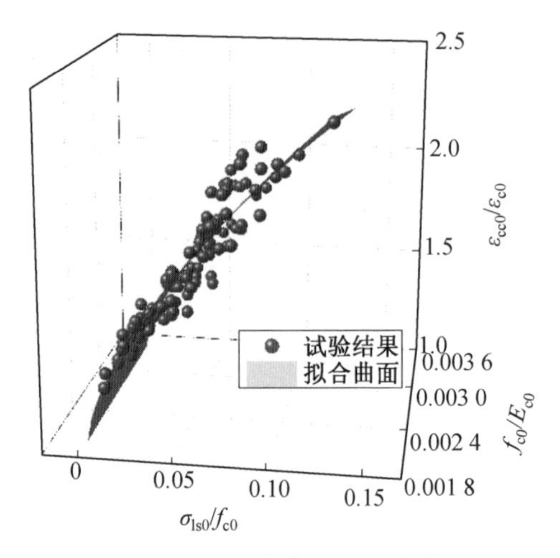

图 6.15　ε_{cc0} 的拟合曲面和试验结果 3

$\varepsilon_{cc0,预测值}$。约束混凝土峰值压应变预测值与试验值的比较如图 6.16 所示。经过统计分析后发现，$\varepsilon_{cc0,预测值}/\varepsilon_{cc0,试验值}$ 的平均值为 1.003，均方差为 0.054，变异系数为 0.054。

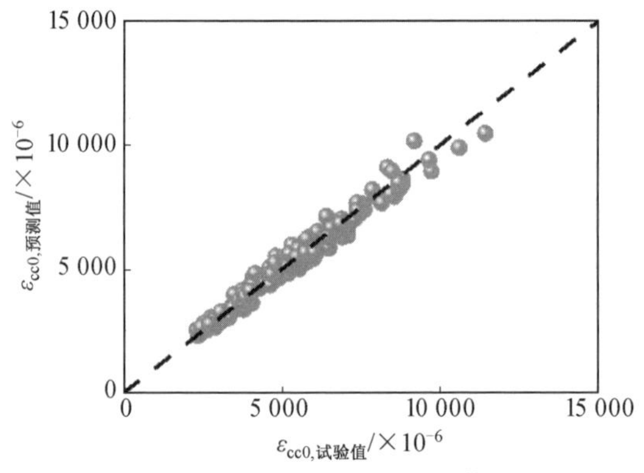

图 6.16　ε_{cc0} 的预测值与试验值比较

6.3　约束指标介于 0.33% ～ 24.22% 的约束混凝土压应力下降至 85% 峰值压应力时的竖向压应变

峰值后约束混凝土压应力下降至 85% 峰值压应力时的竖向压应力和竖向压应变是建立约束混凝土受压应力－应变关系曲线方程常用的特征点，该点能够较好地反映约束混凝土受压应力－应变关系曲线中压应力快速下降阶段的特

征。峰值后压应力下降至85%峰值压应力时的竖向压应变也被有些学者定义为约束混凝土的极限压应变。

峰值后压应力下降至85%峰值压应力时，约束混凝土的竖向压应变与箍筋侧向约束应力和非约束混凝土轴心抗压强度有关。基于第2、3章的585个试件的试验结果，建立了峰值后压应力下降至85%峰值压应力时箍筋约束混凝土竖向压应变的计算公式。

为了使峰值后约束混凝土压应力下降至85%峰值压应力时的竖向压应变拟合公式与试验数据吻合程度高，将试件的试验数据按非约束混凝土轴心抗压强度分别介于18～47.4 MPa、50～70 MPa、84.72～155.45 MPa来拟合。

(1) 当非约束混凝土轴心抗压强度介于18～47.4 MPa，箍筋有效侧向约束应力与非约束混凝土轴心抗压强度的比值为0.035～0.216时，分别以f_{c0}/E_{c0}和σ_{ls}/f_{c0}为x轴和y轴，以$\varepsilon_{cc85}/\varepsilon_{c85}$为$z$轴，建立三维直角坐标系，如图6.17所示。

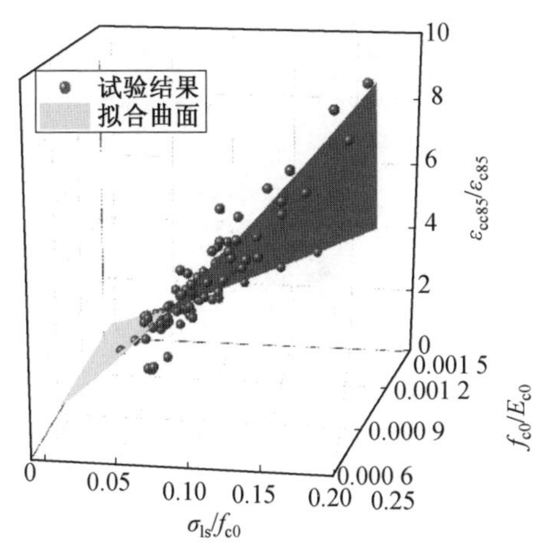

图6.17　ε_{cc85}的拟合曲面和试验结果1

通过回归分析，当非约束混凝土轴心抗压强度为18～47.4 MPa，箍筋有效侧向约束应力与非约束混凝土轴心抗压强度的比值为0.035～0.216时，峰值后压应力下降至85%峰值压应力时箍筋约束混凝土竖向压应变的计算公式为

$$\varepsilon_{cc85}=\varepsilon_{c85}[1+(85.390-48\,930f_{c0}/E_{c0})(\sigma_{ls}/f_{c0})^{1.149}] \tag{6.10}$$

$$\sigma_{ls}=\frac{k_e\rho_v f_{yv}}{2} \tag{6.11}$$

式中，ε_{cc85}为峰值后压应力下降至85%峰值压应力时约束混凝土的竖向压应变；ε_{c85}为峰值后压应力下降至85%峰值压应力时非约束混凝土的竖向压应变；σ_{ls}为

箍筋有效侧向约束应力(MPa)；k_e 为箍筋有效约束系数，螺旋箍筋有效约束系数 $k_e=\left(1-\frac{s'}{2D_{cor}}\right)/(1-\rho_s)$，网格式箍筋有效约束系数 $k_e=\left[1-\frac{\sum b_i^2}{6a_{cor}^2}\right]\left(1-\frac{s'}{2a_{cor}}\right)^2/(1-\rho_s)$；$\rho_s$ 为纵筋配筋率；b_i 为沿方形柱截面周边受两个方向箍筋约束的纵向钢筋间距(mm)；s' 为相邻二箍筋净间距(mm)；D_{cor} 为螺旋箍筋所围的混凝土圆柱核心截面直径(mm)；a_{cor} 为网格式箍筋所围约束混凝土方柱核心截面的边长(mm)；ρ_v 为体积配箍率；f_{yv} 为箍筋屈服强度(MPa)。

(2) 当非约束混凝土轴心抗压强度介于 50 ~ 70 MPa，箍筋有效侧向约束应力与非约束混凝土轴心抗压强度的比值介于 0.026 ~ 0.140 时，分别以 f_{c0}/E_{c0} 和 σ_{ls}/f_{c0} 为 x 轴和 y 轴，以约束混凝土压应力下降至 85% 峰值压应力时的竖向压应变与非约束混凝土压应力下降至 85% 峰值压应力时的竖向压应变的比值 $\varepsilon_{cc85}/\varepsilon_{c85}$ 为 z 轴，建立三维直角坐标系，如图 6.18 所示。

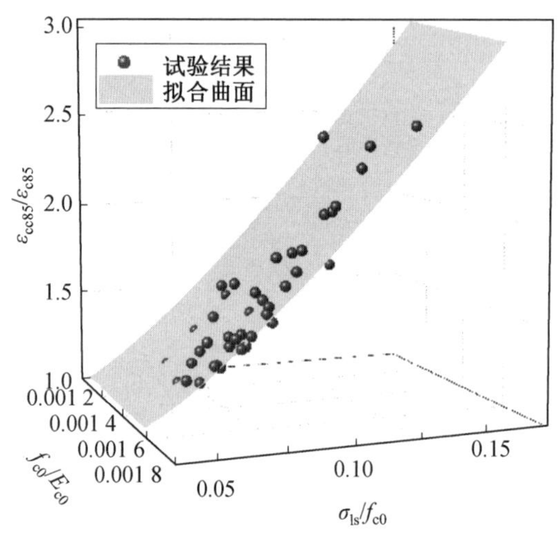

图 6.18　ε_{cc85} 的拟合曲面和试验结果 2

通过回归分析，当非约束混凝土轴心抗压强度介于 50 ~ 70 MPa，箍筋有效侧向约束应力与非约束混凝土轴心抗压强度的比值介于 0.026 ~ 0.140 时，峰值后压应力下降至 85% 峰值压应力时约束混凝土竖向压应变的计算公式为

$$\varepsilon_{cc85}=\varepsilon_{c85}\left[1+(27.200-2\,508f_{c0}/E_{c0})(\sigma_{ls}/f_{c0})^{1.301}\right] \tag{6.12}$$

(3) 当非约束混凝土轴心抗压强度介于 84.74 ~ 155.45 MPa，箍筋有效侧向约束应力与非约束混凝土轴心抗压强度的比值介于 0.014 ~ 0.13 时，分别以 f_{c0}/E_{c0} 和 σ_{ls}/f_{c0} 为 x 轴和 y 轴，以约束混凝土压应力下降至 85% 峰值压应力时的竖向压应变与非约束混凝土压应力下降至 85% 峰值压应力时的竖向压应变的

比值 $\varepsilon_{cc85}/\varepsilon_{c85}$ 为 z 轴，建立三维直角坐标系，如图 6.19 所示。

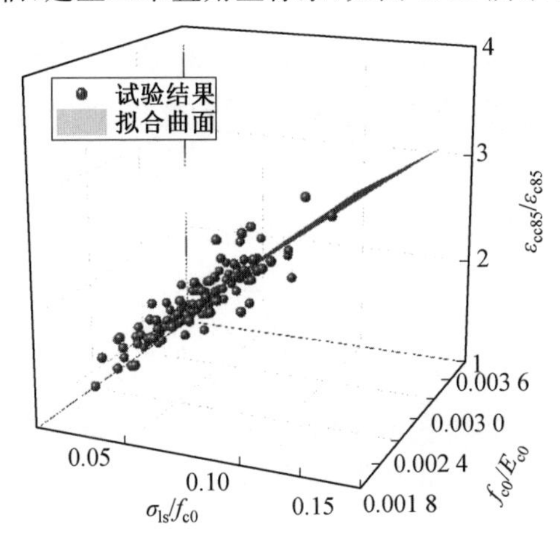

图 6.19　ε_{cc85} 的拟合曲面和试验结果 3

通过回归分析，当非约束混凝土轴心抗压强度介于 84.74 ~ 155.45 MPa，箍筋有效侧向约束应力与非约束混凝土轴心抗压强度的比值介于 0.014 ~ 0.13 时，峰值后压应力下降至 85% 峰值压应力时箍筋约束混凝土竖向压应变的计算公式为

$$\varepsilon_{cc85}=\varepsilon_{c85}[1+(17.450-689.300f_{c0}/E_{c0})(\sigma_{ls}/f_{c0})^{0.999}] \qquad (6.13)$$

由式(6.10)、式(6.12) 和式(6.13) 获得了峰值后压应力下降至 85% 峰值压应力时约束混凝土竖向压应变的预测值 $\varepsilon_{cc85,预测值}$。峰值后压应力下降至 85% 峰值压应力时约束混凝土竖向压应变预测值与试验值的比较如图 6.20 所示。经过统计分析后发现，$\varepsilon_{cc85,预测值}/\varepsilon_{cc85,试验值}$ 的平均值为 1.000，均方差为 0.124，变异系数为 0.124。

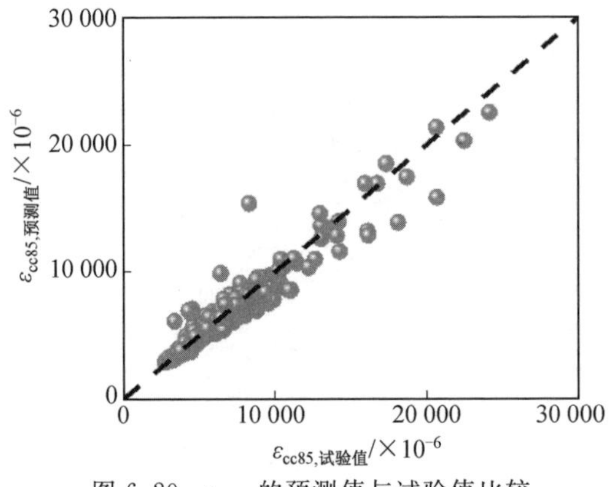

图 6.20　ε_{cc85} 的预测值与试验值比较

6.4　约束指标介于 0.33% ～ 24.22% 的约束混凝土压应力下降至 50% 峰值压应力时的竖向压应变

当前，不同学者对箍筋约束混凝土极限压应变的定义并不统一。Mander 等人将第一根箍筋破断时约束混凝土的竖向压应变定义为约束混凝土的极限压应变，并提出了约束混凝土极限压应变的计算公式。Legeron 和 Cusson 等人将峰值后约束混凝土压应力下降至 50% 峰值压应力时的竖向压应变定义为约束混凝土的极限压应变，并认为约束混凝土的极限压应变与箍筋有效侧向约束应力呈正相关。现行《混凝土结构设计规范》(GB 50010—2010) 将混凝土受压应力－应变曲线下降段压应力等于 50% 峰值压应力时对应的竖向压应变定义为混凝土的极限压应变。本节将先建立峰值后约束混凝土压应力下降至 50% 峰值压应力时的竖向压应变的计算公式，然后给出约束混凝土极限压应变的取值建议。

当约束程度较高时，在约束混凝土峰值压应力后，箍筋可能在约束混凝土压应力高于 50% 峰值压应力时破断。经过统计可知，在第 2、3 章中有 380 个试件的约束混凝土的竖向压应力在峰值受压荷载后能够下降到 50% 的峰值压应力。相关研究表明，峰值后约束混凝土压应力下降至 50% 峰值压应力时的竖向压应变与箍筋有效侧向约束应力和非约束混凝土轴心抗压强度有关。基于 448 个试件的试验结果，建立了峰值后约束混凝土压应力下降至 50% 峰值压应力时的竖向压应变的计算公式。

为了使峰值后约束混凝土压应力下降至 50% 峰值压应力时的竖向压应变拟合公式与试验数据吻合程度高，将试件的试验数据按非约束混凝土轴心抗压强度分别介于 18 ～ 47.4 MPa、50 ～ 70 MPa、84.72 ～ 155.45 MPa 来拟合。

(1) 当非约束混凝土轴心抗压强度介于 18 ～ 47.4 MPa，箍筋有效侧向约束应力与非约束混凝土轴心抗压强度的比值为 0.035 ～ 0.242 时，分别以 f_{c0}/E_{c0} 和 σ_{ls}/f_{c0} 为 x 轴和 y 轴，以约束混凝土压应力下降至 50% 峰值压应力时的竖向压应变与非约束混凝土压应力下降至 50% 峰值压应力时的竖向压应变的比值 $\varepsilon_{cc50}/\varepsilon_{c50}$ 为 z 轴，建立三维直角坐标系，如图 6.21 所示。

通过回归分析，当非约束混凝土轴心抗压强度介于 18 ～ 47.4 MPa，箍筋有效侧向约束应力与非约束混凝土轴心抗压强度的比值为 0.035 ～ 0.242 时，峰值后约束混凝土压应力下降至 50% 峰值压应力时的竖向压应变的计算公式为

$$\varepsilon_{cc50} = \varepsilon_{c50}[1 + (17.390 - 12\,140 f_{c0}/E_{c0})(\sigma_{ls}/f_{c0})^{0.099}] \tag{6.14}$$

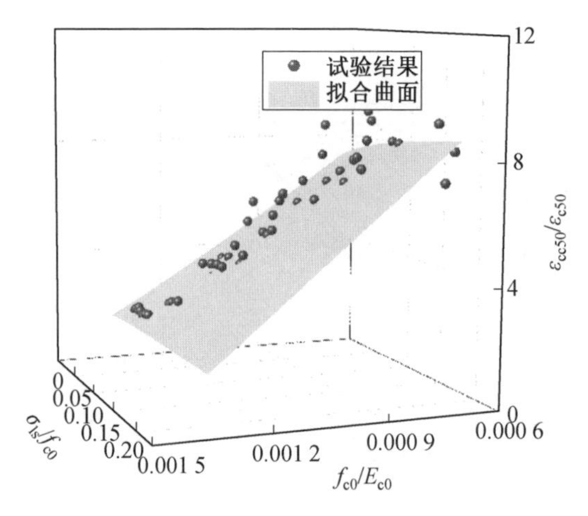

图 6.21　ε_{cc50} 的拟合曲面和试验结果 1

$$\sigma_{ls}=\frac{k_e\rho_v f_{yv}}{2} \tag{6.15}$$

式中，ε_{cc50} 为峰值后压应力下降至 50% 峰值压应力时约束混凝土的竖向压应变；ε_{c50} 为峰值后压应力下降至 50% 峰值压应力时非约束混凝土的竖向压应变；σ_{ls} 为箍筋有效侧向约束应力(MPa)；k_e 为箍筋有效约束系数，螺旋箍筋有效约束系数 $k_e=\left(1-\frac{s'}{2D_{cor}}\right)/(1-\rho_s)$，网格式箍筋有效约束系数 $k_e=\left(1-\frac{\sum b_i^2}{6a_{cor}^2}\right)\left(1-\frac{s'}{2a_{cor}}\right)^2/(1-\rho_s)$；$\rho_s$ 为纵筋配筋率；b_i 为沿方形柱截面周边受两个方向箍筋约束的纵向钢筋间距(mm)；s' 为相邻二箍筋净间距(mm)；D_{cor} 为螺旋箍筋或焊接环式箍筋所围的混凝土圆柱核心截面直径(mm)；a_{cor} 为网格式箍筋所围约束混凝土柱核心截面的边长(mm)；ρ_v 为体积配箍率；f_{yv} 为箍筋屈服强度(MPa)。

(2) 当非约束混凝土轴心抗压强度介于 50 ~ 70 MPa，箍筋有效侧向约束应力与非约束混凝土轴心抗压强度的比值为 0.026 ~ 0.097 时，分别以 f_{c0}/E_{c0} 和 σ_{ls}/f_{c0} 为 x 轴和 y 轴，以约束混凝土压应力下降至 50% 峰值压应力时的竖向压应变与非约束混凝土压应力下降至 50% 峰值压应力时的竖向压应变的比值 $\varepsilon_{cc50}/\varepsilon_{c50}$ 为 z 轴，建立三维直角坐标系，如图 6.22 所示。

通过回归分析，当非约束混凝土轴心抗压强度介于 50 ~ 70 MPa，箍筋有效侧向约束应力与非约束混凝土轴心抗压强度的比值介于 0.026 ~ 0.097 时，峰值后压应力下降至 50% 峰值压应力时箍筋约束混凝土竖向压应变的计算公式为

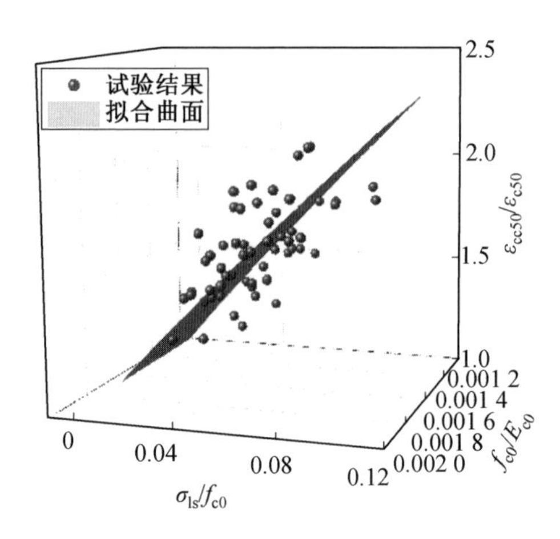

图 6.22　ε_{cc50} 的拟合曲面和试验结果 2

$$\varepsilon_{cc50}=\varepsilon_{c50}[1+(12.35-1\ 568f_{c0}/E_{c0})(\sigma_{ls}/f_{c0})^{0.931}] \tag{6.16}$$

(3) 当非约束混凝土轴心抗压强度介于 84.72 ～ 155.45 MPa，箍筋有效侧向约束应力与非约束混凝土轴心抗压强度的比值为 0.014 ～ 0.098 时，分别以 f_{c0}/E_{c0} 和 σ_{ls}/f_{c0} 为 x 轴和 y 轴，以约束混凝土压应力下降至 50% 峰值压应力时的竖向压应变与非约束混凝土压应力下降至 50% 峰值压应力时的竖向压应变的比值 $\varepsilon_{cc50}/\varepsilon_{c50}$ 为 z 轴，建立三维直角坐标系，如图 6.23 所示。

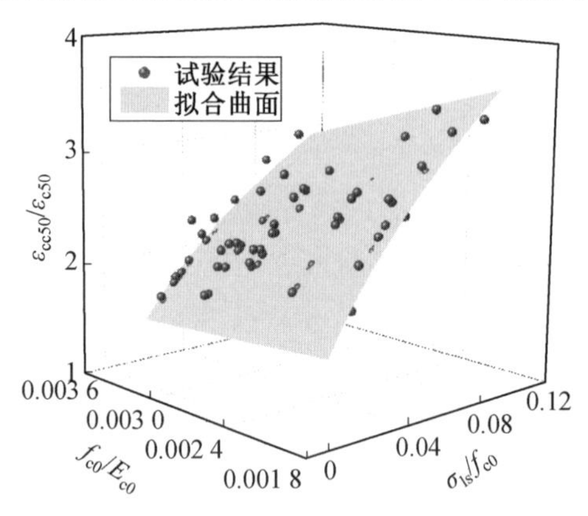

图 6.23　ε_{cc50} 的拟合曲面和试验结果 3

通过回归分析，当非约束混凝土轴心抗压强度为 84.72 ～ 155.45 MPa，箍筋有效侧向约束应力与非约束混凝土轴心抗压强度的比值为 0.014 ～ 0.098 时，峰值后压应力下降至 50% 峰值压应力时箍筋约束混凝土竖向压应变的计算公式为

$$\varepsilon_{cc50}=\varepsilon_{c50}[1+(13.730-0.036f_{c0}/E_{c0})(\sigma_{ls}/f_{c0})^{0.620}] \tag{6.17}$$

由式(6.14)、式(6.16)和式(6.17)获得了峰值后约束混凝土压应力下降至50%峰值压应力时的竖向压应变的预测值$\varepsilon_{cc50,预测值}$。峰值后约束混凝土压应力下降至50%峰值压应力时的竖向压应变预测值与试验值的比较如图6.24所示。经过统计分析后发现，$\varepsilon_{cc50,预测值}/\varepsilon_{cc50,试验值}$的平均值为0.998，均方差为0.084，变异系数为0.084。

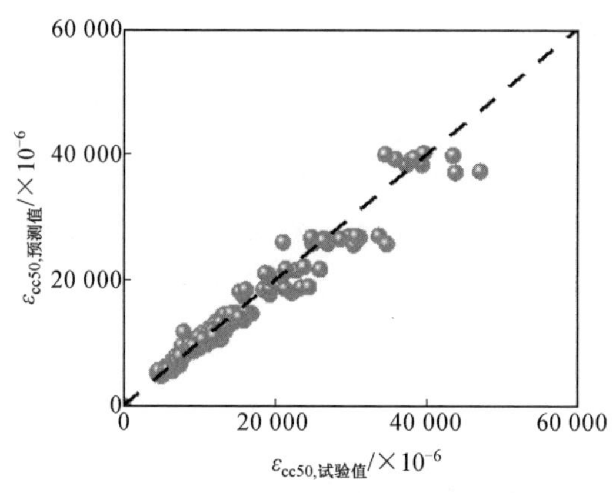

图6.24　ε_{cc50}的预测值与试验值比较

通过比较箍筋破断时约束混凝土竖向压应变和峰值后约束混凝土压应力下降至50%峰值压应力时的竖向压应变，箍筋约束混凝土的极限压应变应根据以下三种情况进行取值：

(1) 在峰值受压荷载后箍筋破断且箍筋破断时约束混凝土的竖向压应力水平(箍筋破断时约束混凝土竖向压应力与其峰值压应力的比值)高于50%峰值压应力时，箍筋约束混凝土的极限压应变取箍筋破断时约束混凝土的压应变。

(2) 在峰值受压荷载后箍筋破断且箍筋破断时约束混凝土的竖向压应力水平低于50%峰值压应力时，箍筋约束混凝土的极限压应变取在峰值受压荷载后约束混凝土压应力下降至50%峰值压应力时的竖向压应变。

(3) 在峰值受压荷载后箍筋未破断时，箍筋约束混凝土的极限压应变取峰值受压荷载后约束混凝土压应力下降至50%峰值压应力时的竖向压应变。

6.5　约束指标介于0.33% ～ 24.22% 的箍筋约束混凝土受压应力－应变关系曲线方程

约束混凝土的受压应力－应变关系曲线是进行结构设计和结构非线性分析

的基础。国内外众多学者已提出针对约束混凝土的受压应力－应变关系曲线的多种计算模型。其中,箍筋约束混凝土受压应力－应变关系曲线的提出方法包括纯理论推导、数值计算、半理论和半经验等方法。比较典型的箍筋约束混凝土受压应力－应变曲线模型包括 Mander 模型、过镇海－张秀琴模型、Saatcioglu-Razvi 模型、Cusson 模型、Li Bing 模型、Legeron 模型等。这些模型均能在一定程度上反映出箍筋约束效应对混凝土受压应力－应变曲线的影响,但未考虑在峰值受压荷载下未屈服箍筋拉应力和在峰值受压荷载后箍筋破断对约束混凝土受压应力－应变关系曲线的影响。本节基于现有的约束混凝土受压应力－应变关系曲线模型,结合第 2、3 章的 585 个试件的试验数据,提出了综合考虑非约束混凝土轴心抗压强度、箍筋牌号、约束程度、箍筋破断等因素的约束指标介于 0.33% ～ 24.22% 的箍筋约束混凝土受压应力－应变关系曲线方程。

6.5.1 上升段

加载初期,约束混凝土的竖向压应力较小,箍筋对混凝土的约束效果不明显。当加载至非约束混凝土峰值压应力后,箍筋对混凝土的约束效果逐渐明显。尤其在约束混凝土峰值压应力时,箍筋的约束作用明显地提高了约束混凝土的峰值压应力和峰值压应变。

现有模型对箍筋约束混凝土受压应力－应变曲线上升段的预测效果均较好。尤其是 Popovics 提出的约束混凝土受压应力－应变关系曲线方程,由于准确性高、计算参数少、适用范围广,因而被广泛地应用于评估箍筋约束混凝土受压应力－应变关系曲线的上升段,如

$$\sigma_{cc}=\frac{kf_{cc0}\dfrac{\varepsilon_{cc}}{\varepsilon_{cc0}}}{k-1+\left(\dfrac{\varepsilon_{cc}}{\varepsilon_{cc0}}\right)^{k}}\quad(0\leqslant\varepsilon_{cc}\leqslant\varepsilon_{cc0})\tag{6.18}$$

$$k=\frac{E_{c0}}{E_{c0}-\dfrac{f_{cc0}}{\varepsilon_{cc0}}}\tag{6.19}$$

$$E_{c0}=\frac{10^{5}}{2.2+\dfrac{34.7}{f_{cu}}}\tag{6.20}$$

$$E_{c0}=2\,055\sqrt{f_{cu}}+18\,897\tag{6.21}$$

式中,σ_{cc} 为箍筋约束混凝土压应力(MPa);f_{cc0} 为箍筋约束混凝土峰值压应力(MPa),按式(6.3) ～ (6.6) 计算;ε_{cc} 为箍筋约束混凝土压应变;ε_{cc0} 为箍筋约束

混凝土峰值压应变，按式(6.6)、式(6.8) 和式(6.9) 计算；k 为约束混凝土受压应力 - 应变曲线上升段曲率控制系数；E_{c0} 为非约束混凝土弹性模量；f_{cu} 为非约束混凝土标准立方体抗压强度。

强度等级为 C20 ～ C80 的混凝土的弹性模量按式(6.20) 计算，强度等级为 RPC100 ～ RPC180 的混凝土的弹性模量按式(6.21) 计算，强度等级为 C90 的混凝土的弹性模量取 C80 和 RPC100 的内插值。

本节采用 Popovics 提出的箍筋约束混凝土受压应力 - 应变关系曲线方程描述箍筋约束混凝土受压应力 - 应变曲线的上升段。

6.5.2　下降段

现有模型对约束混凝土受压应力 - 应变关系曲线下降段的描述可分为曲线型和直线型两种。直线型函数无法很好地反映约束指标对箍筋约束混凝土受压应力 - 应变关系曲线下降段的影响规律。因此，通常采用曲线型函数描述约束混凝土受压应力 - 应变关系曲线下降段。在下降段采用曲线型描述的模型中，Mander 采用了幂函数形式，史庆轩等人采用指数函数形式，过镇海 - 张秀琴模型则采用有理分式形式。

本节采用曲线型函数对箍筋约束混凝土受压应力 - 应变曲线下降段进行描述。基于过镇海 - 张秀琴模型，考虑非约束混凝土抗压强度和约束指标的影响，提出了箍筋约束混凝土受压应力 - 应变曲线下降段的计算模型，即

$$\sigma_{cc} = \frac{f_{cc0} \dfrac{\varepsilon_{cc}}{\varepsilon_{cc0}}}{\dfrac{\varepsilon_{cc}}{\varepsilon_{cc0}} + k_1 \left(\dfrac{\varepsilon_{cc}}{\varepsilon_{cc0}} - 1\right)^{k_2}} \quad (\varepsilon_{cc} > \varepsilon_{cc0}) \tag{6.22}$$

式中，k_1 为箍筋约束混凝土受压应力 - 应变曲线下降段的坡度控制参数；k_2 为箍筋约束混凝土受压应力 - 应变曲线下降段的凹凸度控制参数。

约束混凝土峰值压应力后压应力下降至 85% 峰值压应力时的点(ε_{cc85}，$0.85f_{cc0}$)，能够较好地反映约束混凝土受压应力 - 应变关系曲线下降段中压应力快速下降阶段的特征。约束混凝土极限压应变的点(ε_{ccu}，f_{ccu})，能够较好地反映约束混凝土受压应力 - 应变关系曲线下降段中压应力缓慢下降阶段的特征。根据二特征点(ε_{cc85}，$0.85f_{cc}$) 和(ε_{ccu}，f_{ccu})，可得参数 k_1 和 k_2 的计算公式，即

$$k_1 = \frac{3 \dfrac{\varepsilon_{cc85}}{\varepsilon_{cc0}}}{17 \left(\dfrac{\varepsilon_{cc85}}{\varepsilon_{cc0}} - 1\right)^{k_2}} \tag{6.23}$$

$$k_2=\frac{\ln\left[\frac{17}{3}\frac{\varepsilon_{ccu}}{\varepsilon_{cc85}}\left(\frac{f_{cc0}}{f_{ccu}}-1\right)\right]}{\ln\left(\frac{\varepsilon_{ccu}-\varepsilon_{cc0}}{\varepsilon_{cc85}-\varepsilon_{cc0}}\right)} \tag{6.24}$$

式中，ε_{cc85} 为峰值压应力后压应力下降至 85% 峰值压应力时的约束混凝土竖向压应变，按式(6.10)、式(6.12) 和式(6.13) 计算；ε_{cc0} 为约束混凝土峰值压应变，按式(6.6)、式(6.8) 和式(6.9) 计算；ε_{ccu} 为约束混凝土极限压应变，取箍筋破断时约束混凝土的竖向压应变和峰值后约束混凝土压应力下降至 50% 峰值压应力时的竖向压应变中的较小者，即 $\varepsilon_{ccu}=\min\{\varepsilon_{rup},\varepsilon_{cc50}\}$；$\varepsilon_{rup}$ 为箍筋破断时约束混凝土的竖向压应变，按式(5.8)、式(5.9) 和式(5.10) 计算；ε_{cc50} 为峰值压应力后压应力下降至 50% 峰值压应力时约束混凝土的竖向压应变，按式(6.14)、式(6.16) 和式(6.17) 计算；f_{cc0} 为约束混凝土峰值压应力(MPa)，按式(6.3)、式(6.4) 和式(6.5) 计算；f_{ccu} 为约束混凝土极限压应变对应的极限压应力(MPa)，取箍筋破断时约束混凝土的竖向压应力和 50% 约束混凝土峰值压应力中的较小者，即 $f_{ccu}=\min\{f_{rup},0.50f_{cc0}\}$；当 ε_{ccu} 取 ε_{rup} 时，f_{ccu} 取 f_{rup}；当 ε_{ccu} 取 ε_{cc50} 时，f_{ccu} 取 $0.50f_{cc0}$；f_{rup} 为箍筋破断时约束混凝土竖向压应力(MPa)，按式(5.5)、式(5.6) 和式(5.7) 计算。

6.5.3 预测结果与试验结果比较

为验证约束混凝土受压应力－应变关系曲线模型的合理性和可靠性，将试验曲线与预测曲线进行了对比。由于篇幅有限，从 585 个试件中选取 30 个试件的约束混凝土受压应力－应变关系曲线进行对比，如图 6.25 所示。由图 6.25 可知，实测约束混凝土受压应力－应变关系曲线与预测曲线吻合程度较好。

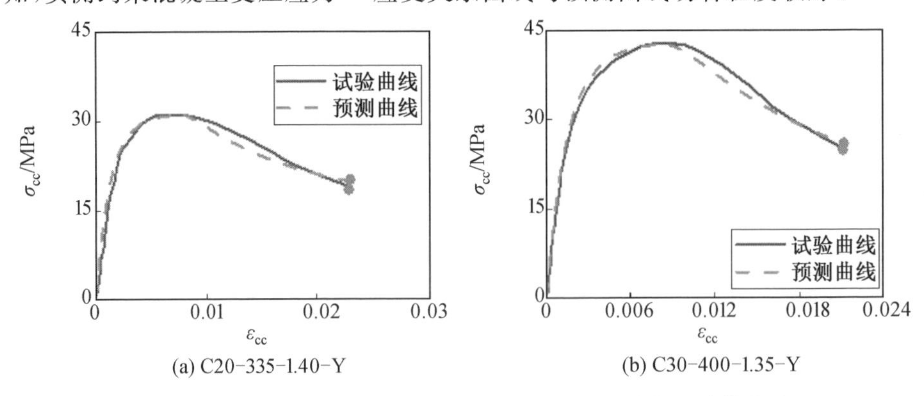

图 6.25　约束混凝土受压应力－应变关系预测曲线与试验曲线对比

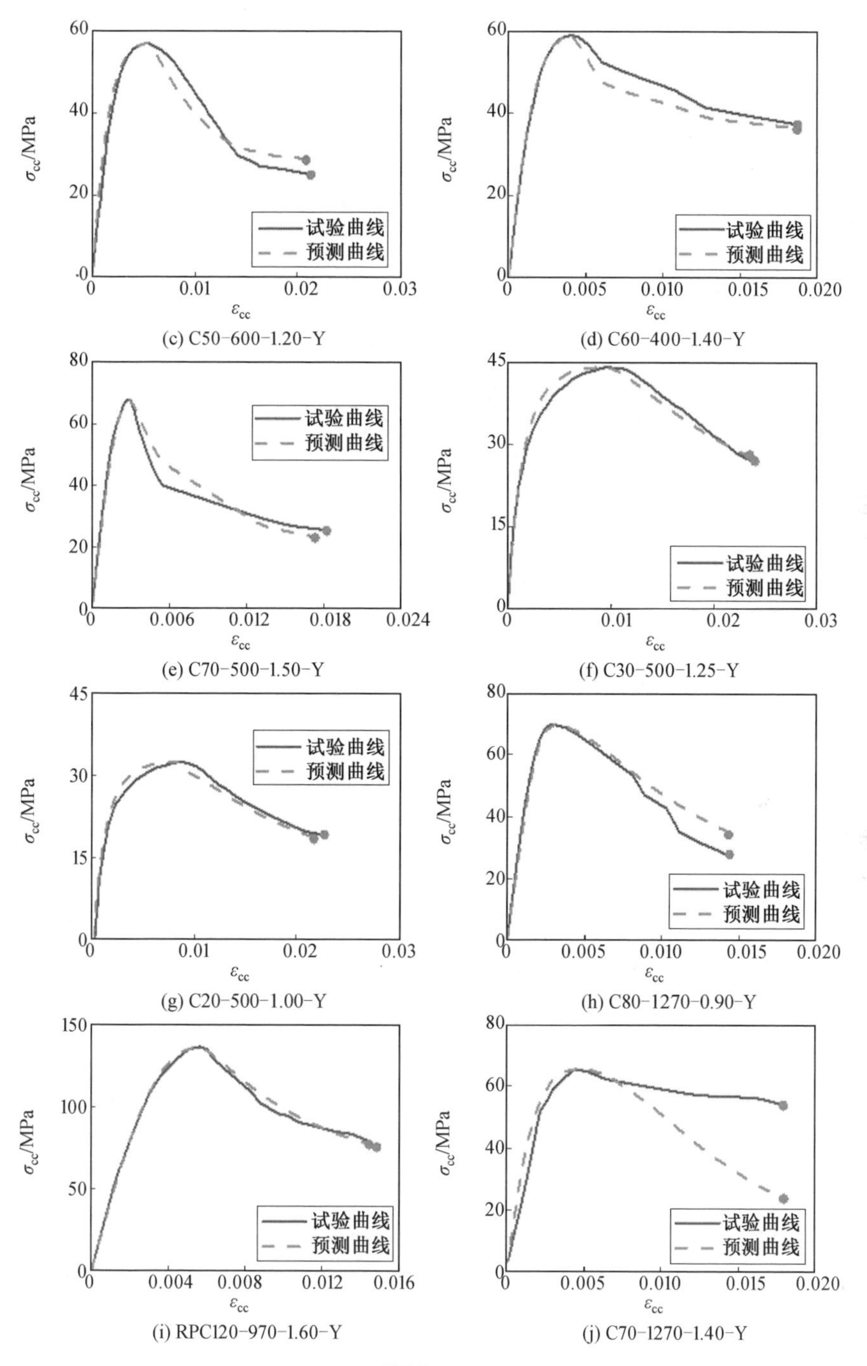
σcc/MPa
εcc
试验曲线
预测曲线
(c) C50-600-1.20-Y
(d) C60-400-1.40-Y
(e) C70-500-1.50-Y
(f) C30-500-1.25-Y
(g) C20-500-1.00-Y
(h) C80-1270-0.90-Y
(i) RPC120-970-1.60-Y
(j) C70-1270-1.40-Y

续图 6.25

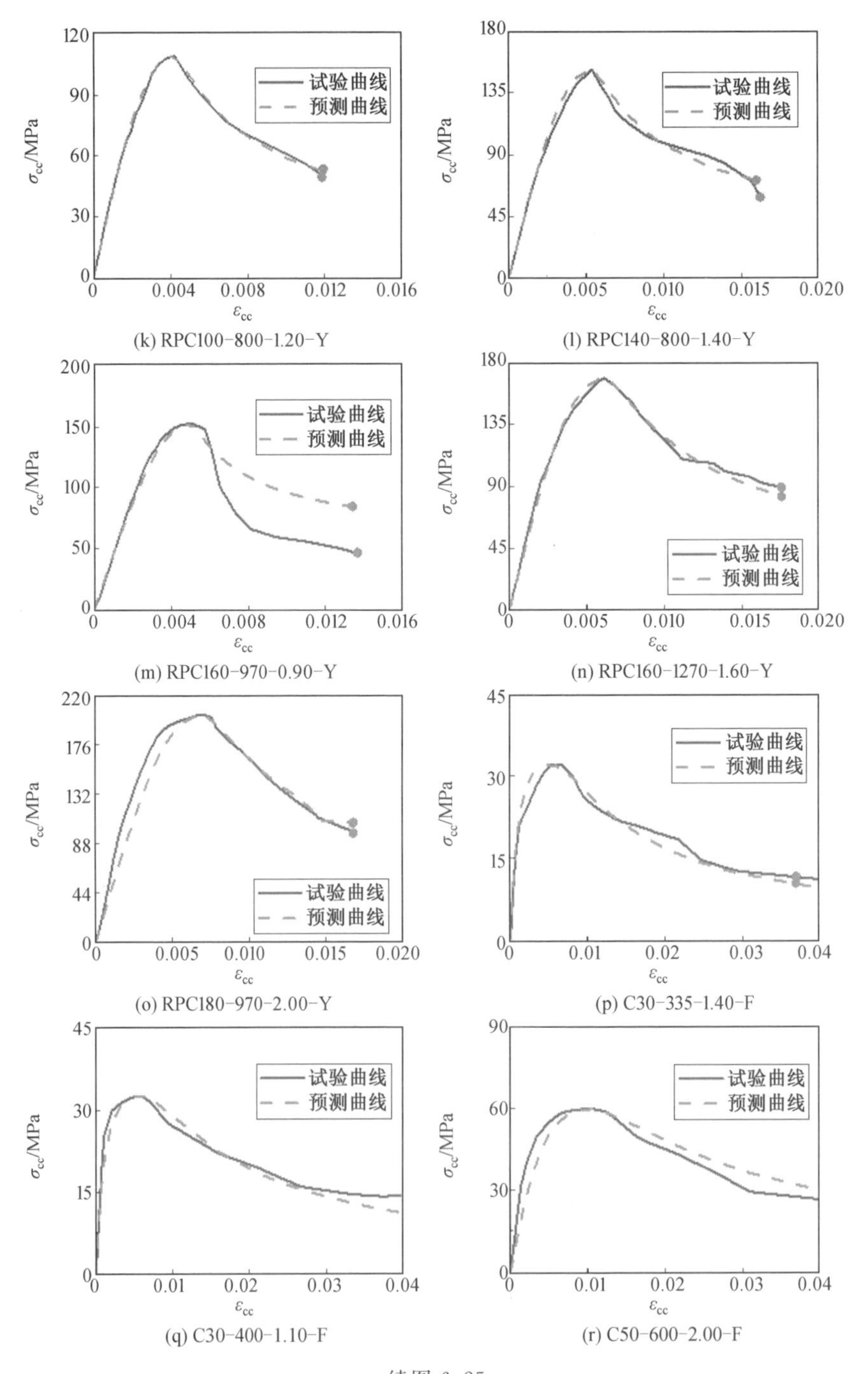

(k) RPC100-800-1.20-Y
(l) RPC140-800-1.40-Y
(m) RPC160-970-0.90-Y
(n) RPC160-1270-1.60-Y
(o) RPC180-970-2.00-Y
(p) C30-335-1.40-F
(q) C30-400-1.10-F
(r) C50-600-2.00-F

续图 6.25

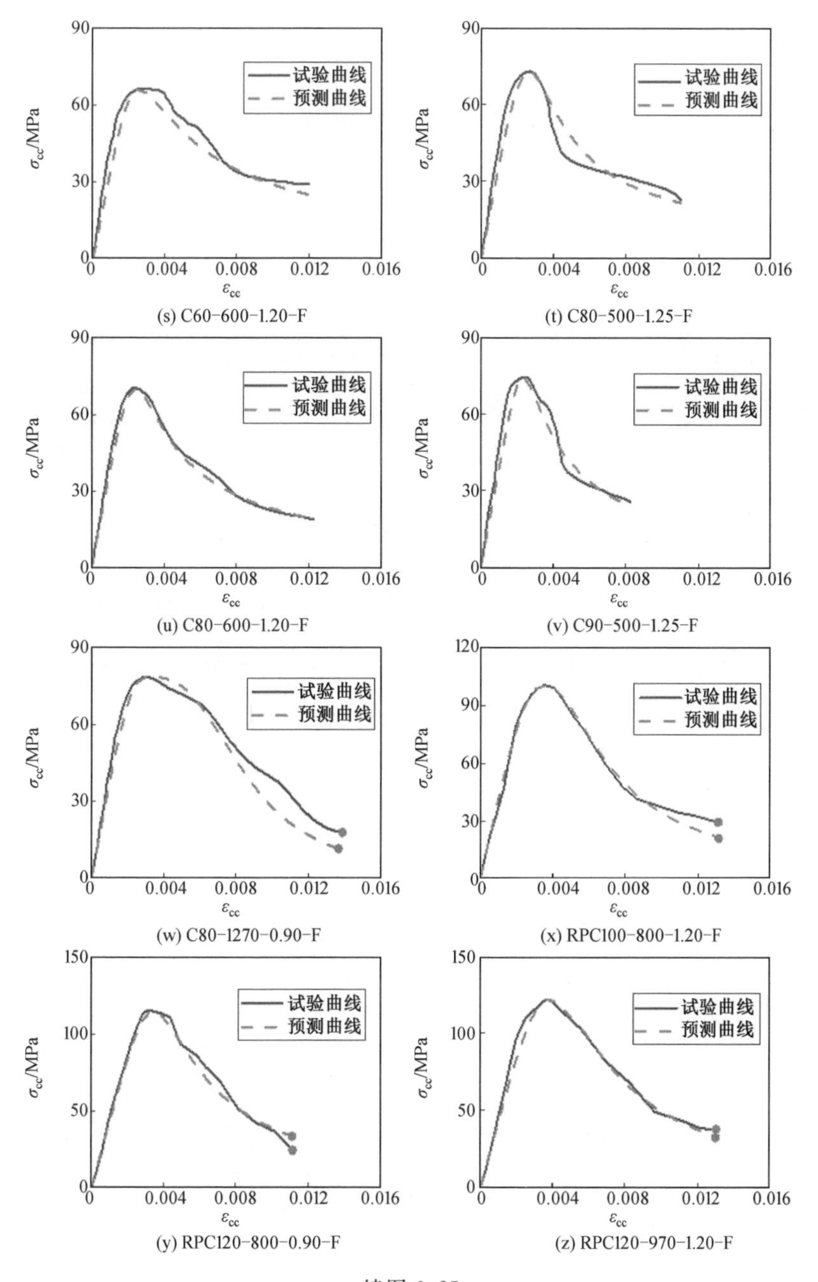

(s) C60-600-1.20-F

(t) C80-500-1.25-F

(u) C80-600-1.20-F

(v) C90-500-1.25-F

(w) C80-1270-0.90-F

(x) RPC100-800-1.20-F

(y) RPC120-800-0.90-F

(z) RPC120-970-1.20-F

续图 6.25

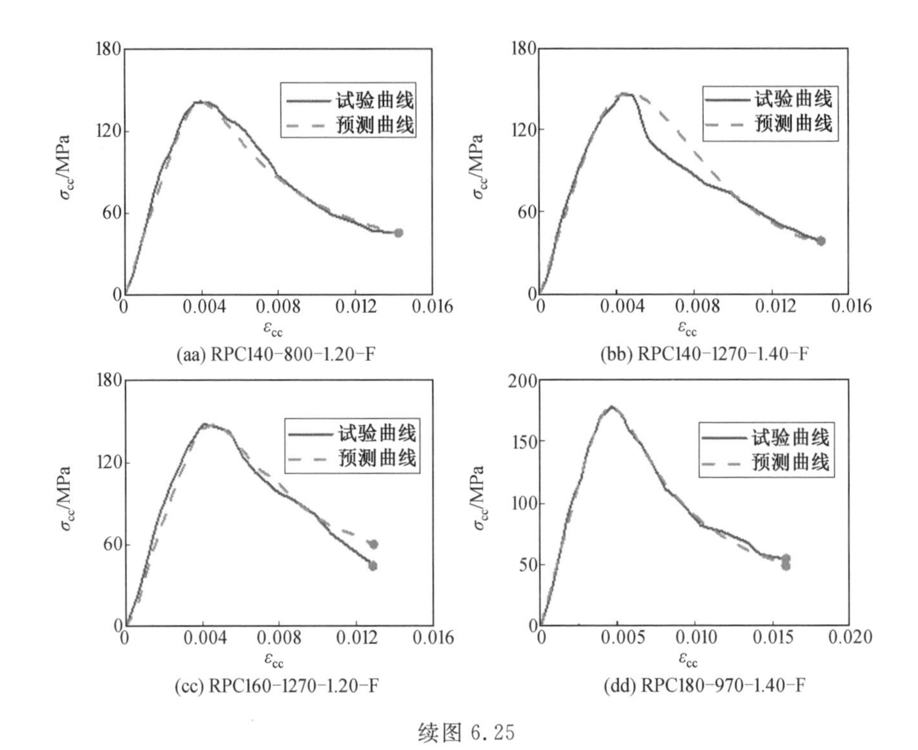

(aa) RPC140-800-1.20-F

(bb) RPC140-1270-1.40-F

(cc) RPC160-1270-1.20-F

(dd) RPC180-970-1.40-F

续图 6.25

6.6 箍筋约束混凝土柱轴压承载力计算

对于箍筋约束混凝土柱轴压承载力，按下式计算：

$$N = f_{cc0}A_{cor} + f'_yA'_s \tag{6.25}$$

式中，N 为箍筋约束混凝土柱轴压承载力(N)；f_{cc0} 为箍筋约束混凝土峰值压应力(MPa)；A_{cor} 为箍筋所围的混凝土核心截面面积(mm^2)；f'_y为纵筋屈服强度(MPa)；A'_s为纵筋截面面积(mm^2)。

采用式(6.25)对第2章中156个螺旋箍筋约束混凝土圆柱和141个网格式箍筋约束混凝土方柱的轴心受压承载力进行预测，N 的预测值和试验值对比如图6.26所示。经统计分析后发现，$N_{预测值}/N_{试验值}$ 的平均值为0.998，均方差为0.044，变异系数为0.044。

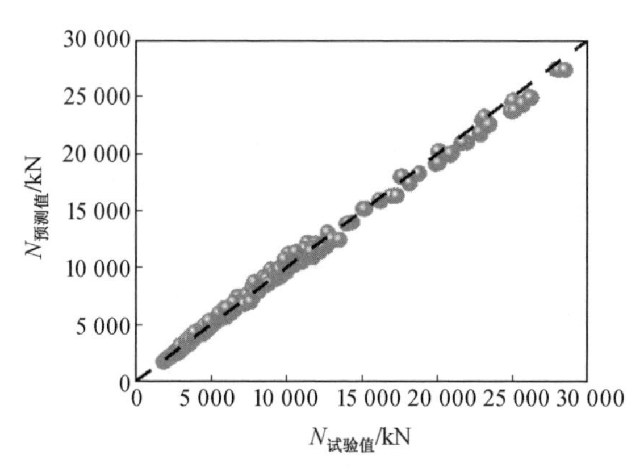

图6.26　N的预测值和试验值对比

6.7　本章小结

通过对585个试件的箍筋约束混凝土受压应力－应变关系曲线进行分析，得到以下结论：

(1) 以非约束混凝土轴心抗压强度和箍筋有效侧向约束应力为横坐标，以约束混凝土峰值压应力为纵坐标，建立三维直角坐标系，将试验数据点放入坐标系内，建立了约束混凝土峰值压应力的计算公式。同理，得到了约束混凝土峰值压应变的计算公式。预测结果与试验结果吻合较好。

(2) 以非约束混凝土轴心抗压强度和箍筋有效侧向约束应力为横坐标，以约束混凝土峰值压应力为纵坐标，建立三维直角坐标系，将试验数据点放入坐标系内，建立了峰值后压应力下降至85%峰值压应力时约束混凝土的竖向压应变计算公式。同理，得到了峰值后压应力下降至50%峰值压应力时约束混凝土的竖向压应变。预测结果与试验结果吻合较好。通过比较箍筋破断时约束混凝土竖向压应变与峰值后压应力下降至85%峰值压应力时约束混凝土的竖向压应变，给出了约束混凝土极限压应变的取值建议。

(3) 在考虑峰值受压荷载下箍筋是否屈服和峰值受压荷载后箍筋是否破断对约束混凝土竖向压应力和竖向压应变影响的基础上，提出了约束指标介于0.33%～24.22%的箍筋约束混凝土受压应力－应变关系曲线方程。

第7章

箍筋约束混凝土柱抗震性能试验

本章开展了15个HRB500作纵筋、800 MPa级中强度预应力钢丝作为箍筋的约束混凝土方柱拟静力试验。揭示了轴压比、剪跨比、体积配箍率等关键参数对约束混凝土柱达到峰值荷载和达到极限位移时箍筋拉应变的影响规律。考察了轴压比、剪跨比、体积配箍率等关键参数对箍筋约束混凝土柱抗震性能的影响。

7.1 引　言

约束混凝土柱的抗震性能是工程界所关注的问题。与采用热轧钢筋作为约束箍筋相比,采用中强度预应力钢丝作为约束箍筋,其条件屈服强度和抗拉强度较高,但其破断应变较低。同时,虽然 HRB500 热轧钢筋已经被纳入规范,但关于 HRB500 作为纵筋的约束混凝土柱抗震性能试验研究不多。为此,本章完成了 15 个 HRB500 作为纵筋、800 MPa 级中强度预应力钢丝作为箍筋的约束混凝土方柱拟静力试验,考察轴压比、剪跨比、体积配箍率等关键参数对约束混凝土柱承载力和变形能力的影响。

7.2 试验方案

7.2.1 试件设计及制作

本章共设计并制作了 15 个 HRB500 作为纵筋、800 MPa 级中强度预应力钢丝作为箍筋的约束混凝土方柱试件,设计参数包括剪跨比、轴压比、体积配箍率、纵筋总配筋率,具体见表 7.1。试件的截面形状均为方形,截面尺寸 $b \times h =$ 400 mm×400 mm,净高 H_0 分别为 1 600 mm、2 000 mm、2 400 mm,相应的剪跨比 λ 分别为 2、2.5、3。试件几何尺寸及构造如图 7.1 所示。试验轴压比($n = F/(Af_{c0})$) 分为 0.1、0.2、0.3 三挡。混凝土设计强度等级为 C50,纵向钢筋采用 HRB500 级钢筋。同时,试件的纵筋总配筋率为 0.85% ~ 1.15%,满足不小于《建筑抗震设计规范》(GB 50011—2010) 中抗震等级分别为一级、二级、三级对应的框架柱最小配筋率的要求。采用光圆中强度预应力钢丝作为箍筋,箍筋直径为 7 mm,抗拉强度标准值为 800 MPa,体积配箍率为 1.1% ~ 1.96%,考虑了现行《混凝土结构设计规范》(GB 50010—2010) 表11.4.17 对配箍特征值的要求。箍筋的保护层厚度为 15 mm。试件制作过程如图 7.2 所示。

表 7.1 试件主要参数

试件编号	H_0/mm	$b \times h$/(mm×mm)	λ	n	f_{c0}/MPa	纵筋		箍筋			
						配筋	ρ_s/%	$f_{0.2}$/MPa	d/mm	s/mm	ρ_v/%
S2－0.1－L	1 600	400×400	2	0.1	44.5	12D12	0.85	760	7	80	1.1
S2－0.2－M	1 600	400×400	2	0.2	44.5	4D14＋8D12	0.95	760	7	60	1.47
S2－0.3－H	1 600	400×400	2	0.3	44.5	12D14	1.15	760	7	45	1.96
S2.5－0.1－L	2 000	400×400	2.5	0.1	44.5	12D12	0.85	760	7	80	1.1
S2.5－0.2－M	2 000	400×400	2.5	0.2	44.5	4D14＋8D12	0.95	760	7	60	1.47
S2.5－0.3－H	2 000	400×400	2.5	0.3	44.5	12D14	1.15	760	7	45	1.96
S3－0.1－L	2 400	400×400	3	0.1	44.5	12D12	0.85	760	7	80	1.1
S3－0.1－M	2 400	400×400	3	0.1	44.5	12D12	0.85	760	7	60	1.47
S3－0.1－H	2 400	400×400	3	0.1	44.5	12D12	0.85	760	7	45	1.96
S3－0.2－L	2 400	400×400	3	0.2	44.5	4D14＋8D12	0.95	760	7	80	1.1
S3－0.2－M	2 400	400×400	3	0.2	44.5	4D14＋8D12	0.95	760	7	60	1.47
S3－0.2－H	2 400	400×400	3	0.2	44.5	4D14＋8D12	0.95	760	7	45	1.96
S3－0.3－L	2 400	400×400	3	0.3	44.5	12D14	1.15	760	7	80	1.1
S3－0.3－M	2 400	400×400	3	0.3	44.5	12D14	1.15	760	7	60	1.47
S3－0.3－H	2 400	400×400	3	0.3	44.5	12D14	1.15	760	7	45	1.96

注：H_0 为柱净高；b、h 为柱截面边长；λ 为剪跨比；n 为试验轴压比；f_{c0} 为非约束混凝土轴心抗压强度；ρ_s 为纵筋配筋率；$f_{0.2}$ 为箍筋条件屈服强度，取残余应变为 0.2% 所对应的应力；d 为箍筋直径；s 为箍筋间距；ρ_v 为体积配箍率。

试件的编号中 S 表示剪跨比，S 后面的数字表示剪跨比的大小，第二个数字表示试验轴压比的大小，第二个字母表示体积配箍率高低。例如，S3 − 0.1 − M 表示约束混凝土柱试件的剪跨比为 3，试验轴压比为 0.1，体积配箍率为1.47%。

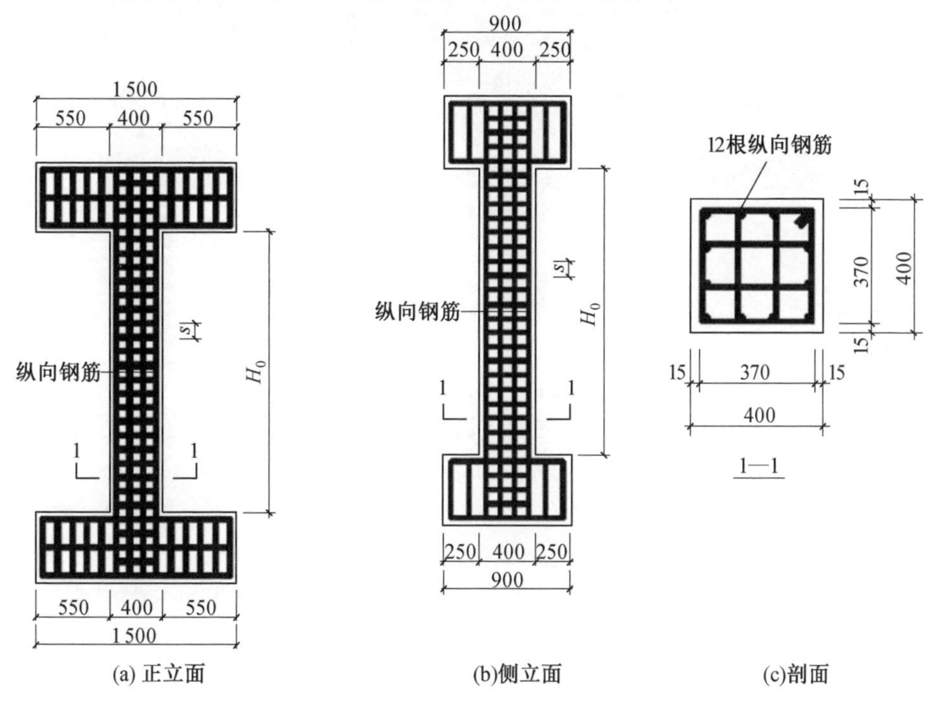

图 7.1　试件几何尺寸及配筋

(a) 钢筋骨架

图 7.2　试件制作过程

(b) 混凝土浇筑完成

续图 7.2

7.2.2 材料力学性能

各试件加载前，对与试件在同条件下浇筑养护的 150 mm × 150 mm × 150 mm 混凝土立方体试块及棱柱体试块进行力学性能测试，混凝土立方体抗压强度实测值及棱柱体抗压强度实测值见表 7.2。拟静力试验中所使用的钢筋共三类，其中纵向钢筋采用 HRB500 钢筋（公称直径为 12 mm 和 14 mm），约束箍筋采用 800 MPa 的中强度预应力钢丝（公称直径为 7 mm）。每类分别取 3 根进行钢筋拉伸试验。拉伸试验在哈尔滨工业大学 WDW－100L 电子万能试验机上完成，最大量程为 10 000 kN。按照《金属材料 拉伸试验 第 1 部分：室温试验方法》（GB/T 228.1—2021）的规定，实测钢筋力学性能指标见表 7.3、表7.4。不同强度等级钢筋的应力－应变关系曲线如图 7.3 所示。

表 7.2 混凝土立方体抗压强度和棱柱体抗压强度

混凝土设计强度等级	150 mm × 150 mm × 150 mm 立方体抗压强度实测值 f_{cu}/MPa	棱柱体抗压强度实测值 f_{c0}/MPa
C50	57.0	44.5

表 7.3 HRB500 钢筋力学性能试验结果

钢筋种类	直径 d/mm	屈服强度 f_y/MPa	抗拉强度 f_u/MPa	弹性模量 E_s/MPa	最大力下伸长率
HRB500	12	548	710	2.00×10^5	12.9%
	14	540	700	2.00×10^5	12.7%

表 7.4　中强度预应力钢丝力学性能试验结果

钢筋种类	直径 d/mm	比例极限 σ_p/MPa	条件屈服强度 $f_{0.2}$/MPa	抗拉强度 f_u/MPa	最大力下拉应变/$\mu\varepsilon$	弹性模量 E_s/MPa
800 MPa 级	7	680	760	900	60 094	2.05×10^5

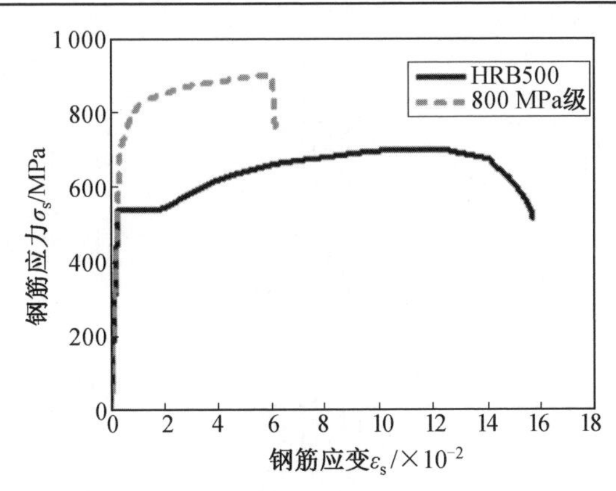

图 7.3　不同强度等级钢筋应力－应变曲线

7.2.3　加载方案及量测

图 7.4 所示为加载方向与柱面标识。垂直于水平荷载方向的两个面为侧面，即南面和北面。其他两个面为正面，即东面和西面。作动器推出方向为正向，作动器拉回方向为负向。

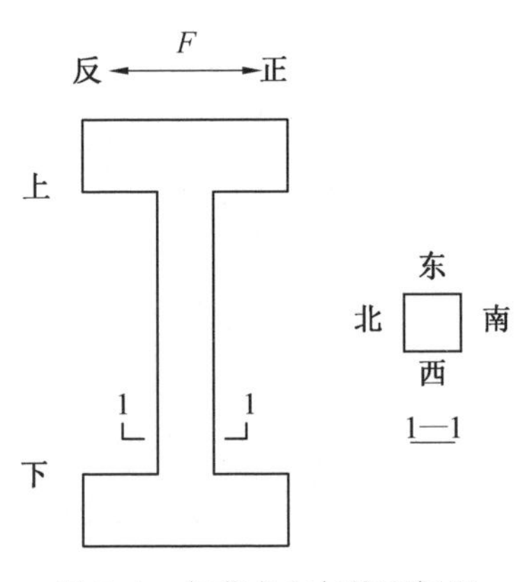

图 7.4　加载方向与柱面标识

图 7.5 为钢筋应变测点布置示意图。在西面 4 根纵向钢筋的柱底位置分别布置 4 个钢筋应变片（Z1 ～ Z4），在东面 4 根纵向钢筋的柱顶位置分别布置 4 个钢

筋应变片(Z5 ～ Z8),共 8 个应变片用于测量纵向钢筋应变;在每个试件柱底 500 mm 范围内的每层箍筋上粘贴钢筋应变片,每圈箍筋粘贴 16 个钢筋应变片(G1 ～G16),用于测量箍筋应变。

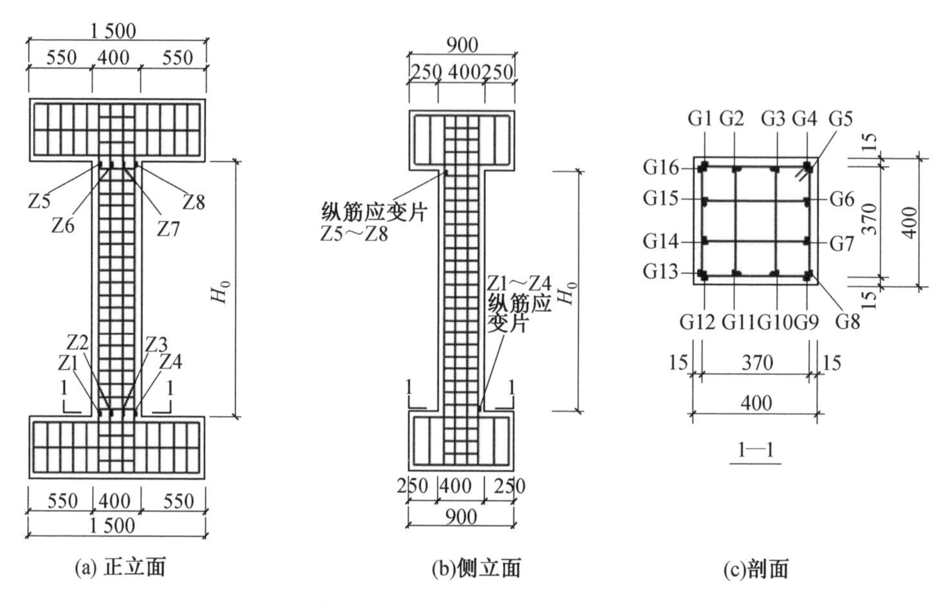

图 7.5　应变测点布置示意图

采用 2 个位移计分别测量相应位置的变形,位移计测点布置如图 7.6 所示。1 号位移计设置于横向加载点处,用于测量整个试件的水平位移;2 号位移计设置于底梁侧面,用于测量不可避免的轻微基座滑移。

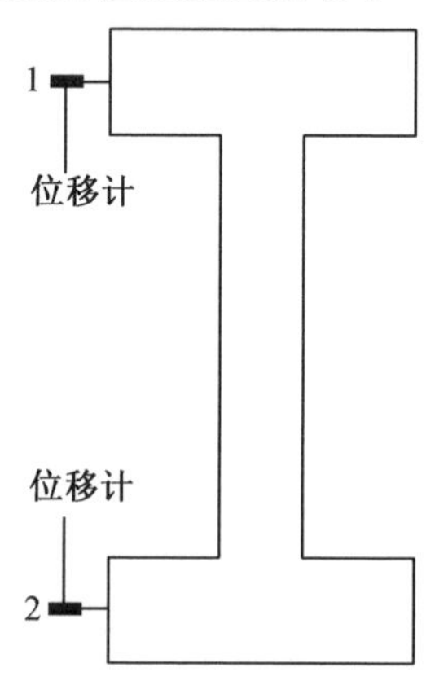

图 7.6　位移计测点布置

试验在哈尔滨工业大学土木工程学院结构与抗震实验室进行，试验加载装置简图如图7.7所示。加载装置主要由L形梁、四连杆、反力架、水平作动器、竖向作动器等组成。四连杆能实现L形梁在垂直方向和水平方向自由移动，而不发生转动，进而保证了柱顶为嵌固端的边界条件。由固定于反力墙的2 000 kN水平作动器施加水平反复荷载，安装在L形梁上的两个2 000 kN竖向作动器施加竖向荷载，并在试验中保持稳定。

试验参照《建筑抗震试验规程》(JGJ/T 101—2015)进行。正式加载前，几何对中，并对其上下底面进行找平，保证试件竖直。首先进行预加载，检查试件位置，并检查试验仪器、仪表及应变片是否正常工作。正式加载时，施加竖向荷载至预定值，并在试验加载过程中保持轴力不变，然后通过水平作动器对试件施加水平反复荷载。加载采用荷载、位移双控制的加载制度：试件屈服前，采用荷载控制，每级荷载增量为30 kN，每级往复循环1次。试件屈服后，采用位移控制，取屈服位移的倍数为级差进行加载，每级往复循环3次，直到试件承载力下降至最大荷载的85%。试验加载制度如图7.8所示。

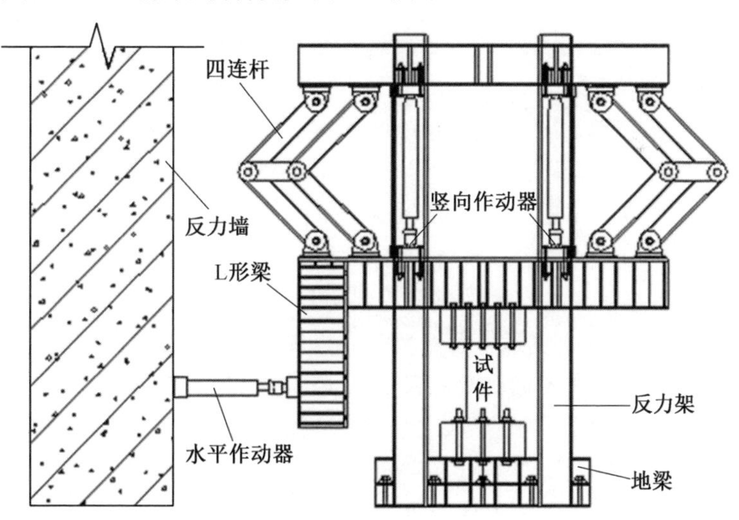

图7.7　试验加载装置简图

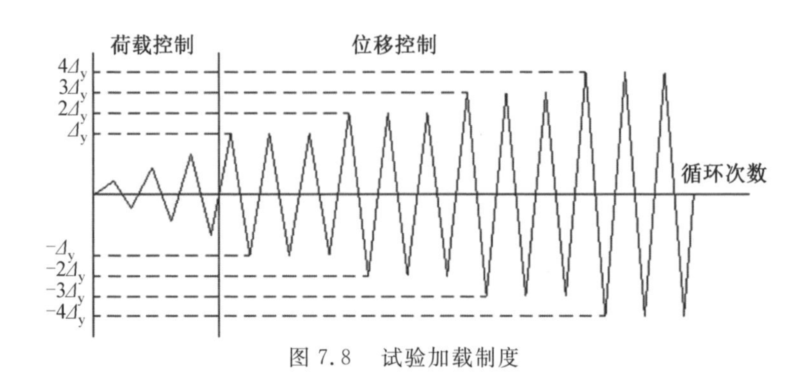

图 7.8　试验加载制度

7.3　试验现象及破坏形态

7.3.1　试验现象

1. 试件 S2－0.1－L

水平反复荷载达到 120 kN 之前，试件基本处于弹性变形阶段。当正向水平荷载达到 120 kN、正向位移为 2.49 mm 时，柱下端北面距离底梁顶面 80 mm 处出现第一条水平裂缝，裂缝宽度为 0.04 mm，长为 120 mm。此时，受压区箍筋端部拉应变为 895 με，纵筋压应变为 1 805 με。当反向水平荷载达到－120 kN、反向位移为－2.6 mm 时，柱下端南面距离底梁顶面 50 mm 处出现水平裂缝，裂缝宽度为 0.03 mm，长为 300 mm。此时，受压区箍筋端部拉应变为 850 με，纵筋压应变为1 615 με。当正向水平荷载达到 425 kN、正向位移为 16 mm 时，柱东面距离底梁 200 mm 处出现第一条斜裂缝。当反向水平荷载达到－404 kN、反向位移为－16 mm 时，柱东面距离底梁 200 mm 处出现一条斜裂缝，与正向加载时形成的斜裂缝位置对称。随着水平反复荷载的增加，柱上、下端不断出现新裂缝，已有的裂缝不断延长、变宽。当正向水平荷载达到 463 kN、正向位移为 28 mm 时，试验柱达到正向峰值荷载，柱上、下端四角出现竖向裂缝，南面受压区混凝土保护层有轻微的压碎现象。此时，受压区箍筋端部拉应变为 2 376 με，纵筋压应变为4 503 με。当反向水平荷载达到－458 kN、反向位移为－28 mm 时，试验柱达到反向峰值荷载，北面受压区混凝土保护层有轻微的压碎现象。此时，受压区箍筋端部拉应变为 2 242 με，纵筋压应变为 4 037 με。随着水平位移的增加，柱上、下端受压区混凝土保护层开始剥落。当正向水平荷载达到 388 kN、正

向位移为 64 mm 时，柱上、下端东南角和西南角混凝土保护层完全剥落，南面纵向钢筋裸露且出现受压屈曲的现象，试件的承载力下降至峰值荷载的 85%。此时受压区箍筋端部拉应变为 5 936 με，纵筋压应变为 7 480 με。当反向水平荷载达到－372 kN、反向位移为－64 mm 时，柱上、下端东北角和西北角混凝土保护层完全剥落，北面纵向钢筋裸露且出现受压屈曲的现象，试件的承载力下降至峰值荷载的 85%，试件破坏。此时受压区箍筋端部拉应变为 5 625 με，纵筋压应变为6 914 με。试件 S2－0.1－L 的破坏形态如图 7.9(a) 所示。

2. 试件 S2－0.2－M

水平反复荷载达到 150 kN 之前，试件基本处于弹性变形阶段。当正向水平荷载达到 150 kN、正向位移为 2.75 mm 时，柱下端北面距离底梁顶面 100 mm 处出现第一条水平裂缝，裂缝宽度为 0.05 mm，长为 280 mm。此时，受压区箍筋端部拉应变为 712 με，纵筋压应变为 2 000 με。当反向水平荷载达到－150 kN、反向位移为－2.45 mm 时，柱下端南面距离底梁顶面 100 mm 处出现水平裂缝，裂缝宽度为 0.04 mm，长为 100 mm。此时，受压区箍筋端部拉应变为 793 με，纵筋压应变为 2 138 με。当反向水平荷载达到－412 kN、反向位移为－12 mm 时，柱东面距离底梁 110 mm 处出现第一条斜裂缝。随着水平反复荷载的增加，柱上、下端不断出现新裂缝，已有的裂缝不断延长、变宽。当反向水平荷载达到－549 kN、反向位移为－24 mm 时，试验柱达到反向峰值荷载，北面受压区混凝土保护层有轻微的压碎现象。此时，受压区箍筋端部拉应变为 2 357 με，纵筋压应变为5 627 με。当正向水平荷载达到 551 kN、正向位移为 32 mm 时，试验柱达到正向峰值荷载，柱上、下端四角出现竖向裂缝，南面受压区混凝土保护层有轻微的压碎现象。此时，受压区箍筋端部拉应变为 2 360 με，纵筋压应变为 5 233 με。随着水平位移的增加，柱上、下端受压区混凝土保护层开始剥落。当正向水平荷载达到 462 kN、正向位移为 68 mm 时，柱上、下端东南角和西南角混凝土保护层完全剥落，南面纵向钢筋裸露且出现受压屈曲的现象，试件的承载力下降至峰值荷载的 85%。此时受压区箍筋端部拉应变为 6 133 με，纵筋压应变为 8 474 με。当反向水平荷载达到－462 kN、反向位移为－68 mm 时，柱上、下端东北角和西北角混凝土保护层完全剥落，北面纵向钢筋裸露且出现受压屈曲的现象，试件的承载力下降至峰值荷载的 85%，试件破坏。此时受压区箍筋端部拉应变为5 598 με，纵筋压应变为 8 656 με。试件 S2－0.2－M 的破坏形态如图 7.9(b) 所示。

3. 试件 S2－0.3－H

水平反复荷载达到 180 kN 之前，试件基本处于弹性变形阶段。当正向水平荷载达到 180 kN、正向位移为 3.04 mm 时，柱下端北面距离底梁顶面 150 mm 处出现第一条水平裂缝，裂缝宽度为 0.06 mm，长为 50 mm。此时，受压区箍筋端部拉应变为 684 με，纵筋压应变为 2 038 με。当反向水平荷载达到 −180 kN、反向位移为 −2.72 mm 时，柱下端南面距离底梁顶面 110 mm 处出现水平裂缝，裂缝宽度为 0.04 mm，长为 90 mm。此时，受压区箍筋端部拉应变为 632 με，纵筋压应变为2 268 με。随着水平反复荷载的增加，柱上、下端不断出现新裂缝，已有的裂缝不断延长、变宽。当反向水平荷载达到 −677 kN、反向位移为 −24 mm 时，试验柱达到反向峰值荷载，北面受压区混凝土保护层有轻微的压碎现象。此时，受压区箍筋端部拉应变为2 576 με，纵筋压应变为6 438 με。当正向水平荷载达到703 kN、正向位移为 28 mm 时，试验柱达到正向峰值荷载，柱上、下端四角出现竖向裂缝，南面受压区混凝土保护层有轻微的压碎现象。此时，受压区箍筋端部拉应变为 2 616 με，纵筋压应变为 6 154 με。随着水平位移的增加，柱上、下端受压区混凝土保护层开始剥落。当反向水平荷载达到 −534 kN、反向位移为 −72 mm 时，柱上、下端东北角和西北角混凝土保护层完全剥落，北面纵向钢筋裸露且出现受压屈曲的现象，试件的承载力下降至峰值荷载的 85%。此时受压区箍筋端部拉应变为 6 478 με，纵筋压应变为 10 438 με。当正向水平荷载达到 590 kN、正向位移为 80 mm 时，柱上、下端东南角和西南角混凝土保护层完全剥落，南面纵向钢筋裸露且出现受压屈曲的现象，试件的承载力下降至峰值荷载的 85%，试件破坏。此时受压区箍筋端部拉应变为 6 267 με，纵筋压应变为 11 106 με。试件 S2 − 0.3 − H 的破坏形态如图 7.9(c) 所示。

4. 试件 S2.5 − 0.1 − L

水平反复荷载达到 150 kN 之前，试件基本处于弹性变形阶段。当正向水平荷载达到 150 kN、正向位移为 4.36 mm 时，柱下端北面距离底梁顶面 100 mm 处出现第一条水平裂缝，裂缝宽度为 0.04 mm，长为 160 mm。此时，受压区箍筋端部拉应变为 1 165 με，纵筋压应变为 1 954 με。当反向水平荷载达到 −150 kN、反向位移为 −3.96 mm时，柱下端南面距离底梁顶面 130 mm 处出现水平裂缝，裂缝宽度为 0.05 mm，长为 290 mm。此时，受压区箍筋端部拉应变为 1 284 με，纵筋压应变为 1 788 με。随着水平反复荷载的增加，柱上、下端不断出现新裂缝，已有的裂缝不断延长、变宽。当反向水平荷载达到 −278 kN、反向位移为−12 mm 时，柱东面距离底梁 200 mm 处出现第一条斜裂缝。当正向水平荷载达到 335 kN、正向位移为 16 mm 时，柱东面距离底梁 200 mm 处出现一条斜裂缝，与上一级加载时形成的斜裂缝位置对称。当反向水平荷载达到 −390 kN、反向位移为− 28 mm 时，试验柱达到反向峰值荷载，北面受压区混凝

土保护层有轻微的压碎现象，并伴随轻微的“噼啪”声。此时，受压区箍筋端部拉应变为2 582 με，纵筋压应变为 4 468 με。当正向水平荷载达到 413 kN、正向位移为32 mm 时，试验柱达到正向峰值荷载，柱上、下端四角出现竖向裂缝，南面受压区混凝土保护层有轻微的压碎现象。此时，受压区箍筋端部拉应变为2 508 με，纵筋压应变为4 558 με。随着水平位移的增加，柱上、下端受压区混凝土保护层开始剥落。当正向水平荷载达到 344 kN、正向位移为 76 mm 时，柱上、下端东南角和西南角混凝土保护层完全剥落，南面纵向钢筋裸露且出现受压屈曲的现象，试件的承载力下降至峰值荷载的 85%。此时受压区箍筋端部拉应变为5 921 με，纵筋压应变为 7 396 με。当反向水平荷载达到 −323 kN、反向位移为 −76 mm 时，柱上、下端东北角和西北角混凝土保护层完全剥落，北面纵向钢筋裸露且出现受压屈曲的现象，试件的承载力下降至峰值荷载的 85%，试件破坏。此时受压区箍筋端部拉应变为 56 949 με，纵筋压应变为 7 582 με。试件 S2.5−0.1−L 的破坏形态如图7.9(d) 所示。

5. 试件 S2.5−0.2−M

水平反复荷载达到 180 kN 之前，试件基本处于弹性变形阶段。当正向水平荷载达到 180 kN、正向位移为 4.15 mm 时，柱下端北面距离底梁顶面 150 mm 处出现第一条水平裂缝，裂缝宽度为 0.06 mm，长为 350 mm。此时，受压区箍筋端部拉应变为 1 237 με，纵筋压应变为 2 052 με。当反向水平荷载达到 −180 kN、反向位移为−4.62 mm 时，柱下端南面距离底梁顶面 140 mm 处出现水平裂缝，裂缝宽度为 0.05 mm，长为 150 mm。此时，受压区箍筋端部拉应变为972 με，纵筋压应变为 2 168 με。当正向水平荷载达到 371 kN、正向位移为 20 mm 时，柱西面距离底梁 290 mm 处出现第一条斜裂缝。随着水平反复荷载的增加，柱上、下端不断出现新裂缝，已有的裂缝不断延长、变宽。当正向水平荷载达到 518 kN、正向位移为 28 mm 时，试验柱达到正向峰值荷载，南面受压区混凝土保护层有轻微的压碎现象。此时，受压区箍筋端部拉应变为 2 685 με，纵筋压应变为5 681 με。当反向水平荷载达到 −498 kN、反向位移为 −32 mm 时，试验柱达到反向峰值荷载，柱上、下端四角出现竖向裂缝，北面受压区混凝土保护层有轻微的压碎现象。此时，受压区箍筋端部拉应变为 2 445 με，纵筋压应变为5 447 με。随着水平位移的增加，柱上、下端受压区混凝土保护层开始剥落，受压区箍筋裸露。当反向水平荷载达到 −417 kN、反向位移为 −76 mm 时，柱上、下端东北角和西北角混凝土保护层完全剥落，北面纵向钢筋裸露且出现受压屈曲的现象，试件的承载力下降至峰值荷载的 85%。此时受压区箍筋端部拉应变为6 539 με，纵筋压应变为9 054 με。当正向水平荷载达到 433 kN、正向位移为

80 mm时，柱上、下端东南角和西南角混凝土保护层完全剥落，南面纵向钢筋裸露且出现受压屈曲的现象，试件的承载力下降至峰值荷载的85%，试件破坏。此时受压区箍筋端部拉应变为6 189 με，纵筋压应变为6 539 με。试件S2.5－0.2－M的破坏形态如图7.9(e)所示。

6. 试件S2.5－0.3－H

水平反复荷载达到180 kN之前，试件基本处于弹性变形阶段。当正向水平荷载达到180 kN、正向位移为3.24 mm时，柱下端北面距离底梁顶面80 mm处出现第一条水平裂缝，裂缝宽度为0.05 mm，长为120 mm。此时，受压区箍筋端部拉应变为1 187 με，纵筋压应变为2 383 με。当反向水平荷载达到－210 kN、反向位移为－3 mm时，柱下端南面距离底梁顶面40 mm处出现水平裂缝，裂缝宽度为0.06 mm，长为220 mm。此时，受压区箍筋端部拉应变为1 168 με，纵筋压应变为2 205 με。当反向水平荷载达到－494 kN、反向位移为－16 mm时，柱东面距离底梁200 mm处出现第一条斜裂缝。随着水平反复荷载的增加，柱上、下端不断出现新裂缝，已有的裂缝不断延长、变宽。当正向水平荷载达到608 kN、正向位移为28 mm时，试验柱达到正向峰值荷载，南面受压区混凝土保护层有轻微的压碎现象。此时，受压区箍筋端部拉应变为2 605 με，纵筋压应变为6 454 με。当反向水平荷载达到－637 kN、反向位移为－28 mm时，试验柱达到反向峰值荷载，柱上、下端四角出现竖向裂缝，北面受压区混凝土保护层有轻微的压碎现象。此时，受压区箍筋端部拉应变为2 760 με，纵筋压应变为6 492 με。随着水平位移的增加，柱上、下端受压区混凝土保护层开始剥落，混凝土裂缝最大宽度为1.98 mm。当正向水平荷载达到511 kN、正向位移为80 mm时，柱上、下端东南角和西南角混凝土保护层完全剥落，南面纵向钢筋裸露且出现受压屈曲的现象，试件的承载力下降至峰值荷载的85%。此时受压区箍筋端部拉应变为6 612 με，纵筋压应变为11 549 με。当反向水平荷载达到－533 kN、反向位移为－88 mm时，柱上、下端东北角和西北角混凝土保护层完全剥落，北面纵向钢筋裸露且出现受压屈曲的现象，试件的承载力下降至峰值荷载的85%，试件破坏。此时受压区箍筋端部拉应变为6 465 με，纵筋压应变为11 035 με。试件S2.5－0.3－H的破坏形态如图7.9(f)所示。

7. 试件S3－0.1－L

水平反复荷载达到210 kN之前，试件基本处于弹性变形阶段。当正向水平荷载达到210 kN、正向位移为9.76 mm时，柱下端北面出现三条水平裂缝。此时，受压区箍筋端部拉应变为1 358 με，纵筋压应变为1 993 με。当反向水平荷载

达到－210 kN、反向位移为－9.78 mm时，柱下端南面距离底梁顶面300 mm处出现水平裂缝，裂缝宽度为0.04 mm，长为300 mm。此时，受压区箍筋端部拉应变为1 269 με，纵筋压应变为1 895 με。随着水平反复荷载的增加，柱上、下端不断出现新裂缝，已有的裂缝不断延长、变宽。当正向水平荷载达到345 kN、正向位移为32 mm时，试验柱达到正向峰值荷载，南面受压区混凝土保护层有轻微的压碎现象。此时，受压区箍筋端部拉应变为2 900 με，纵筋压应变为4 965 με。当反向水平荷载达到－352 kN、反向位移为－32 mm时，试验柱达到反向峰值荷载，柱上、下端四角出现竖向裂缝，北面受压区混凝土保护层有轻微的压碎现象。此时，受压区箍筋端部拉应变为2 905 με，纵筋压应变为4 875 με。随着水平位移的增加，柱上、下端受压区混凝土保护层开始剥落，混凝土裂缝最大宽度为1.42 mm。当正向水平荷载达到288 kN、正向位移为84 mm时，柱上、下端东南角和西南角混凝土保护层完全剥落，南面纵向钢筋裸露且出现受压屈曲的现象，试件的承载力下降至峰值荷载的85%。此时受压区箍筋端部拉应变为6 440 με，纵筋压应变为7 684 με。当反向水平荷载达到－294 kN、反向位移为－88 mm时，柱上、下端东北角和西北角混凝土保护层完全剥落，北面纵向钢筋裸露且出现受压屈曲的现象，试件的承载力下降至峰值荷载的85%，试件破坏。此时受压区箍筋端部拉应变为6 860 με，纵筋压应变为8 032 με。试件S3－0.1－L的破坏形态如图7.9(g)所示。

8. 试件 S3－0.1－M

水平反复荷载达到210 kN之前，试件基本处于弹性变形阶段。当反向水平荷载达到－210 kN、反向位移为－11.06 mm时，柱下端南面距离底梁顶面10 mm处出现第一条水平裂缝，裂缝宽度为0.07 mm，长为110 mm。此时，受压区箍筋端部拉应变为1 120 με，纵筋压应变为2 122 με。当正向水平荷载达到240 kN、正向位移为10.8 mm时，柱下端北面距离底梁顶面100 mm处出现水平裂缝，裂缝宽度为0.05 mm，长为400 mm。此时，受压区箍筋端部拉应变为801 με，纵筋压应变为2 054 με。随着水平反复荷载的增加，柱上、下端不断出现新裂缝，已有的裂缝不断延长、变宽。当正向水平荷载达到400 kN、正向位移为36 mm时，试验柱达到正向峰值荷载，南面受压区混凝土保护层有轻微的压碎现象。此时，受压区箍筋端部拉应变为2 493 με，纵筋压应变为5 496 με。当反向水平荷载达到－380 kN、反向位移为－36 mm时，试验柱达到反向峰值荷载，柱上、下端四角出现竖向裂缝，北面受压区混凝土保护层有轻微的压碎现象。此时，受压区箍筋端部拉应变为2 690 με，纵筋压应变为5 188 με。随着水平位移的增加，柱上、下端受压区混凝土保护层开始剥落，混凝土裂缝最大宽度为1.74 mm。当反向水平荷载达到－316 kN、反向位移为－100 mm时，柱上、下端东北角和西北角混凝土保护层完全剥落，北面纵向钢筋裸露且出现受压屈曲的现象，试件的承载力下降至峰值荷载的85%。此时受压区箍筋端部拉应变为6 505 με，纵筋压应变为9 106 με。当正向水平荷载达到338 kN、正向位移为104 mm时，柱上、下端东南角和西南角混凝土保护层完全剥落，南面纵向钢筋裸露且出现受压屈曲的现象，试件的承载力下降至峰值荷载的85%，试件破坏。此时受压区箍筋端部拉应变为6 505 με，纵筋压应变为 9 106 με。试件 S3－0.1－M 的破坏形态如图7.9(h) 所示。

9. 试件 S3－0.1－H

水平反复荷载达到 232 kN 之前，试件基本处于弹性变形阶段。当反向水平荷载达到－232 kN、反向位移为－12.06 mm 时，柱下端南面出现两条水平裂缝。此时，受压区箍筋端部拉应变为 645 με，纵筋压应变为 2 055 με。当正向水平荷载达到 240 kN、正向位移为 11.11 mm 时，柱下端北面距离底梁顶面180 mm处出现水平裂缝，裂缝宽度为0.03 mm，长为400 mm。此时，受压区箍筋端部拉应变为 898 με，纵筋压应变为 2 237 με。随着水平反复荷载的增加，柱上、下端不断出现新裂缝，已有的裂缝不断延长、变宽。当正向水平荷载达到505 kN、正向位移为 40 mm 时，试验柱达到正向峰值荷载，南面受压区混凝土保护层有轻微的压碎现象。此时，受压区箍筋端部拉应变为 2 158 με，纵筋压应变为5 803 με。当反向水平荷载达到－486 kN、反向位移为－40 mm时，试验柱达到反向峰值荷载，柱上、下端四角出现竖向裂缝，北面受压区混凝土保护层有轻微的压碎现象。此时，受压区箍筋端部拉应变为 2 188 με，纵筋压应变为5 597 με。随着水平位移的增加，柱上、下端受压区混凝土保护层开始剥落，混凝土裂缝最大宽度为1.51 mm。当正向水平荷载达到 421 kN、正向位移为120 mm时，柱上、下端东南角和西南角混凝土保护层完全剥落，南面纵向钢筋裸露且出现受压屈曲的现象，试件的承载力下降至峰值荷载的 85%。此时受压区箍筋端部拉应变为5 990 με，纵筋压应变为 9 998 με。当反向水平荷载达到－410 kN、反向位移为－120 mm时，柱上、下端东北角和西北角混凝土保护层完全剥落，北面纵向钢筋裸露且出现受压屈曲的现象，试件的承载力下降至峰值荷载的 85%，试件破坏。此时受压区箍筋端部拉应变为 5 610 με，纵筋压应变为10 354 με。试件S3－0.1－H 的破坏形态如图 7.9(i) 所示。

10. 试件 S3－0.2－L

水平反复荷载达到 180 kN 之前，试件基本处于弹性变形阶段。当反向水平

荷载达到－180 kN、反向位移为－6.24 mm时，柱下端南面距离底梁顶面150 mm处出现水平裂缝，裂缝宽度为0.05 mm，长为220 mm。此时，受压区箍筋端部拉应变为1 368 με，纵筋压应变为2 004 με。当正向水平荷载达到210 kN、正向位移为6.97 mm时，柱下端北面距离底梁顶面150 mm处出现水平裂缝，裂缝宽度为0.04 mm，长为270 mm。此时，受压区箍筋端部拉应变为1 636 με，纵筋压应变为2 148 με。当正向水平荷载达到368 kN、正向位移为20 mm时，柱东面距离底梁240 mm处出现第一条斜裂缝。当反向水平荷载达到－388 kN、反向位移为－20 mm时，柱东面距离底梁240 mm处出现一条斜裂缝，与正向加载时形成的斜裂缝位置对称。随着水平反复荷载的增加，柱上、下端不断出现新裂缝，已有的裂缝不断延长、变宽。当反向水平荷载达到－411 kN、反向位移为－28 mm时，试验柱达到反向峰值荷载，北面受压区混凝土保护层有轻微的压碎现象。此时，受压区箍筋端部拉应变为3 073 με，纵筋压应变为5 368 με。当正向水平荷载达到406 kN、正向位移为32 mm时，试验柱达到正向峰值荷载，柱上、下端四角出现竖向裂缝，南面受压区混凝土保护层有轻微的压碎现象。此时，受压区箍筋端部拉应变为3 270 με，纵筋压应变为5 032 με。随着水平位移的增加，柱上、下端受压区混凝土保护层开始剥落，混凝土裂缝最大宽度为1.45 mm。当反向水平荷载达到－343 kN、反向位移为－68 mm时，柱上、下端东北角和西北角混凝土保护层完全剥落，北面纵向钢筋裸露且出现受压屈曲的现象，试件的承载力下降至峰值荷载的85%。此时受压区箍筋端部拉应变为6 637 με，纵筋压应变为8 033 με。当正向水平荷载达到341 kN、正向位移为76 mm时，柱上、下端东南角和西南角混凝土保护层完全剥落，南面纵向钢筋裸露且出现受压屈曲的现象，试件的承载力下降至峰值荷载的85%，试件破坏。此时受压区箍筋端部拉应变为7 347 με，纵筋压应变为8 597 με。试件S3－0.2－L的破坏形态如图7.9(j)所示。

11.试件S3－0.2－M

水平反复荷载达到210 kN之前，试件基本处于弹性变形阶段。当正向水平荷载达到210 kN、正向位移为7.38 mm时，柱下端北面距离底梁顶面190 mm处出现水平裂缝，裂缝宽度为0.04 mm，长为310 mm。此时，受压区箍筋端部拉应变为1 069 με，纵筋压应变为2 150 με。当反向水平荷载达到－210 kN、反向位移为－7.45 mm时，柱下端南面距离底梁顶面30 mm处出现水平裂缝，裂缝宽度为0.07 mm，长为370 mm。此时，受压区箍筋端部拉应变为1 435 με，纵筋压应变为2 256 με。当正向水平荷载达到387 kN、正向位移为16 mm时，柱东面距离底梁160 mm处出现第一条斜裂缝。随着水平反复荷载的增加，柱上、下端不断出现新裂缝，已有的裂缝不断延长、变宽，并伴有轻微的“噼啪”声。当反向水平荷载达到－448 kN、反向位移为－28 mm时，试验柱达到反向峰值荷载，北面受压区混凝土保护层有轻微的压碎现象。此时，受压区箍筋端部拉应变为2 872 $\mu\varepsilon$，纵筋压应变为5 799 $\mu\varepsilon$。当正向水平荷载达到485 kN、正向位移为36 mm时，试验柱达到正向峰值荷载，柱上、下端四角出现竖向裂缝，南面受压区混凝土保护层有轻微的压碎现象。此时，受压区箍筋端部拉应变为2 872 $\mu\varepsilon$，纵筋压应变为5 799 $\mu\varepsilon$。当反向水平荷载达到－378 kN、反向位移为－80 mm时，柱上、下端东北角和西北角混凝土保护层完全剥落，北面纵向钢筋裸露且出现受压屈曲的现象，试件的承载力下降至峰值荷载的85%。此时受压区箍筋端部拉应变为6 645 $\mu\varepsilon$，纵筋压应变为9 534 $\mu\varepsilon$。当正向水平荷载达到406 kN、正向位移为84 mm时，柱上、下端东南角和西南角混凝土保护层完全剥落，南面纵向钢筋裸露且出现受压屈曲的现象，试件的承载力下降至峰值荷载的85%，试件破坏。此时受压区箍筋端部拉应变为6 186 $\mu\varepsilon$，纵筋压应变为9 306 $\mu\varepsilon$。试件S3－0.2－M的破坏形态如图7.9(k)所示。

12. 试件S3－0.2－H

水平反复荷载达到210 kN之前，试件基本处于弹性变形阶段。当正向水平荷载达到210 kN、正向位移为7.46 mm时，柱下端南面出现两条水平裂缝。此时，受压区箍筋端部拉应变为1 108 $\mu\varepsilon$，纵筋压应变为2 349 $\mu\varepsilon$。当反向水平荷载达到－240 kN、反向位移为－7.72 mm时，柱下端南面距离底梁顶面50 mm处出现水平裂缝，裂缝宽度为0.06 mm，长为300 mm。此时，受压区箍筋端部拉应变为975 $\mu\varepsilon$，纵筋压应变为2 253 $\mu\varepsilon$。随着水平反复荷载的增加，柱上、下端不断出现新裂缝，已有的裂缝不断延长、变宽，并伴有轻微的“噼啪”声。当正向水平荷载达到560 kN、正向位移为36 mm时，试验柱达到正向峰值荷载，南面受压区混凝土保护层有轻微的压碎现象。此时，受压区箍筋端部拉应变为2 501 $\mu\varepsilon$，纵筋压应变为6 326 $\mu\varepsilon$。当反向水平荷载达到－524 kN、反向位移为－36 mm时，试验柱达到反向峰值荷载，柱上、下端四角出现竖向裂缝，北面受压区混凝土保护层有轻微的压碎现象。此时，受压区箍筋端部拉应变为2 489 $\mu\varepsilon$，纵筋压应变为6 272 $\mu\varepsilon$。当反向水平荷载达到－439 kN、反向位移为－92 mm时，柱上、下端东北角和西北角混凝土保护层完全剥落，北面纵向钢筋裸露且出现受压屈曲的现象，试件的承载力下降至峰值荷载的85%。此时受压区箍筋端部拉应变为5 722 $\mu\varepsilon$，纵筋压应变为10 057 $\mu\varepsilon$。当正向水平荷载达到471 kN、正向位移为96 mm时，柱上、下端东南角和西南角混凝土保护层完全剥落，南面纵向钢筋裸露且出现受压屈曲的现象，试件的承载力下降至峰值荷载的85%，试件破坏。此时受压区箍筋端部拉应变为6 392 $\mu\varepsilon$，纵筋压应变为100 935 $\mu\varepsilon$。试件

S3－0.2－H的破坏形态如图7.9(l)所示。

13. 试件S3－0.3－L

水平反复荷载达到180 kN之前，试件基本处于弹性变形阶段。当正向水平荷载达到180 kN、正向位移为4.86 mm时，柱下端北面距离底梁顶面80 mm处出现水平裂缝，裂缝宽度为0.05 mm，长为60 mm。此时，受压区箍筋端部拉应变为1 717 $\mu\varepsilon$，纵筋压应变为2 152 $\mu\varepsilon$。当反向水平荷载达到－180 kN、反向位移为－5.28 mm时，柱下端南面出现两条水平裂缝。此时，受压区箍筋端部拉应变为1 552 $\mu\varepsilon$，纵筋压应变为2 234 $\mu\varepsilon$。随着水平反复荷载的增加，柱上、下端不断出现新裂缝，已有的裂缝不断延长、变宽，并伴有轻微的“噼啪”声。当正向水平荷载达到450 kN、正向位移为24 mm时，试验柱达到正向峰值荷载，南面受压区混凝土保护层有轻微的压碎现象。此时，受压区箍筋端部拉应变为3 564 $\mu\varepsilon$，纵筋压应变为5 377 $\mu\varepsilon$。当反向水平荷载达到－429 kN、反向位移为－24 mm时，试验柱达到反向峰值荷载，柱上、下端四角出现竖向裂缝，北面受压区混凝土保护层有轻微的压碎现象。此时，受压区箍筋端部拉应变为3 082 $\mu\varepsilon$，纵筋压应变为5 585 $\mu\varepsilon$。当反向水平荷载达到－358 kN、反向位移为－52 mm时，柱上、下端东北角和西北角混凝土保护层完全剥落，北面纵向钢筋裸露且出现受压屈曲的现象，试件的承载力下降至峰值荷载的85%。此时受压区箍筋端部拉应变为7 153 $\mu\varepsilon$，纵筋压应变为9 020 $\mu\varepsilon$。当正向水平荷载达到381 kN、正向位移为60 mm时，柱上、下端东南角和西南角混凝土保护层完全剥落，南面纵向钢筋裸露且出现受压屈曲的现象，试件的承载力下降至峰值荷载的85%，试件破坏。此时受压区箍筋端部拉应变为7 619 $\mu\varepsilon$，纵筋压应变为8 638 $\mu\varepsilon$。试件S3－0.3－L的破坏形态如图7.9(m)所示。

14. 试件S3－0.3－M

水平反复荷载达到180 kN之前，试件基本处于弹性变形阶段。当反向水平荷载达到－180 kN、反向位移为－5.08 mm时，柱下端南面距离底梁顶面180 mm处出现水平裂缝，裂缝宽度为0.04 mm，长为180 mm。此时，受压区箍筋端部拉应变为1 495 $\mu\varepsilon$，纵筋压应变为2 275 $\mu\varepsilon$。当正向水平荷载达到210 kN、正向位移为5.4 mm时，柱下端北面距离底梁顶面200 mm处出现水平裂缝，裂缝宽度为0.05 mm，长为170 mm。此时，受压区箍筋端部拉应变为1 491 $\mu\varepsilon$，纵筋压应变为2 399 $\mu\varepsilon$。随着水平反复荷载的增加，柱上、下端不断出现新裂缝，已有的裂缝不断延长、变宽，并伴有轻微的“噼啪”声。当正向水平荷载达到500 kN、正向位移为28 mm时，试验柱达到正向峰值荷载，南面受压区混凝土保护层有轻微的压碎现象。此时，受压区箍筋端部拉应变为2 990 $\mu\varepsilon$，纵筋压应变为6 233 $\mu\varepsilon$。当反向水平荷载达到－525 kN、反向位移为－28 mm时，试验柱达到反向峰值荷载，柱上、下端四角出现竖向裂缝，北面受压区混凝土保护层有轻微的压碎现象。此时，受压区箍筋端部拉应变为 3 174 με，纵筋压应变为 5 937 με。当正向水平荷载达到 417 kN、正向位移为 72 mm 时，柱上、下端东南角和西南角混凝土保护层完全剥落，南面纵向钢筋裸露且出现受压屈曲的现象，试件的承载力下降至峰值荷载的 85%。此时受压区箍筋端部拉应变为6 675 με，纵筋压应变为10 305 με。当反向水平荷载达到 −441 kN、反向位移为 −76 mm 时，柱上、下端东北角和西北角混凝土保护层完全剥落，北面纵向钢筋裸露且出现受压屈曲的现象，试件的承载力下降至峰值荷载的 85%，试件破坏。此时受压区箍筋端部拉应变为 6 969 με，纵筋压应变为 9 657 με。试件S3－0.3－M 的破坏形态如图7.9(n) 所示。

15. 试件 S3－0.3－H

水平反复荷载达到 210 kN 之前，试件基本处于弹性变形阶段。当正向水平荷载达到 210 kN、正向位移为 5.63 mm 时，柱下端北面距离底梁顶面 190 mm 处出现水平裂缝，裂缝宽度为 0.05 mm，长为 320 mm。此时，受压区箍筋端部拉应变为1 373 με，纵筋压应变为 2 327 με。当反向水平荷载达到 −210 kN、反向位移为− 5.29 mm 时，柱下端南面出现两条水平裂缝。此时，受压区箍筋端部拉应变为1 141 με，纵筋压应变为 2 501 με。当正向水平荷载达到 506 kN、正向位移为20 mm 时，柱东面距离底梁 180 mm 处出现第一条斜裂缝。随着水平反复荷载的增加，柱上、下端不断出现新裂缝，已有的裂缝不断延长、变宽，并伴有轻微的“噼啪”声。当正向水平荷载达到 577 kN、正向位移为 32 mm 时，试验柱达到正向峰值荷载，南面受压区混凝土保护层有轻微的压碎现象。此时，受压区箍筋端部拉应变为 2 789 με，纵筋压应变为 6 484 με。当反向水平荷载达到 −623 kN、反向位移为−32 mm时，试验柱达到反向峰值荷载，柱上、下端四角出现竖向裂缝，北面受压区混凝土保护层有轻微的压碎现象。此时，受压区箍筋端部拉应变为2 696 με，纵筋压应变为 6 750 με。当反向水平荷载达到−528 kN、反向位移为 −84 mm 时，柱上、下端东北角和西北角混凝土保护层完全剥落，北面纵向钢筋裸露且出现受压屈曲的现象，试件的承载力下降至峰值荷载的 85%。此时受压区箍筋端部拉应变为6 453 με，纵筋压应变为12 358 με。当正向水平荷载达到484 kN、正向位移为 92 mm 时，柱上、下端东南角和西南角混凝土保护层完全剥落，南面纵向钢筋裸露且出现受压屈曲的现象，试件的承载力下降至峰值荷载的 85%，试件破坏。此时受压区箍筋端部拉应变为6 837 με，纵筋压应变为11 584 με。试件 S3－0.3－H 的破坏形态如图 7.9(o) 所示。

7.3.2 破坏形态

HRB500 作为纵筋、800 MPa 级中强度预应力钢丝作为箍筋的 15 个约束混

凝土方柱在水平反复荷载作用下的破坏形态均为弯曲形破坏。各试件的破坏形态如图7.9所示，局部细节如图7.9所示。

轴压比、剪跨比、纵筋配筋率和箍筋体积配箍率影响水平反复荷载作用下高强箍筋约束混凝土柱的性能。这里需要说明的是，为了方便描述，本节定义极限水平位移Δ_u为试件承载能力下降至85%峰值承载力对应的水平位移，极限位移角为极限水平位移Δ_u与柱净高H_0的比值。

(1) 轴压比低的试件，变形能力较好。例如，试件S3－0.1－M的开裂弯矩为270 kN·m，而试件S3－0.3－M的开裂弯矩为234 kN·m。从峰值点至破坏（试件承载能力降低至峰值承载力的85%），试件S3－0.1－M和试件S3－0.3－M的循环次数分别为9和7。试件S3－0.1－M和S3－0.3－M的极限位移角分别为1/24和1/32。这表明在低轴压比的情况下，试件具有较好的变形能力。

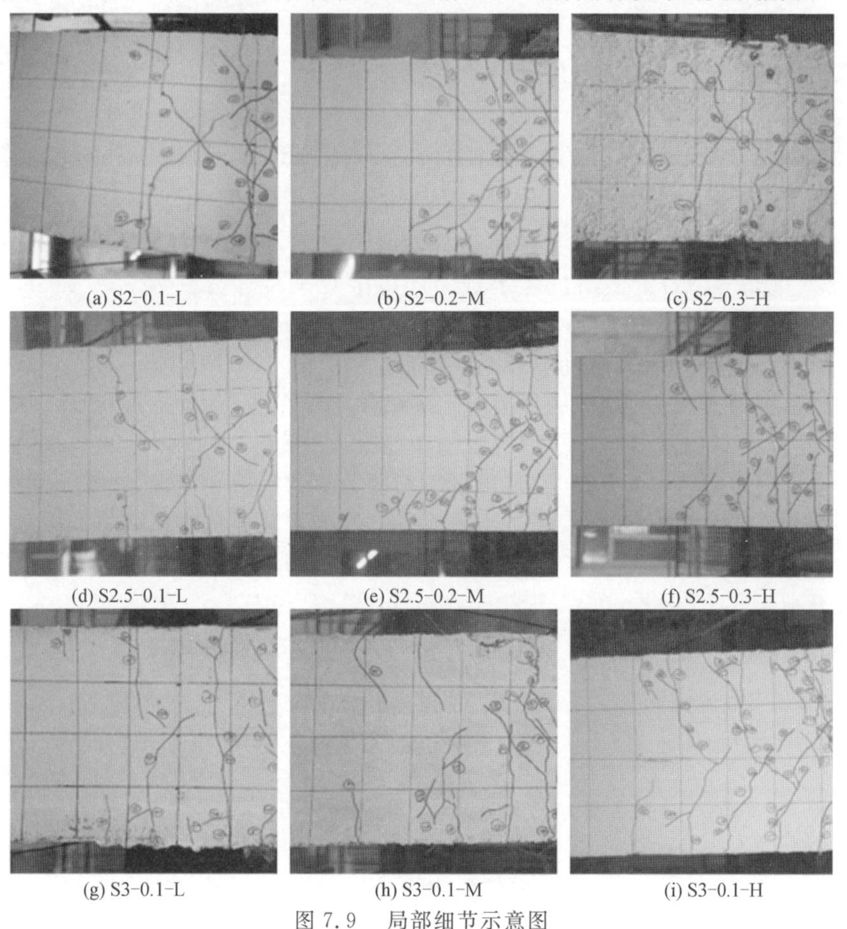

(a) S2-0.1-L　(b) S2-0.2-M　(c) S2-0.3-H

(d) S2.5-0.1-L　(e) S2.5-0.2-M　(f) S2.5-0.3-H

(g) S3-0.1-L　(h) S3-0.1-M　(i) S3-0.1-H

图7.9　局部细节示意图

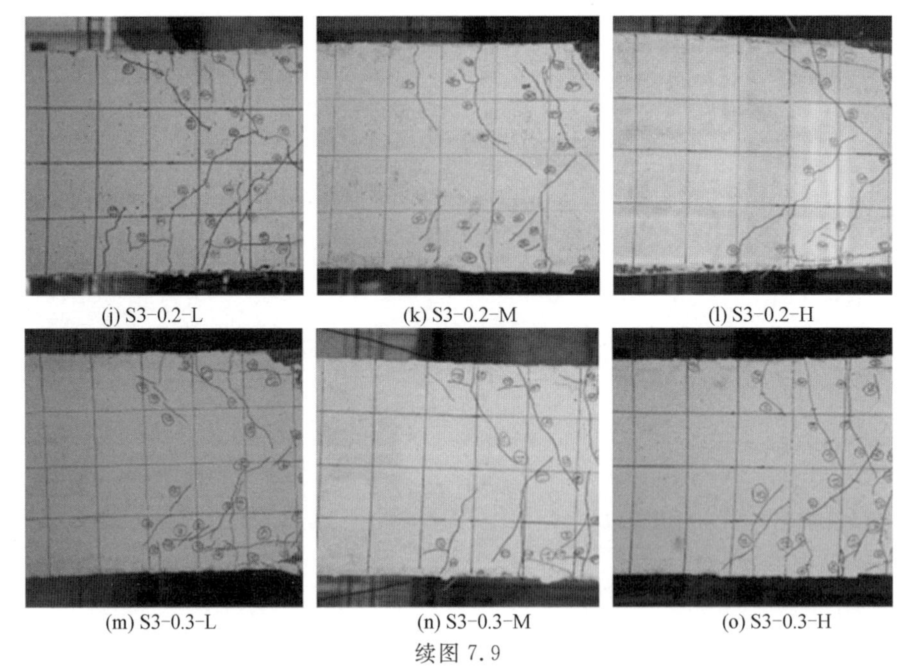
(j) S3-0.2-L (k) S3-0.2-M (l) S3-0.2-H
(m) S3-0.3-L (n) S3-0.3-M (o) S3-0.3-H

续图 7.9

(2) 高剪跨比可提高约束混凝土柱的变形能力，但对承载力不利。例如，试件 S2－0.1－L 的正截面抗弯承载力和极限水平位移分别为 369 kN · m 和 64 mm，而试件 S3－0.1－L 的正截面抗弯承载力和极限水平位移分别为 418 kN · m 和 86 mm。从峰值点至破坏，试件 S2－0.2－M 和 S3－0.2－M 的循环次数分别为 5 和 7。这表明低剪跨比的试件趋于脆性，变形能力较低。

(3) 较多的纵筋和箍筋可以有效限制混凝土的膨胀，提高试件的承载力和变形能力。例如，试件 S3－0.3－H 的开裂弯矩为 252 kN · m，而试件 S3－0.3－L 的开裂弯矩为 216 kN · m。试件 S3－0.3－H 的正截面抗弯承载力和极限位移角分别为 720 kN · m 和 1/27，而试件 S3－0.3－L 的正截面抗弯承载力和极限位移角分别为 527 kN · m 和 1/43。

7.4 试验结果

将 15 个约束混凝土柱试件的拟静力试验结果列于表 7.5 中。

表 7.5　试验结果

试件编号	破坏形态	M_p/(kN·m)	Δ_p/mm	ε_{sv}/%	ε_{ccu}/%	F_y/kN	Δ_y/mm	Δ_u/mm	ε_{svu}/%	μ	θ_u	E_{sum}/(kN·m)
S2－0.1－L	弯曲形	369	28	0.231	0.427	404	15.4	64	0.578	4.16	1/25	335.6
S2－0.2－M	弯曲形	440	28	0.236	0.543	474	17.0	68	0.587	4.02	1/24	376.4
S2－0.3－H	弯曲形	552	26	0.260	0.630	631	18.2	76	0.637	4.17	1/21	642.2
S2.5－0.1－L	弯曲形	402	30	0.255	0.451	345	17.9	76	0.594	4.25	1/26	428.9
S2.5－0.2－M	弯曲形	508	30	0.257	0.556	463	18.0	78	0.636	4.37	1/26	458.6
S2.5－0.3－H	弯曲形	623	28	0.268	0.647	566	19.7	84	0.654	4.26	1/24	696.6
S3－0.1－L	弯曲形	418	32	0.290	0.489	298	19.8	86	0.665	4.34	1/28	482.3
S3－0.1－M	弯曲形	468	36	0.259	0.534	343	22.8	102	0.627	4.48	1/24	780.6
S3－0.1－H	弯曲形	595	40	0.217	0.570	432	26.2	120	0.580	4.58	1/20	1 598.6
S3－0.2－L	弯曲形	490	30	0.317	0.520	355	16.9	72	0.699	4.27	1/33	340.9
S3－0.2－M	弯曲形	559	32	0.279	0.569	393	18.6	82	0.642	4.41	1/29	505.7
S3－0.2－H	弯曲形	650	36	0.250	0.630	447	20.8	94	0.606	4.51	1/26	867.6
S3－0.3－L	弯曲形	527	24	0.332	0.548	378	13.2	56	0.739	4.25	1/43	199.3
S3－0.3－M	弯曲形	616	28	0.308	0.609	451	17.0	74	0.682	4.36	1/32	419.9
S3－0.3－H	弯曲形	720	32	0.274	0.662	523	19.8	88	0.665	4.44	1/27	800.8

注：1. M_p 为正截面受弯承载力；Δ_p 为峰值荷载对应的水平位移(mm)；ε_{sv} 为峰值荷载对应的箍筋端部拉应变；ε_{ccu} 为峰值荷载对应的约束混凝土边缘压应变；F_y 为水平屈服荷载(kN)；Δ_y 为水平屈服荷载对应的水平位移(mm)；Δ_u 为极限水平位移(mm)；ε_{svu} 为达到极限位移时的箍筋端部拉应变；μ 为位移延性系数；θ_u 为极限位移角；E_{sum} 为累积耗能能量(kN·m)。

2. 正向加载时，箍筋应变是柱底第一排箍筋测点 G4 ～ G9 应变值的平均值；反向加载时，箍筋应变是柱底第一排箍筋测点 G1、G12 ～G16 应变值的平均值；表 7.5 中的箍筋应变是正向加载和反向加载时箍筋应变的平均值。

3. 考虑到约束混凝土与纵筋变形协调，正向加载时，约束混凝土边缘压应变是纵筋应变测点 Z4、Z8 应变值的平均值；反向加载时，约束混凝土边缘压应变是纵筋应变测点 Z1、Z5 应变值的平均值；表 7.5 中的约束混凝土边缘压应变是正向加载和反向加载时纵筋应变的平均值。

7.4.1 荷载－位移滞回曲线

一定轴压比时，水平反复荷载下的荷载－位移滞回曲线是约束混凝土柱抗震性能的综合体现。图 7.10 所示为 15 个 HRB500 作为纵筋、800 MPa 级中强度预应力钢丝作为箍筋的约束混凝土柱的滞回曲线。这里需要说明的是，由于试件在制作过程中不可能做到完全对称，且加载过程中会产生轻微的偏心，因此得到的荷载－位移滞回曲线不完全对称。

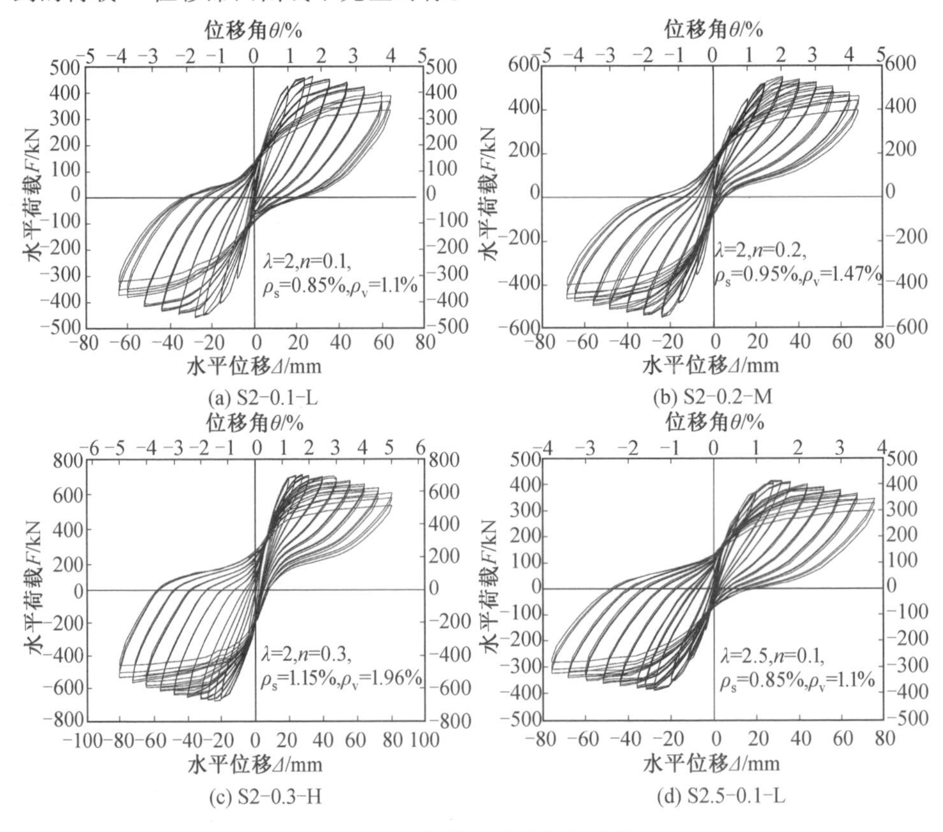

图 7.10 荷载－位移滞回曲线

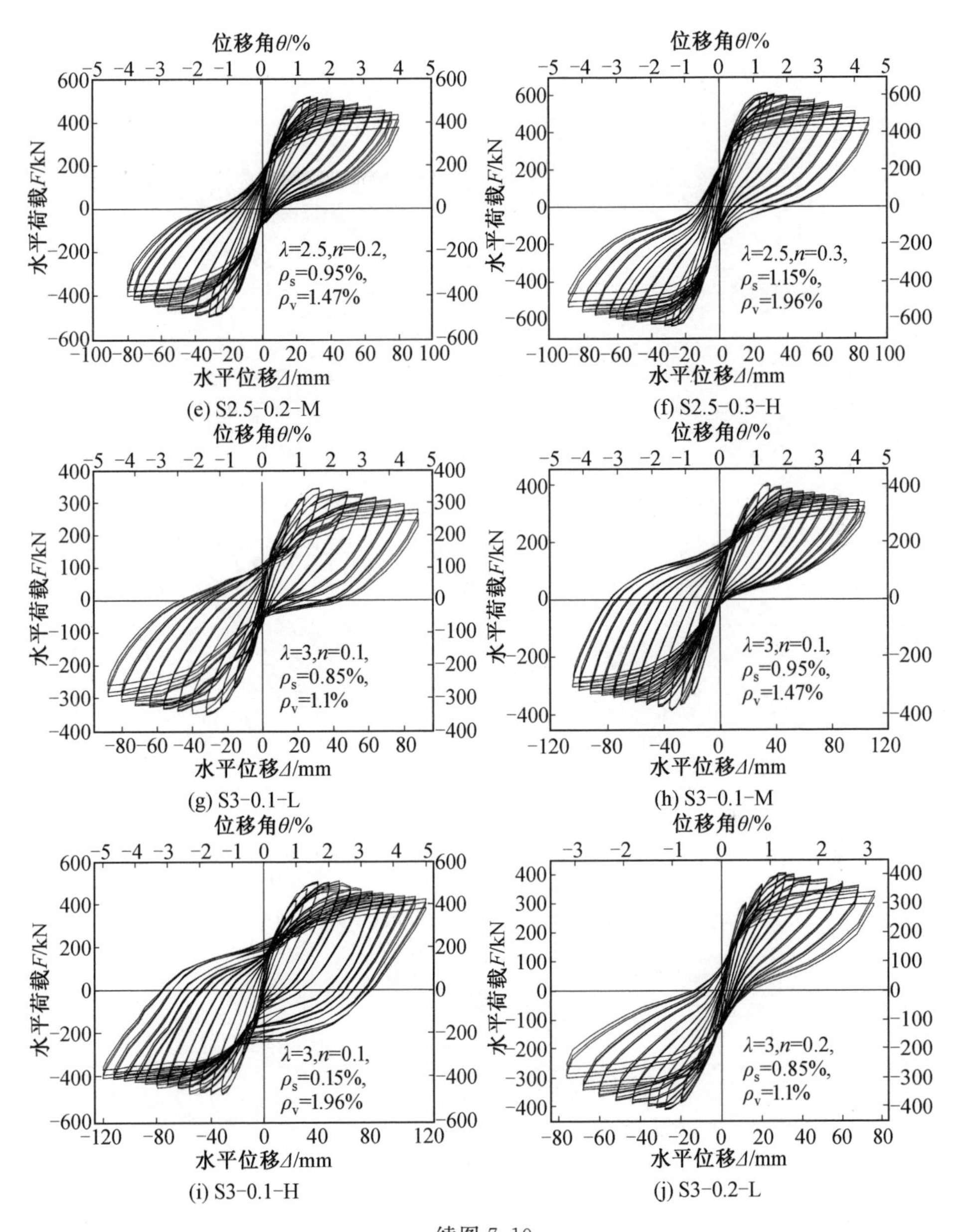

(e) S2.5-0.2-M　(f) S2.5-0.3-H

(g) S3-0.1-L　(h) S3-0.1-M

(i) S3-0.1-H　(j) S3-0.2-L

续图 7.10

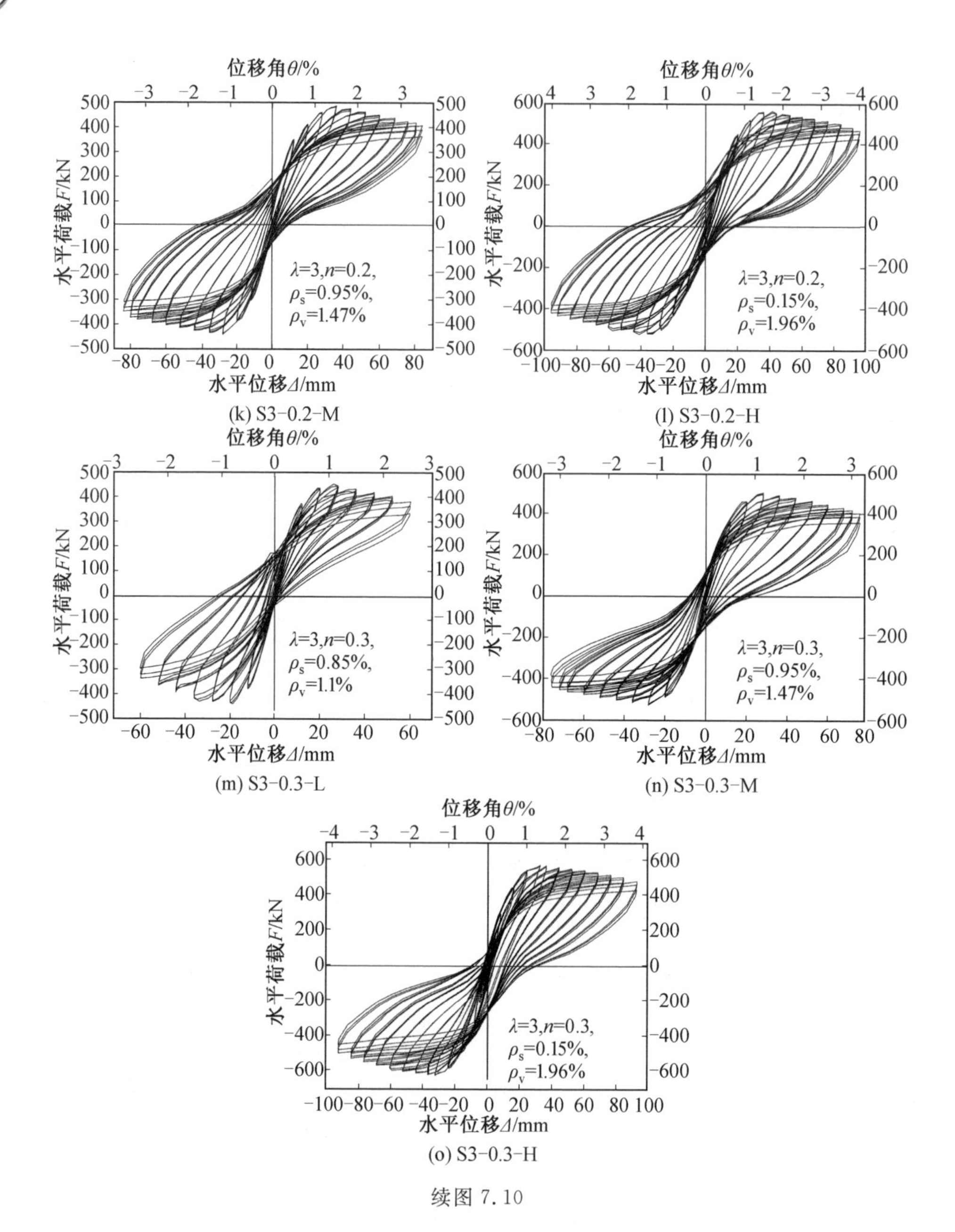

(k) S3-0.2-M

(l) S3-0.2-H

(m) S3-0.3-L

(n) S3-0.3-M

(o) S3-0.3-H

续图 7.10

从图7.10中可以看出，HRB500作为纵筋、800 MPa级中强度预应力钢丝作为箍筋的约束混凝土柱试件的荷载－位移滞回曲线具有以下特点：

（1）在加载初期，试件处于弹性阶段，滞回曲线的加载段和卸载段斜率较为接近，残余变形较小，且刚度变化较小，因而滞回曲线呈狭长的梭形。这表明试件几乎没有塑性变形和能量耗散。随着水平荷载的增加，试件端部出现裂缝，滞回曲线的斜率逐渐下降，试件侧向刚度逐渐减小，残余变形增大，滞回曲线逐渐饱满，滞回环面积增大。这表明试件产生了更多的塑性变形和能量耗散。

（2）与高轴压比的试件相比，低轴压比的试件具有更好的变形能力和耗能能力。低轴压比的试件（$n=0.1$，图7.10(g)，(h)，(i)）的滞回曲线比高轴压比的试件（$n=0.3$，图7.10(n)，(p)，(q)）的滞回曲线更饱满。此外，高轴压比的试件的滞回曲线捏缩现象更明显。

（3）较大剪跨比的试件具有更好的耗能能力。较大剪跨比的试件（$\lambda=3$，图7.10(g)）的滞回曲线比较小剪跨比的试件（$\lambda=2$，图7.10(a)；$\lambda=2.5$，图7.10(d)）的滞回曲线更饱满，滞回环面积更大，说明高剪跨比的试件趋于延性，具有较好的耗能能力。研究结果表明，剪跨比是影响约束混凝土柱破坏形态的重要因素。剪跨比$\lambda \geqslant 2$时，多发生弯曲破坏，但仍需要配置足够的箍筋；剪跨比$\lambda < 2$时，多发生剪切破坏。

（4）高纵筋配筋率和高体积配箍率可以有效改善约束混凝土柱的变形能力和耗能能力。具有高纵筋配筋率和高体积配箍率的试件（$\rho_v=1.96\%$，$\rho_s=1.15\%$，图7.10(i)，(m)，(q)）的滞回曲线比低纵筋配筋率和低体积配箍率的试件（$\rho_v=1.1\%$，$\rho_s=0.85\%$，图7.10(g)，(j)，(n)）更饱满，且捏缩现象更不明显。主要原因是较多的纵筋和箍筋形成的钢筋骨架可以协同工作，共同约束核心区混凝土，从而延缓并降低核心区约束混凝土的破坏。

7.4.2　骨架曲线

骨架曲线是水平反复荷载作用下每次循环加载达到水平力最大值的轨迹，能够反映约束混凝土柱的受力特性。图7.11所示为15个HRB500作为纵筋、800 MPa级中强度预应力钢丝作为箍筋的约束混凝土柱的骨架曲线。图7.12所示为轴压比、剪跨比、纵筋配筋率和体积配箍率对试件骨架曲线的影响。

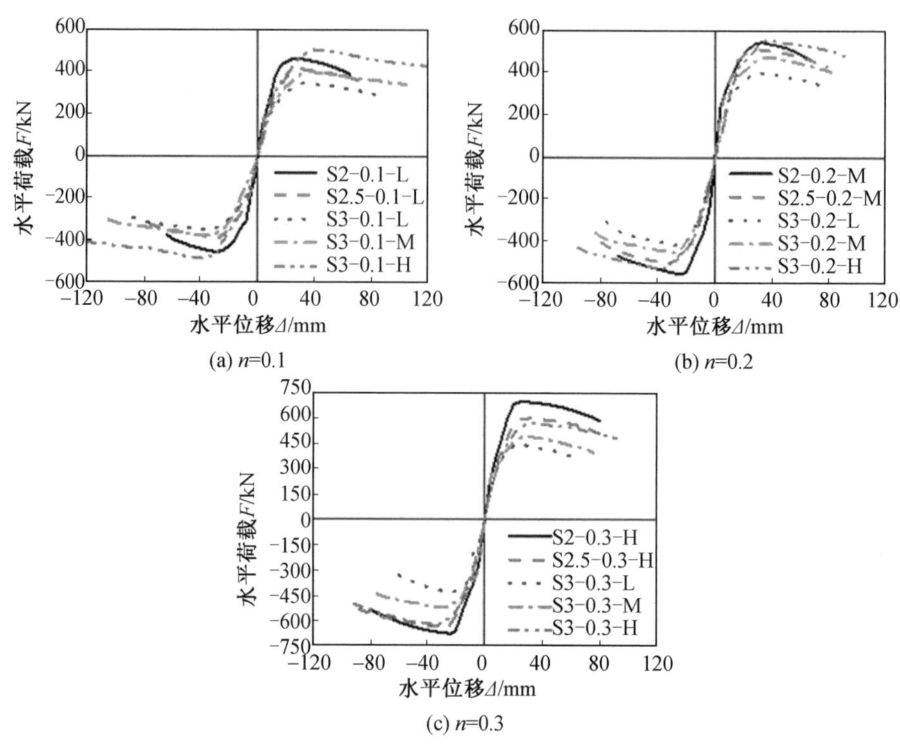

(a) n=0.1

(b) n=0.2

(c) n=0.3

图 7.11　试件骨架曲线

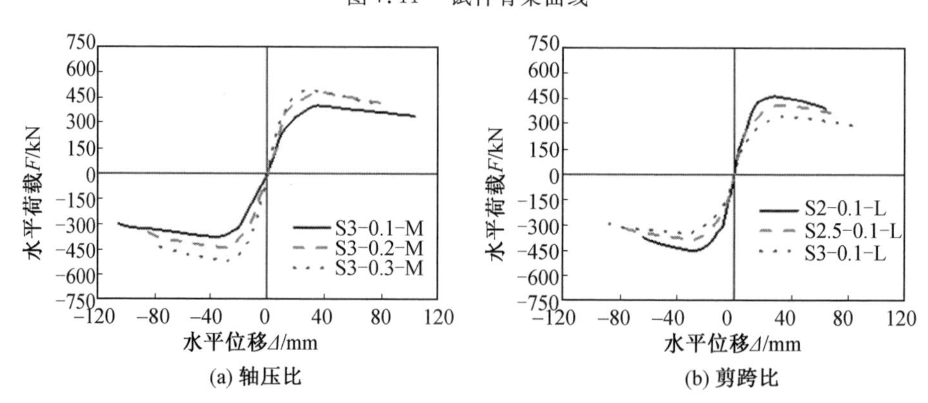

(a) 轴压比

(b) 剪跨比

图 7.12　各参数对试件骨架曲线的影响

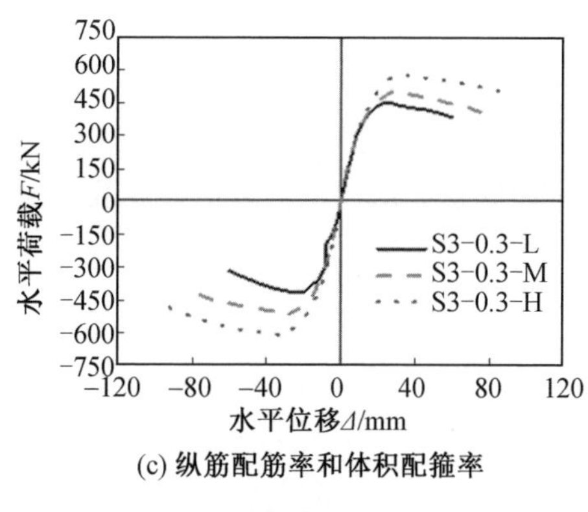

(c) 纵筋配筋率和体积配箍率

续图 7.12

由图 7.11 和图 7.12 可知，HRB500 作为纵筋、800 MPa 级中强度预应力钢丝作为箍筋的约束混凝土柱的骨架曲线具有以下特点：

(1) 在加载初期，试件的骨架曲线为直线，表明试件处于弹性阶段，如图 7.11(a)、(b) 和(c) 所示。试件屈服后，骨架曲线的斜率逐渐降低，表明侧向刚度开始下降。达到水平峰值荷载后，由于试件柱端部附近混凝土剥落，试件的水平承载力降低，侧向刚度持续降低直到试件破坏。

(2) 轴压比影响约束混凝土柱的承载力和变形能力，如图 7.12(a) 所示。骨架曲线的斜率和水平峰值荷载随轴压比的增大而增大，而极限水平位移随轴压比的增大而减小。15 个试件的试验轴压比为 0.1 ～ 0.3，柱截面在峰值点时基本处于大偏心受压状态。从偏心受压柱的弯矩 － 轴力($M-N$) 相关图中可以发现，大偏心受压状态下，柱截面抗弯承载力随着轴力的增大而增大，因此相应的水平峰值荷载也会增大。随着轴压比的增加，柱端混凝土受压区高度增大，柱端混凝土被压碎的范围扩大，因而约束混凝土柱的变形能力减弱。

(3) 随着剪跨比的增加，骨架曲线的斜率和水平峰值荷载逐渐降低，水平峰值荷载对应的位移和极限水平位移逐渐增加，如图 7.12(b) 所示。剪跨比越大，骨架曲线的下降段越平缓，约束混凝土柱的变形能力越好。

(4) 纵筋配筋率和体积配箍率不同的试件的骨架曲线差异较大，如图 7.12(c) 所示。纵筋配筋率和体积配箍率越大，水平峰值荷载、水平峰值荷载对应的位移和极限水平位移均明显增大。较高的纵筋配筋率和较密的约束箍筋可以对核心区混凝土施加较强的约束作用，从而提高约束混凝土的承载力和变形能力。

7.4.3 强度退化

强度退化是指在相同位移幅值下，承载力随循环次数增加而降低的现象，用强度退化系数 γ_i 表示试件的强度退化。强度退化系数可通过第 i 级位移加载时第三次循环的水平荷载最大值与第一次循环的水平荷载最大值的比值来确定，其计算式为

$$\gamma_i^+ = \frac{F_{i3}^+}{F_{i1}^+}, \quad \gamma_i^- = \frac{F_{i3}^-}{F_{i1}^-} \tag{7.1}$$

$$\gamma_i = \frac{1}{2}(\gamma_i^+ + \gamma_i^-) \tag{7.2}$$

式中，γ_i^+ 和 γ_i^- 分别为第 i 级位移加载时正半圈和负半圈的强度退化系数；F_{i1}^+ 和 F_{i3}^+ 分别为第 i 级位移加载时第一次循环的正向水平荷载最大值和第三次循环的正向水平荷载最大值；F_{i1}^- 和 F_{i3}^- 分别为第 i 级位移加载时第一次循环的反向水平荷载最大值和第三次循环的反向水平荷载最大值。

图 7.13 所示为 15 个试件的强度退化系数与加载位移的关系。图 7.14 所示为轴压比、剪跨比、纵筋配筋率和体积配箍率对试件强度退化系数的影响。

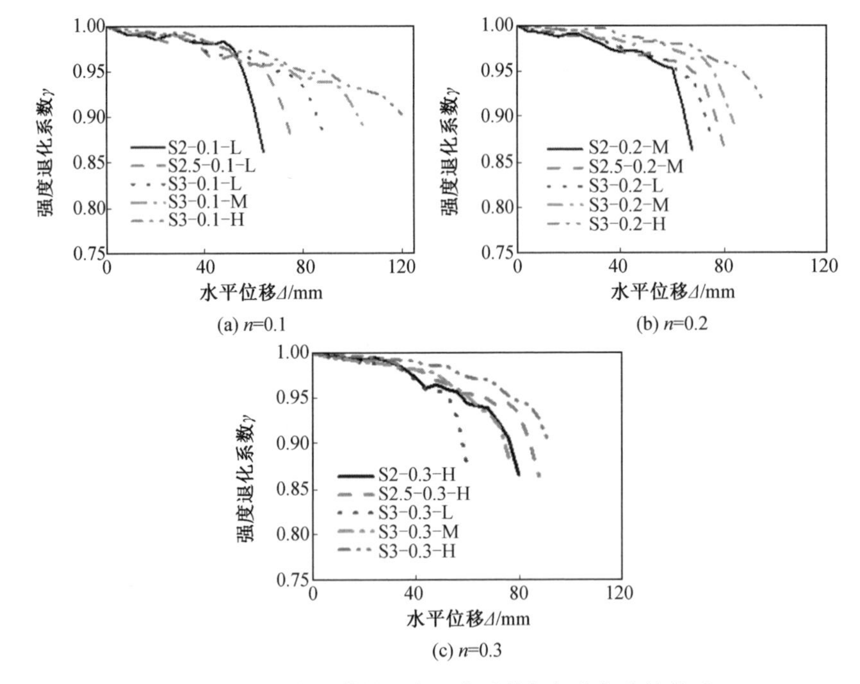

图 7.13 15 个试件的强度退化系数与加载位移的关系

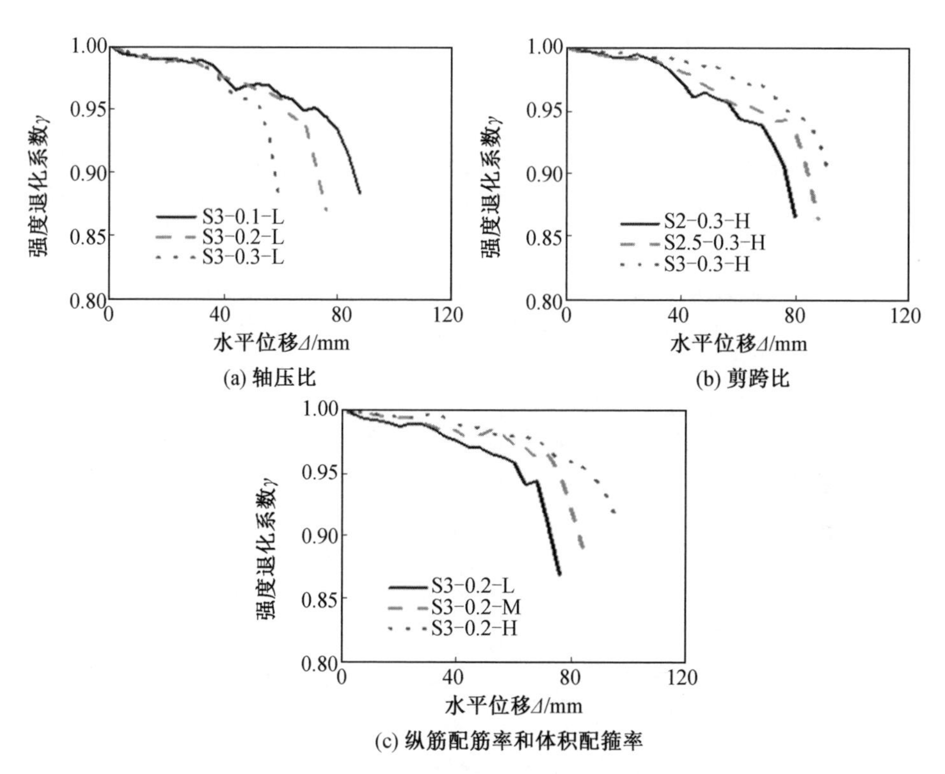

图 7.14　各参数对强度退化系数的影响

如图 7.13(a)、(b) 和(c) 所示，在位移控制的初始阶段，各试件的强度退化现象并不明显，随后，各试件才出现不同程度强度退化。配置约束箍筋能够减缓强度退化，因而试件破坏时的强度退化系数均大于 0.85。轴压比越大，强度退化现象越明显，如图 7.14(a) 所示。剪跨比越小，强度退化现象越明显，如图7.14(b) 所示。例如，当剪跨比为 3 时，试件达到极限水平位移时的强度退化系数保持在 0.9 附近，而当剪跨比为 2 时，试件达到极限水平位移时的强度退化系数在 0.85 左右。高纵筋配筋率和高体积配箍率能够在一定程度上改善试件的强度退化现象，如图 7.14(c) 所示。纵筋配筋率和体积配箍率越大，强度下降越缓慢，试件达到极限水平位移时的强度退化系数越高。加载位移较小时，主要由混凝土承担剪力。混凝土在水平反复荷载作用下产生损伤，承载力下降，而临近破坏时较密配置的箍筋的约束作用可以减缓混凝土损伤的发展。

7.4.4　刚度退化

本章采用割线刚度 K_i 的变化来评价 HRB500 作为纵筋、800 MPa 级中强度预应力钢丝作为箍筋的约束混凝土柱试件的刚度退化，K_i 可按下式计算：

$$K_i=\frac{|F_i^+|+|F_i^-|}{|\Delta_i^+|+|\Delta_i^-|} \tag{7.3}$$

式中，K_i 为第 i 级位移加载时的割线刚度；F_i^+ 和 F_i^- 分别为第 i 级位移加载时正向、负向水平荷载最大值；Δ_i^+ 和 Δ_i^- 分别为第 i 级位移加载时正向、负向水平荷载最大值对应的水平位移。

图 7.15 所示为 15 个试件的割线刚度随加载位移的变化曲线。图 7.16 所示为轴压比、剪跨比、纵筋配筋率和体积配箍率对刚度－位移曲线的影响。

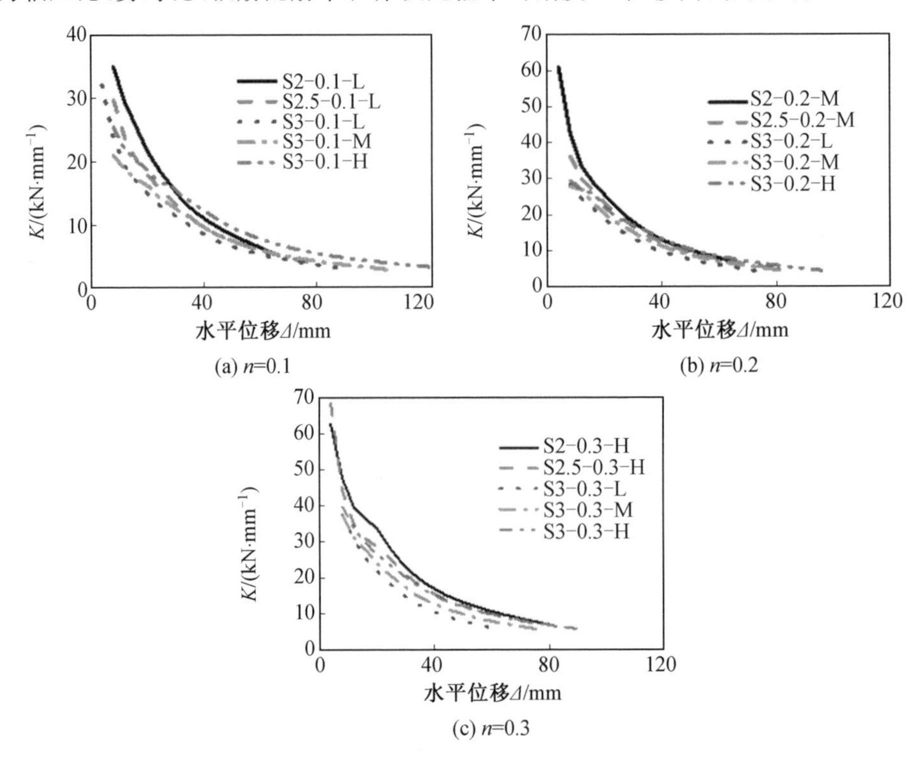

图 7.15　15 个试件的刚度－位移曲线

由图 7.15(a)、(b) 和(c) 可以看出，试件的刚度随水平加载位移的增加而逐渐降低，刚度退化呈现出“先快后慢”的趋势。各试件的刚度退化规律较为相似。在位移控制的初始阶段，裂缝不断产生、延长、加深，随后，相邻的裂缝之间逐渐融会贯通，形成大而深的通长裂缝。混凝土开裂和损伤导致试件刚度迅速下降。各试件在达到极限水平位移时的刚度值互相接近。

轴压比越大，试件的初始刚度越大，但刚度退化的速度也越快，如图7.16(a)

所示。这表明增加轴压比会对约束混凝土的刚度和变形能力不利。剪跨比不同的试件，初始刚度相接近，但试件的刚度随剪跨比的增加而下降得更快，如图 7.16(b) 所示。提高纵筋配筋率和箍筋体积配箍率可以减缓试件刚度下降的速度，但对初始刚度影响不大，如图 7.16(c) 所示。

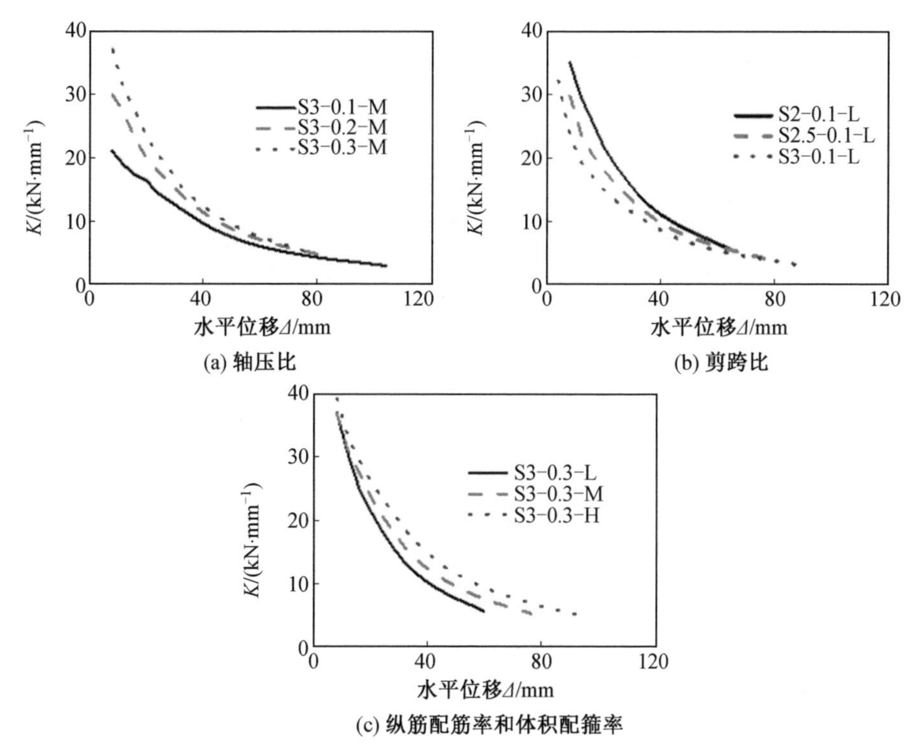

图 7.16　不同因素对刚度退化的影响

7.4.5　延性性能

本节采用位移延性系数 μ 来衡量 HRB500 作为纵筋、800 MPa 级中强度预应力钢丝作为箍筋的约束混凝土柱试件的延性，同时采用极限位移角考察各试件的实际变形能力。位移延性系数可按下式计算：

$$\mu = \frac{1}{2}\left(\frac{\Delta_u^+ + \Delta_u^-}{\Delta_y^+ + \Delta_y^-}\right) \tag{7.4}$$

式中，Δ_u^+ 和 Δ_u^- 分别为正向和反向极限位移，为承载力下降至 85% 峰值荷载时对应的水平位移；Δ_y^+ 和 Δ_y^- 分别为按修正屈服弯矩法确定的正向和反向屈服位移。

极限位移角可按下式计算：

$$\theta_u = \frac{1}{2}\left(\frac{\Delta_u^+}{H_0} + \frac{\Delta_u^-}{H_0}\right) \tag{7.5}$$

式中，H_0 为约束混凝土柱净高，其他参数同式(7.4)。

修正屈服弯矩法确定屈服位移：过原点 O 作与图 7.17 所示的骨架曲线初始段相切的直线，与过峰值点 G 的水平线交于 H 点。过 H 点作横坐标的垂线交骨架曲线于 I 点，连接 O 点、I 点，并延伸与水平线 GH 交于 H' 点。过 H' 点作横坐标的垂线交骨架曲线于 B 点，B 点即为等效屈服点。等效屈服点对应的荷载与位移即为屈服荷载与屈服位移。

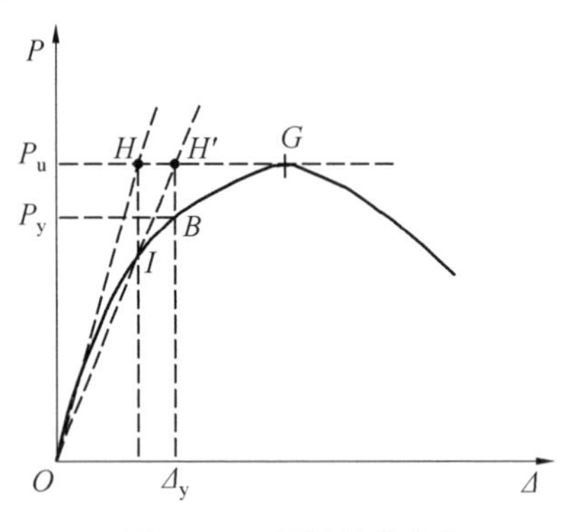

图 7.17 屈服位移定义

表 7.5 给出了 15 个试件的延性系数 μ 和极限 θ_u，15 个试件的延性系数在4.02 ～ 4.58 之间，说明 HRB500 作为纵筋、800 MPa 级中强度预应力钢丝作为箍筋的约束混凝土柱具有良好的延性。位移延性系数随轴压比的增加而有所降低，随剪跨比的增加而略有增加，随纵筋配筋率和体积配箍率的增加而增大。这说明提高纵筋配筋率和体积配箍率可以提高约束混凝土柱的延性。

如表 7.5 所示，15 个试件的极限位移角在 1/43 ～ 1/20 之间，是《建筑抗震设计规范》(GB 50011—2010) 规定的钢筋混凝土框架层间位移角限值(1/50) 的 1.2 ～2.5 倍。

7.4.6 耗能能力

耗能能力是体现建筑结构抗震性能的一个重要指标，它是指结构或构件在地震作用下耗散能量的能力。试件的耗能能力可由滞回曲线所包围的面积来衡量，用能量耗散系数 E 或等效黏滞阻尼系数 ζ_{eq} 来评价，可分别按下列公式计算：

$$E = \frac{S_{\widehat{ABC}} + S_{\widehat{CDA}}}{S_{\triangle OBE} + S_{\triangle ODF}} \tag{7.6}$$

$$\zeta_{eq} = \frac{1}{2\pi}E \tag{7.7}$$

式中，$S_{\widehat{ABC}}$、$S_{\widehat{CDA}}$ 为图 7.18 中滞回曲线上、下两半部分的面积；$s_{\triangle OBE}$、$s_{\triangle ODF}$ 为 $\triangle OBE$、$\triangle ODF$ 的面积。

15 个试件在各级加载位移下最后一次循环时的能量耗散系数与位移的关系

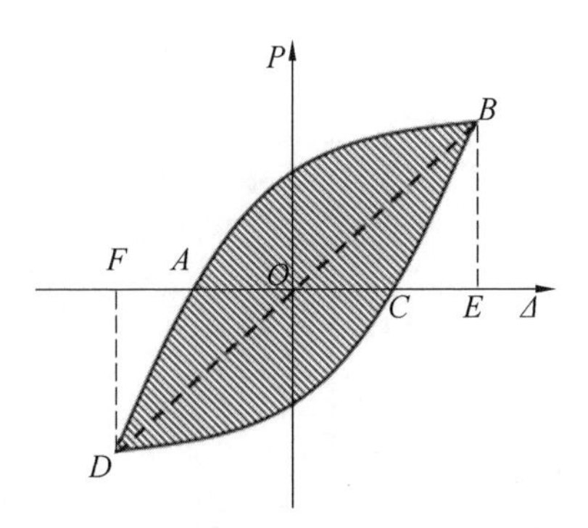

图 7.18　等效黏滞阻尼系数和能量耗散系数计算图

如图 7.19 所示，15 个试件的能量耗散系数随位移的增加而增大。

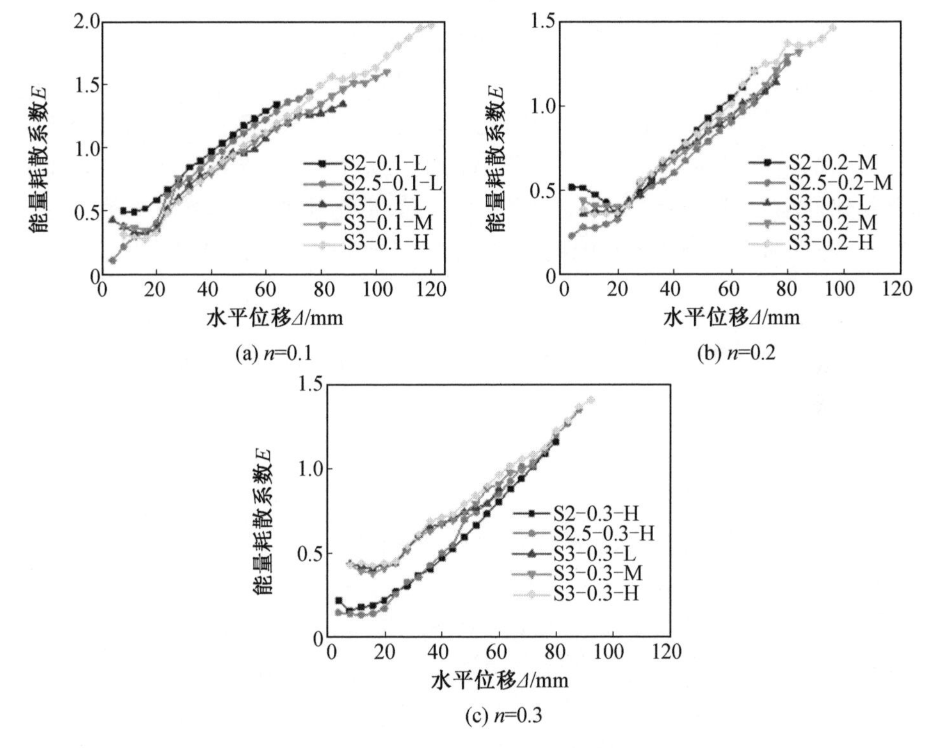

图 7.19　能量耗散系数－位移曲线

图 7.20(a)、(b) 分别为轴压比、纵筋配筋率和体积配箍率对能量耗散系数 E 的影响。由图 7.20(a) 可知，随着轴压比的增大，能量耗散系数 E 逐渐减小；由图 7.20(b) 可知，随纵筋配筋率和体积配箍率的增加，能量耗散系数 E 逐渐增大。

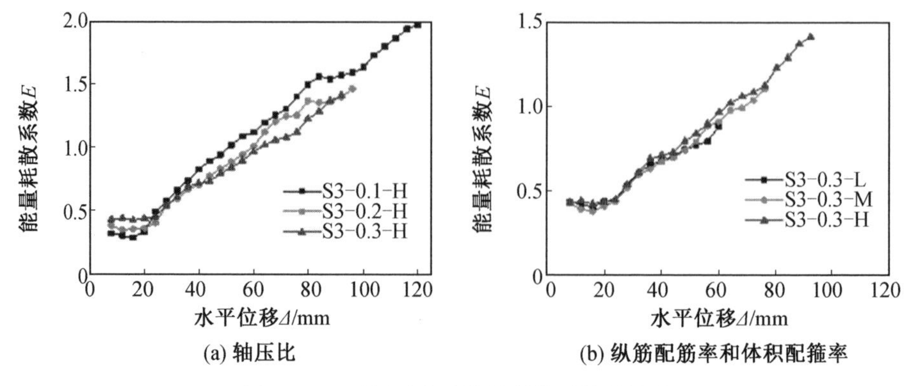

图 7.20 不同因素对能量耗散系数的影响

加载过程中的实际能量耗散能更直接反映结构的耗能能力。因此可采用累积耗能能量来评价 HRB500 作为纵筋、800 MPa 级中强度预应力钢丝作为箍筋的约束混凝土柱在加载过程中的实际耗能情况。试件的累积耗能 E_{sum} 是各滞回曲线包络的面积之和。15 个试件的累积耗能 E_{sum} 如表 7.5 所示。由表 7.5 可知，随轴压比的增大，累积耗能 E_{sum} 逐渐减小；随着剪跨比的增加，累积耗能 E_{sum} 逐渐增大；随纵筋配筋率和体积配箍率的增加，累积耗能 E_{sum} 逐渐增大。

7.5 峰值荷载下约束混凝土边缘压应变的影响因素

7.5.1 轴压比

基于截面尺寸、剪跨比、混凝土强度、体积配箍率相同而轴压比不同的 9 个试件，即试件 S3－0.1－L、S3－0.1－M、S3－0.1－H、S3－0.2－L、S3－0.2－M、S3－0.2－H、S3－0.3－L、S3－0.3－M、S3－0.3－H 的试验结果，得到达到峰值荷载时约束混凝土边缘压应变 ε_{ccu} 随轴压比 n 的变化，如图 7.21 所示。

由图 7.21 可知，当其他参数相同时，随着轴压比 n 的提高，达到峰值荷载时约束混凝土边缘压应变 ε_{ccu} 增加。

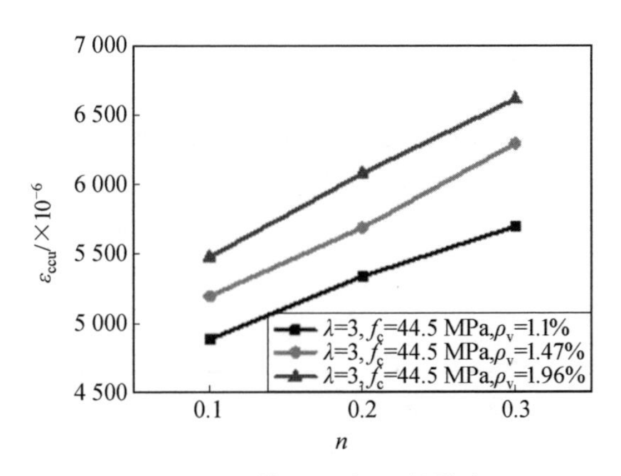

图 7.21　轴压比对 ε_{ccu} 的影响

7.5.2 剪跨比

基于截面尺寸、轴压比、混凝土强度、体积配箍率相同而剪跨比不同的9个试件，即试件 S2－0.1－L、S2－0.2－M、S2－0.3－H、S2.5－0.1－L、S2.5－0.2－M、S2.5－0.3－H、S3－0.1－L、S3－0.2－M、S3－0.3－H 的试验结果，得到达到峰值荷载时约束混凝土边缘压应变 ε_{ccu} 随剪跨比 λ 的变化，如图 7.22 所示。

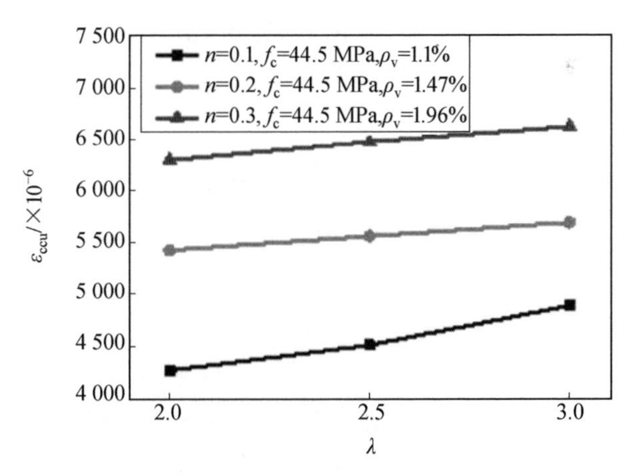

图 7.22　剪跨比对 ε_{ccu} 的影响

由图 7.22 可知，当其他参数相同时，随着剪跨比 λ 的提高，达到峰值荷载时约束混凝土边缘压应变 ε_{ccu} 增加。

7.5.3 体积配箍率

基于截面尺寸、轴压比、剪跨比、混凝土强度相同而体积配箍率不同的9个试件，即试件 S3－0.1－L、S3－0.1－M、S3－0.1－H、S3－0.2－L、S3－0.2－M、S3－0.2－H、S3－0.3－L、S3－0.3－M、S3－0.3－H 的试验结果，得到达到峰值荷载时约束混凝土边缘压应变 ε_{ccu} 随体积配箍率 ρ_v 的变化，如图7.23 所示。

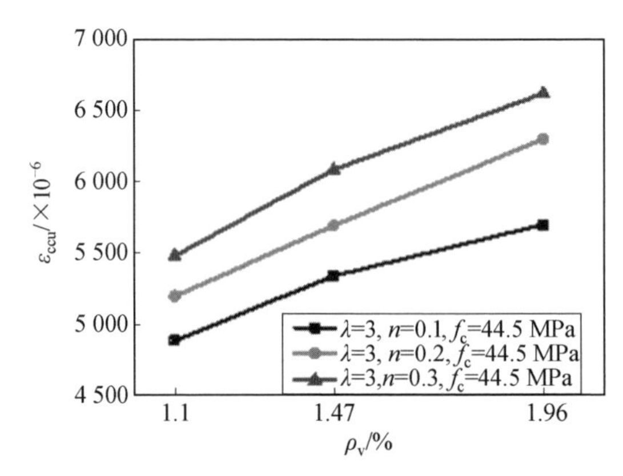

图 7.23　体积配箍率对 ε_{ccu} 的影响

由图 7.23 可知，当其他参数相同时，随着体积配箍率 ρ_v 的提高，达到峰值荷载时约束混凝土边缘压应变 ε_{ccu} 增加。

7.6 本章小结

本章完成了 15 个 HRB500 作为纵筋、800 MPa 级中强度预应力钢丝作为箍筋的约束混凝土柱拟静力试验，考察了轴压比、剪跨比、纵筋配筋率和体积配箍率对约束混凝土柱承载力和变形能力的影响。发现当达到峰值荷载时，约束箍筋强度未充分发挥；当达到极限位移（荷载下降至 85％ 峰值荷载时的位移）时，约束箍筋仍未被拉断；试件在整个受力过程中表现出较好的承载力和变形能力。

附录　搜集的试验数据

附表 1　螺旋箍筋约束混凝土柱的轴压试件参数及试验结果

文献来源	试件尺寸		混凝土		箍筋参数				纵筋参数		约束混凝土轴压性能			
	D/mm	D_{cor}/mm	f'_{c0}/MPa	f_{c0}/MPa	$f_{yv}(f_{0.2})$/MPa	s/mm	d/mm	ρ_v/%	f_y/MPa	ρ_s/%	f_{cc0}/MPa	ε_{cc0}/$\times10^{-6}$	ε_{sv0}/$\times10^{-6}$	f_{rup}/MPa
Mander	500	450	28.00	26.67	340	41	12	2.5	295	1.23	51.00	7 300	屈服	35.06
	500	450	28.00	26.67	340	69	12	1.5	295	1.23	46.00	5 000	屈服	19.71
	500	450	28.00	26.67	340	103	12	1.0	295	1.23	40.00	4 000	屈服	10.75
	500	450	28.00	26.67	320	119	10	0.6	295	1.23	36.00	3 300	屈服	7.71
	500	450	28.00	26.67	320	36	10	2.0	295	1.23	47.00	6 500	屈服	28.70
	500	450	28.00	26.67	307	93	16	2.0	295	1.23	46.00	5 800	屈服	26.75
	500	450	31.00	29.52	340	52	12	2.0	295	2.51	52.00	5 700	屈服	27.07
	500	450	27.00	25.71	340	52	12	2.0	260	2.53	49.00	5 800	屈服	25.48
	500	450	31.00	29.52	340	52	12	2.0	286	2.56	52.00	5 400	屈服	24.79
	500	450	27.00	25.71	340	52	12	2.0	295	2.46	50.00	6 400	屈服	32.20
	500	450	27.00	25.71	340	52	12	2.0	295	3.69	54.00	4 500	屈服	21.11
	500	450	31.00	29.52	340	52	12	2.0	360	2.46	52.00	5 600	屈服	31.08

续附表1

文献来源	试件尺寸		混凝土		箍筋参数				纵筋参数		约束混凝土轴压性能			
	D/mm	D_{cor}/mm	f'_{c0} /MPa	f_{c0} /MPa	$f_{yv}(f_{0.2})$ /MPa	s /mm	d /mm	ρ_v/%	f_y /MPa	ρ_s /%	f_{cc0} /MPa	ε_{cc0} /$\times 10^{-6}$	ε_{sv0} /$\times 10^{-6}$	f_{rup} /MPa
Bing	240	210	63.00	59.43	445	20	6	2.69	443	1.5	92.63	8 900	屈服	57.90
	240	210	63.00	59.43	445	35	6	1.54	443	1.5	78.00	6 300	屈服	34.74
	240	210	63.00	59.43	445	50	6	1.08	443	1.5	74.70	3 300	1 900	34.15
	240	210	63.00	59.43	445	65	6	0.83	443	1.5	70.60	3 550	1 790	21.27
	240	210	72.30	67.57	445	20	6	2.69	443	1.5	108.80	9 700	屈服	60.15
	240	210	72.30	67.57	445	35	6	1.54	443	1.5	92.70	5 500	屈服	28.57
	240	210	72.30	67.57	445	50	6	1.08	443	1.5	85.00	5 200	屈服	25.00
	240	210	72.30	67.57	445	65	6	0.63	443	1.5	73.80	2 910	1 550	23.16
Wang	300	260	—	64.75	515	55	8	1.40	551	1.44	79.94	4 590	—	40.48
	300	260	—	64.75	515	80	8	0.97	551	1.44	82.31	4 010	—	31.01
	300	260	—	64.75	515	110	8	0.70	551	1.44	75.20	3 420	—	17.15
	300	260	—	64.75	515	160	8	0.48	551	1.44	74.50	3 830	—	26.95
	300	260	—	76.99	515	55	8	1.40	551	1.44	100.23	4 500	—	60.10
	300	260	—	76.99	515	80	8	0.97	551	1.44	97.20	3 820	—	73.96
	300	260	—	76.99	515	110	8	0.70	551	1.44	96.18	8 370	—	22.56
	300	260	—	76.99	515	160	8	0.48	551	1.44	95.85	3 430	—	31.01
	300	260	—	89.91	515	55	8	1.40	551	1.44	114.09	6 140	—	55.70

续附表1

文献来源	试件尺寸		混凝土		箍筋参数				纵筋参数		约束混凝土轴压性能			
	D/mm	D_{cor}/mm	f'_{c0} /MPa	f_{c0} /MPa	$f_{yv}(f_{0.2})$ /MPa	s /mm	d /mm	ρ_v/%	f_y /MPa	ρ_s /%	f_{cc0} /MPa	ε_{cc0} /×10^{-6}	ε_{sv0} /×10^{-6}	f_{rup} /MPa
Wang	300	260	—	89.91	515	80	8	0.97	551	1.44	109.71	3 230	—	73.28
	300	260	—	89.1	515	110	8	0.70	551	1.44	114.46	4 000	—	34.73
	300	260	—	89.91	515	160	8	0.48	551	1.44	112.09	5 460	—	15.12
Sheikh	356	312	35.90	34.19	452	56	11.3	2.30	474	—	51.88	13 300	屈服	44.03
	356	312	35.90	34.19	452	76	11.3	1.69	474	—	48.52	17 900	屈服	37.47
	356	312	35.90	34.19	452	112	11.3	1.15	474	—	41.50	3 600	屈服	31.11
	356	312	35.90	34.19	452	152	11.3	0.85	474	—	43.03	3 000	2 051	32.50
	356	312	35.90	34.19	607	56	10.1	1.15	474	—	44.55	4 200	屈服	40.21
	356	312	35.90	34.19	607	76	10.1	0.85	474	—	47.91	3 500	2 143	24.92
	356	312	35.90	34.19	607	112	10.1	0.58	474	—	46.69	3 500	1 716	20.20
	356	312	35.90	34.19	593	56	5.7	0.59	474	—	46.08	4 800	1 870	15.39
	356	312	35.90	34.19	452	76	11.3	1.69	474	—	49.13	8 500	屈服	41.41
	254	220	35.50	33.81	452	79	11.3	2.30	490	—	42.85	2 510	屈服	36.79
	254	220	35.50	33.81	607	41	10.1	2.23	490	—	49.79	3 430	屈服	49.49
	254	220	35.50	33.81	607	53	10.1	1.70	490	—	46.47	3 280	屈服	45.41
	254	220	35.50	33.81	607	79	10.1	1.15	490	—	43.75	3 500	2 640	26.61
	254	220	35.50	33.81	607	109	10.1	0.84	490	—	36.51	3 500	2 042	25.97

续附表1

文献来源	试件尺寸		混凝土		箍筋参数				纵筋参数		约束混凝土轴压性能			
	D/mm	D_{cor}/mm	f'_{c0} /MPa	f_{c0} /MPa	$f_{yv}(f_{0.2})$ /MPa	s /mm	d /mm	ρ_v/%	f_y /MPa	ρ_s /%	f_{cc0} /MPa	ε_{cc0} /×10⁻⁶	ε_{sv0} /×10⁻⁶	f_{rup} /MPa
Sheikh	254	220	35.50	33.81	593	41	5.7	1.14	490	—	41.34	15 600	屈服	28.32
	254	220	35.50	33.81	593	53	5.7	0.87	490	—	41.04	5 500	2 194	30.15
	254	220	35.50	33.81	607	53	10.1	1.70	490	—	47.98	21 000	屈服	33.51
	203	177	34.90	33.24	607	64	10.1	1.79	513	—	45.98	23 500	屈服	45.52
	203	177	34.90	33.24	629	64	6.4	1.15	513	—	40.34	3 600	屈服	30.82
	203	177	34.90	33.24	629	86	6.4	0.86	513	—	35.89	3 700	2 170	24.91
	203	177	34.90	33.24	629	43	4.8	0.93	513	—	40.64	3 400	2 182	25.77
	254	220	69.70	65.20	583	53	5.7	0.91	474	3.00	79.39	3 000	1 550	40.95
Kim	150	150	28.00	26.67	472	24	4.5	1.75	—	—	40.70	11 700	屈服	34.40
	150	150	33.10	31.52	472	42	4.5	1.01	—	—	37.40	5 800	屈服	27.73
	150	150	28.00	26.67	472	62	4.5	0.68	—	—	30.30	5 200	屈服	20.87
	150	150	44.40	42.29	472	24	4.5	1.75	—	—	54.40	5 500	屈服	47.20
	150	150	52.90	50.38	472	42	4.5	1.01	—	—	54.60	4 900	屈服	28.27
	150	150	44.40	42.29	472	62	4.5	0.68	—	—	45.70	3 700	屈服	22.80
	150	150	71.70	67.01	472	24	4.5	1.75	—	—	80.50	3 500	2 378	52.43
	150	150	100.10	91.00	472	62	4.5	0.68	—	—	92.50	3 000	1 206	25.20

续附表1

文献来源	试件尺寸		混凝土		箍筋参数				纵筋参数		约束混凝土轴压性能			
	D/mm	D_{cor}/mm	f'_{c0} /MPa	f_{c0} /MPa	$f_{yv}(f_{0.2})$ /MPa	s /mm	d /mm	ρ_v/%	f_y /MPa	ρ_s /%	f_{cc0} /MPa	ε_{cc0} /$\times 10^{-6}$	ε_{sv0} /$\times 10^{-6}$	f_{rup} /MPa
	125	111	82.68	76.56	585	37.5	5.6	2.38	—	—	88.45	5 500	—	74.15
	125	111	82.68	76.56	585	50	5.6	1.79	—	—	84.43	4 300	—	57.42
	125	111	82.68	76.56	585	62.5	5.6	1.43	—	—	80.15	3 100	—	45.00
	125	111	54.43	51.84	372	25	5.5	3.44	—	—	96.77	4 100	—	69.85
	125	111	54.43	51.84	372	37.5	5.5	2.30	—	—	80.76	3 500	—	55.23
	125	111	54.43	51.84	372	50	5.5	1.72	—	—	74.46	2 800	—	33.38
	125	111	54.43	51.84	372	62.5	5.5	1.38	—	—	72.60	3 200	—	22.00
ToBBa	125	111	61.32	57.85	372	25	5.5	3.44	—	—	96.21	4 050	—	66.82
	125	111	61.32	57.85	372	37.5	5.5	2.30	—	—	95.76	4 050	—	44.04
	125	111	61.32	57.85	372	50	5.5	1.72	—	—	84.36	4 020	—	35.12
	125	111	61.32	57.85	372	62.5	5.5	1.38	—	—	72.26	3 830	—	22.22
	125	111	37.90	36.10	372	25	5.5	3.44	—	—	75.85	4 000	—	64.95
	125	111	37.90	36.10	372	37.5	5.5	2.30	—	—	66.76	3 110	—	36.29
	125	111	37.90	36.10	372	50	5.5	1.72	—	—	52.89	2 770	—	32.97
	125	111	37.90	36.10	372	62.5	5.5	1.38	—	—	53.38	2 620	—	17.65

续附表1

文献来源	试件尺寸		混凝土		箍筋参数				纵筋参数		约束混凝土轴压性能			
	D/mm	D_{cor}/mm	f'_{c0} /MPa	f_{c0} /MPa	$f_{yv}(f_{0.2})$ /MPa	s /mm	d /mm	ρ_v/%	f_y /MPa	ρ_s /%	f_{cc0} /MPa	ε_{cc0} /×10⁻⁶	ε_{sv0} /×10⁻⁶	f_{rup} /MPa
Eid	250	210	98.50	90.37	288	120	6	0.44	433	1.88	93.82	4 800	911	21.89
	250	210	98.50	90.37	459	100	10	1.41	433	1.88	120.57	5 200	1 630	39.52
	250	210	98.50	90.37	435	100	12	2.03	433	1.88	102.78	4 300	1 881	60.47
	250	210	98.50	90.37	435	80	12	2.54	433	1.88	109.71	5 700	2 008	65.74
	250	210	98.50	90.37	435	65	12	3.12	433	1.88	117.83	6 900	2 376	71.34
Kim	304	279	54.43	51.84	461	70	9.5	1.44	406	1	75.79	2 310	屈服	34.25
	304	279	54.43	51.84	461	35	9.5	2.88	406	1	88.19	3 120	屈服	68.47
	304	279	55.12	52.50	461	70	9.5	1.44	434	2.19	75.10	3 400	屈服	39.69
	304	279	55.12	52.50	461	35	9.5	2.88	434	2.19	92.33	4 080	屈服	63.84
	304	279	55.12	52.50	461	70	9.5	1.44	413	3.94	73.72	1 910	屈服	40.79
	304	279	55.12	52.50	461	35	9.5	2.88	413	3.94	88.19	3 270	屈服	63.84
	304	279	79.92	74.69	461	70	9.5	1.45	434	2.19	80.61	2 460	屈服	44.89
	304	279	81.30	75.28	461	70	9.5	1.45	420	3.94	93.02	2 340	屈服	42.69
	304	279	110.93	99.94	461	50	9.5	2.02	400	1	128.84	3 300	屈服	55.41
	304	279	110.93	99.94	461	50	9.5	2.02	400	1	130.22	3 610	屈服	57.76
	304	279	110.93	99.94	461	50	9.5	1.98	400	2.19	124.71	2 530	屈服	55.41
	228	203	100.60	100.60	434	38	9.5	3.67	434	4.15	116.44	3 280	屈服	92.97

续附表1

文献来源	试件尺寸		混凝土		箍筋参数				纵筋参数		约束混凝土轴压性能			
	D/mm	D_{cor}/mm	f'_{c0} /MPa	f_{c0} /MPa	$f_{yv}(f_{0.2})$ /MPa	s /mm	d /mm	ρ_v/%	f_y /MPa	ρ_s /%	f_{cc0} /MPa	ε_{cc0} /$\times10^{-6}$	ε_{sv0} /$\times10^{-6}$	f_{rup} /MPa
Razvi	250	230	124.00	103.33	660	70	6.3	0.80	—	—	122.9	—	屈服	39.28
	250	230	124.00	103.33	400	60	11.3	3.06	—	—	135.3	—	屈服	64.70
	250	230	124.00	103.33	660	60	6.3	0.93	—	—	124.8	—	屈服	29.82
	250	230	92.00	84.40	400	100	11.3	1.83	—	—	94.6	—	屈服	40.63
	250	230	92.00	84.40	660	100	6.3	0.56	—	—	88.4	—	屈服	23.49
	250	230	92.00	84.40	400	135	11.3	1.36	—	—	89.3	—	屈服	32.32
Silva	305	275	35.50	33.81	560	100	9.5	1.00	407	2.46	46.82	—	—	21.99
	305	275	39.50	37.62	560	100	9.5	1.00	407	2.46	67.38	8 083	—	27.98
	305	275	59.60	56.76	440	75	11.3	1.86	407	2.46	67.06	8 189	—	48.61
	305	275	59.60	56.76	560	80	9.5	1.24	407	2.46	68.00	9 043	—	43.69
	305	275	116.90	105.32	440	45	11.3	3.11	407	2.46	104.37	10 989	—	80.24
	305	275	119.90	108.02	560	50	9.5	1.99	407	2.46	111.30	13 566	—	70.54
	305	275	125.40	111.96	560	40	9.5	2.48	407	2.46	128.78	16 540	—	78.19
David	203	187	69.70	65.20	522	64	11.3	3.77	474	3.00	85.91	23 500	屈服	37.65
	203	187	69.70	65.20	508	43	9.5	3.96	474	3.00	83.54	29 000	屈服	76.48
	254	220	69.70	65.75	522	41	11.3	1.17	474	3.0	93.01	26 100	1 930	36.56
	254	220	69.70	65.75	522	79	11.3	2.43	474	3	91.24	3 000	2 400	72.72

续附表1

文献来源	试件尺寸		混凝土		箍筋参数				纵筋参数		约束混凝土轴压性能			
	D/mm	D_{cor}/mm	f'_{c0} /MPa	f_{c0} /MPa	$f_{yv}(f_{0.2})$ /MPa	s /mm	d /mm	ρ_v/%	f_y /MPa	ρ_s /%	f_{cc0} /MPa	ε_{cc0} /×10^{-6}	ε_{sv0} /×10^{-6}	f_{rup} /MPa
	254	220	69.70	65.75	522	109	11.3	1.76	474	3	75.24	3 000	2 200	54.45
	254	220	69.70	65.75	666	41	8	2.23	474	3	76.43	2 910	1 660	74.69
	254	220	69.70	65.75	666	53	8	1.73	474	3	75.83	11 000	1 140	59.24
	254	220	69.70	65.75	666	79	8	1.16	474	3	78.20	3 000	4 67	41.21
	254	220	69.70	65.75	666	109	8	0.84	474	3	76.43	3 100	656	26.48
	254	220	69.70	65.75	583	53	5.7	1.17	474	3.00	79.38	3 000	1 250	38.11
	203	187	69.70	65.20	508	86	9.5	1.98	474	3.00	74.06	6 200	2 250	16.22
	203	187	69.70	65.20	666	64	8.0	1.79	474	3.00	68.13	3 000	1 130	28.44
David	203	187	69.70	65.20	646	43	6.4	1.76	474	3.00	72.27	3 100	306	51.00
	203	187	69.70	65.20	646	64	6.4	1.18	474	3.00	66.95	3 000	1 670	26.71
	203	187	69.70	65.20	646	86	6.4	0.88	474	3.00	60.43	2 900	411	32.01
	203	187	89.80	82.46	522	43	11.3	5.61	482	3.10	104.57	3 3800	屈服	100.41
	203	187	89.80	82.46	522	86	11.3	2.81	482	3.10	78.62	4 100	1 480	—
	203	187	89.80	82.46	508	43	9.5	3.96	482	3.10	92.36	32 400	屈服	46.46
	203	187	89.80	82.46	508	64	9.5	2.66	482	3.10	85.49	10 800	1 670	38.39
	203	187	89.80	82.46	508	86	9.5	1.98	482	3.10	77.86	3 200	2 040	42.74
	203	187	89.80	82.46	666	43	8.0	2.67	482	3.10	91.60	10 800	2 080	72.43

续附表1

文献来源	试件尺寸		混凝土		箍筋参数				纵筋参数		约束混凝土轴压性能			
	D/mm	D_{cor}/mm	f'_{c0} /MPa	f_{c0} /MPa	$f_{yv}(f_{0.2})$ /MPa	s /mm	d /mm	ρ_v/%	f_y /MPa	ρ_s /%	f_{cc0} /MPa	ε_{cc0} /×10^{-6}	ε_{sv0} /×10^{-6}	f_{rup} /MPa
David	203	187	89.80	82.46	666	64	8.0	1.79	482	3.10	72.51	8 700	1 420	42.07
	203	187	89.80	82.46	666	86	8.0	1.33	482	3.10	66.41	3 000	屈服	34.34
	203	187	89.80	82.46	646	43	6.4	1.76	482	3.10	76.33	4 300	957	63.57
	203	187	89.80	82.46	646	64	6.4	1.78	482	3.10	74.04	4 300	屈服	43.14
	203	187	89.80	82.46	646	86	6.4	0.88	482	3.10	73.28	3 100	3 070	45.80
	203	187	89.80	82.46	692	43	4.8	1.74	482	3.10	65.64	3 000	321	41.08
Bing	240	210	52.00	49.52	1 318	20	6	2.94	443	1.5	126.0	27 000	屈服	99.00
	240	210	52.00	49.52	1 318	35	6	1.67	443	1.5	87.5	20 400	屈服	66.23
	240	210	52.00	49.52	1 318	50	6	1.17	443	1.5	68.5	12 900	屈服	53.16
	240	210	82.50	76.39	1 318	20	6	2.94	443	1.5	146.5	14 300	屈服	115.36
	240	210	35.20	33.52	1 318	20	6	1.68	443	1.5	115.6	45 300	屈服	62.99
	240	210	35.20	33.52	1 318	35	6	1.10	443	1.5	83.8	34 200	屈服	38.36
	240	210	35.20	33.52	1 318	50	6	0.84	443	1.5	71.1	27 100	屈服	36.81
Kim	150	150	28.00	26.67	880	24	4.5	1.75	—	—	47.8	18 900	屈服	44.00
	150	150	28.00	26.67	880	42	4.5	1.01	—	—	37.7	10 400	屈服	36.73
	150	150	28.00	26.67	1 430	24	4.5	1.75	—	—	53.9	27 100	屈服	53.60
	150	150	33.10	31.52	1 430	42	4.5	1.01	—	—	43.1	16 100	屈服	34.93

续附表1

文献来源	试件尺寸		混凝土		箍筋参数				纵筋参数		约束混凝土轴压性能			
	D/mm	D_{cor}/mm	f'_{c0} /MPa	f_{c0} /MPa	$f_{yv}(f_{0.2})$ /MPa	s /mm	d /mm	ρ_v/%	f_y /MPa	ρ_s /%	f_{cc0} /MPa	ε_{cc0} /×10^{-6}	ε_{sv0} /×10^{-6}	f_{rup} /MPa
Kim	150	150	28.00	26.67	1 430	62	4.5	0.68	—	—	29.8	6 500	3 170	25.53
	150	150	44.40	42.29	880	24	4.5	1.75	—	—	62.9	8 100	屈服	56.27
	150	150	44.40	42.29	880	42	4.5	1.01	—	—	52.8	5 300	3 116	38.67
	150	150	44.40	42.29	1 430	24	4.5	1.75	—	—	69.2	8 100	屈服	56.30
	150	150	52.90	50.38	1 430	42	4.5	1.01	—	—	57.6	9 300	3 517	47.20
	150	150	44.40	42.29	1 430	62	4.5	0.68	—	—	47	4 000	2 311	38.13
	150	150	71.70	67.01	880	24	4.5	1.75	—	—	82	3 700	2 049	74.05
	150	150	71.70	67.01	1 430	24	4.5	1.75	—	—	82.5	3 800	2 063	75.68
	150	150	100.10	91.00	880	24	4.5	1.75	—	—	108.6	3 700	2 220	74.11
	150	150	100.10	91.00	880	62	4.5	0.68	—	—	100.7	3 400	1 212	42.88
	150	150	100.10	91.00	1 430	24	4.5	1.75	—	—	110.3	3 900	2 020	81.92
	150	150	100.10	91.00	1 430	62	4.5	0.68	—	—	103	3 300	1 620	50.00
Wei	150	150	36.40	34.67	1 509	10	3	1.88	—	—	102.8	14 500	—	61.17
	150	150	36.40	34.67	1 509	20	3	0.94	—	—	74.5	8 500	—	41.42
	150	150	36.40	34.67	1 509	30	3	0.63	—	—	59.67	6 400	—	33.21
	150	150	36.40	34.67	1 509	40	3	0.47	—	—	55.70	4 700	—	25.47

续附表1

文献来源	试件尺寸		混凝土		箍筋参数				纵筋参数		约束混凝土轴压性能			
	D/mm	D_{cor}/mm	f'_{c0} /MPa	f_{c0} /MPa	$f_{yv}(f_{0.2})$ /MPa	s /mm	d /mm	ρ_v/%	f_y /MPa	ρ_s /%	f_{cc0} /MPa	ε_{cc0} /×10^{-6}	ε_{sv0} /×10^{-6}	f_{rup} /MPa
Razvi	250	230	124	110.71	1 000	60	7.5	1.32	—	—	127.7	—	—	62.22
	250	230	92	84.40	1 000	60	7.5	1.32	—	—	102.5	—	—	65.93
	250	230	92	84.40	1 000	100	7.5	0.79	—	—	95.1	—	—	44.44
侯翀驰	265	245	—	43.2	873	50	9	2.0	480	0.57	83.50	12 148	—	43.73
	265	245	—	43.2	873	65	9	1.6	480	0.57	74.88	9 481	—	40.75
	265	245	—	43.2	873	50	7	1.2	480	0.57	69.40	7 111	—	38.79
	265	245	—	43.2	873	70	7	0.9	480	0.57	61.76	5 370	—	35.11
	265	245	—	43.2	985	50	9	2.0	480	0.57	82.98	11 482	—	53.57
	265	245	—	43.2	985	65	9	1.6	480	0.57	75.37	9 963	—	44.03
	265	245	—	43.2	985	70	7	0.9	480	0.57	64.23	6 667	—	34.46
	265	245	—	55.86	873	50	9	2.0	480	0.57	95.14	10 222	—	52.32
	265	245	—	55.86	873	65	9	1.6	480	0.57	88.61	9 370	—	48.81
	265	245	—	55.86	873	50	7	1.2	480	0.57	82.59	6 963	—	42.16
	265	245	—	55.86	985	50	9	2.0	480	0.57	97.26	9 889	—	55.27
	265	245	—	55.86	985	65	9	1.6	480	0.57	88.72	9 333	—	46.33
	265	245	—	55.86	985	50	7	1.2	480	0.57	83.14	7 000	—	43.83

续附表1

文献来源	试件尺寸		混凝土		箍筋参数				纵筋参数		约束混凝土轴压性能			
	D/mm	D_{cor}/mm	f'_{c0} /MPa	f_{c0} /MPa	$f_{yv}(f_{0.2})$ /MPa	s /mm	d /mm	ρ_v/%	f_y /MPa	ρ_s /%	f_{cc0} /MPa	ε_{cc0} /$\times10^{-6}$	ε_{sv0} /$\times10^{-6}$	f_{rup} /MPa
	145	145	70.10	65.51	1 296	44	6.25	1.92	—	—	91.18	4 700	2 700	—
	145	145	85.03	78.73	1 296	47	6.25	1.81	—	—	105.48	5 800	2 900	—
	145	145	83.03	76.88	909	50	6.25	1.69	—	—	99.64	4 700	2 400	—
Assa	145	145	83.03	76.88	909	75	6.25	1.13	—	—	83.38	3 400	2 100	—
	145	145	75.04	70.13	1 296	25	6.25	3.38	—	—	133.85	9 300	5 300	—
	145	145	75.04	70.13	1 296	38	6.25	2.23	—	—	104.91	4 200	2 300	—
	145	145	74.49	69.62	1 296	25	6.25	3.38	—	—	146.46	11 000	4 800	—

注：D 为试件截面直径(mm)；D_{cor} 为试件核心截面直径(mm)；f'_{c0} 为混凝土圆柱体抗压强度(MPa)；f_{c0} 为混凝土标准棱柱体抗压强度(MPa)；对于混凝土强度等级不超过 C50 的圆柱体抗压强度与棱柱体抗压强度的换算关系为 $f'_{c0}=1.05f_{c0}$，强度等级为 C80 的圆柱体抗压强度与棱柱体抗压强度的换算关系为 $f'_{c0}=1.08f_{c0}$，混凝土强度等级介于 C50 ~ C80 时，换算系数在 1.05 和 1.08 之间进行内插值计算，混凝土强度等级介于 C80 ~ C120 时，换算系数在 1.05 和 1.08 之间进行外插值计算；$f_{yv}(f_{0.2})$ 为箍筋屈服强度(条件屈服强度)(MPa)；s 为箍筋间距(mm)；d 为箍筋直径(mm)；ρ_v 为体积配箍率；f_y 为纵筋屈服强度(MPa)；ρ_s 为纵筋配筋率；f_{cc0} 为约束混凝土峰值压应力(MPa)；ε_{cc0} 为约束混凝土峰值压应变；ε_{sv0} 为约束混凝土峰值压应力下箍筋拉应变；f_{rup} 为箍筋破断时约束混凝土压应力(MPa)。

附表 2　网格式箍筋约束混凝土柱的试件设计参数及试验结果

文献来源	试件尺寸		混凝土		箍筋参数				纵筋参数		约束混凝土轴压性能			
	a/mm	a_{cor}/mm	f'_{c0} /MPa	f_{c0} /MPa	$f_{yv}(f_{0.2})$ /MPa	s /mm	d /mm	ρ_v/%	f_y /MPa	ρ_s /%	f_{cc0} /MPa	ε_{cc0} /$\times 10^{-6}$	ε_{sv0} /$\times 10^{-6}$	f_{rup} /MPa
侯翀驰	400	360	—	43.20	873	45	7	2.0	480	0.59	68.61	10 038	—	34.88
	400	360	—	43.20	985	45	7	2.0	480	0.59	70.63	10 243	—	37.01
	400	360	—	55.86	873	55	7	1.6	480	0.59	73.93	6 663	—	33.68
	400	360	—	55.86	873	75	7	1.2	480	0.59	69.11	5 369	—	26.64
	400	360	—	55.86	873	95	7	0.9	480	0.59	65.28	4 554	—	18.96
	400	360	—	55.86	985	75	7	1.2	480	0.59	71.40	5 952	—	26.53
	400	360	—	55.86	985	95	7	0.9	480	0.59	66.59	5 060	—	21.27
	400	360	—	65.95	873	75	7	1.2	480	0.59	78.70	4 699	—	29.06
	400	360	—	74.74	873	75	7	1.2	480	0.59	84.54	4 079	—	31.79
Bing	240	215	35.20	33.52	1 318	35	6.4	2.86	443	0.78	72.93	4 200	6 420	69.09
	240	215	35.20	33.52	1 318	70	6.4	1.43	443	0.78	43.38	2 200	3 638	36.15
	240	215	52.00	49.52	1 318	50	6.4	2.00	443	0.78	61.50	14 400	3 900	36.17
	240	215	82.50	76.39	1 318	35	6.4	2.86	443	0.78	103.53	17 800	4 070	62.74
	240	215	82.50	76.39	1 318	50	6.4	2.00	443	0.78	87.94	4 650	2 070	48.95

续附表2

文献来源	试件尺寸		混凝土		箍筋参数				纵筋参数		约束混凝土轴压性能			
	a/mm	a_{cor}/mm	f'_{c0} /MPa	f_{c0} /MPa	$f_{yv}(f_{0.2})$ /MPa	s /mm	d /mm	ρ_v/%	f_y /MPa	ρ_s /%	f_{cc0} /MPa	ε_{cc0} /×10^{-6}	ε_{sv0} /×10^{-6}	f_{rup} /MPa
Cusson	200	195	99.90	91.65	770	50	7.9	3.4	450	3.6	122.88	4 700	3 002	54.98
	200	195	99.90	91.65	770	50	7.9	3.6	450	3.6	129.87	6 800	4 350	54.67
	200	195	99.90	91.65	770	50	7.9	4.8	450	3.6	150.85	9 700	5 465	63.75
	200	195	115.90	104.41	715	50	9.5	4.9	482	3.6	143.72	9 600	5 468	56.22
	200	195	115.90	104.41	680	50	7.9	4.8	482	3.6	151.83	8 600	4 958	60.75
	200	195	75.90	70.93	715	50	9.5	4.9	482	3.6	125.99	15 600	5 229	57.00
	200	195	67.90	64.06	680	50	7.9	4.8	482	3.6	118.15	15 500	屈服	61.83
	200	195	55.60	52.95	680	50	7.9	4.8	482	3.6	106.75	28 700	屈服	60.18
Hong	250	250	39.20	37.33	1 420	40	6.4	2.05	271	—	52.80	12 000	5 400	37.37
	250	250	39.20	37.33	1 420	85	6.4	0.96	271	—	42.40	3 900	2 000	23.68
	250	250	39.20	37.33	1 420	150	6.4	0.55	271	—	39.10	3 600	1 888	10.53
	250	250	39.20	37.33	1 420	40	6.4	1.20	271	—	39.50	3 700	1 444	23.23
	250	250	39.20	37.33	1 420	120	6.4	0.91	271	—	39.80	3 400	1 030	12.69
	250	250	80.00	74.07	1 420	85	6.4	0.96	271	—	85.10	4 200	2 470	39.47
	250	250	80.00	74.07	1 420	40	6.4	1.20	271	—	72.80	3 300	1 875	39.26
	250	250	80.00	74.07	1 420	60	6.4	0.80	271	—	79.20	3 700	2 025	23.08
	250	250	80.00	74.07	1 420	120	6.4	0.91	271	—	79.30	4 000	1 630	16.54

续附表2

文献来源	试件尺寸		混凝土		箍筋参数				纵筋参数		约束混凝土轴压性能			
	a/mm	a_{cor}/mm	f'_{c0} /MPa	f_{c0} /MPa	$f_{yv}(f_{0.2})$ /MPa	s /mm	d /mm	ρ_v/%	f_y /MPa	ρ_s /%	f_{cc0} /MPa	ε_{cc0} /$\times 10^{-6}$	ε_{sv0} /$\times 10^{-6}$	f_{rup} /MPa
Hong	250	250	116.00	104.50	1 420	40	6.4	2.05	271	—	123.10	3 900	3 230	62.63
	250	250	116.00	104.50	1 420	85	6.4	0.96	271	—	105.60	3 800	1 485	31.05
	250	250	116.00	104.50	1 420	150	6.4	0.55	271	—	111.30	3 500	1 185	23.16
	250	250	116.00	104.50	1 420	40	6.4	1.20	271	—	97.50	3 300	1 875	36.52
Razvi	250	230	81.00	75.00	1 000	55	7.5	2.17	—	—	95.50	—	3 630	40.66
	250	230	60.00	56.60	1 000	85	7.5	1.40	—	—	68.00	—	2 710	28.98
	250	230	60.00	56.60	1 000	120	7.5	1.32	—	—	71.30	—	2 650	33.54
丁红岩	250	200	—	52.49	872	50	5.15	1.41	710	1.27	60.59	6 879	3 548	—
	250	200	—	52.49	872	50	5.15	1.41	710	1.27	64.05	5 961	3 708	—
	250	200	—	52.49	872	85	5.15	0.83	710	1.27	57.54	5 570	2 239	—
	250	200	—	54.49	840	100	7.03	1.41	710	1.27	52.28	4 572	2 028	—
	250	200	—	54.49	840	100	7.03	1.41	710	1.27	59.22	5 662	2 356	—
	250	200	—	54.49	840	170	7.03	1.41	710	1.27	51.90	5 174	1 785	—
	250	200	—	54.49	840	170	7.03	0.83	710	1.27	53.35	3 414	1 730	—

续附表2

文献来源	试件尺寸		混凝土		箍筋参数				纵筋参数		约束混凝土轴压性能			
	a/mm	a_{cor}/mm	f'_{c0} /MPa	f_{c0} /MPa	$f_{yv}(f_{0.2})$ /MPa	s /mm	d /mm	ρ_v/%	f_y /MPa	ρ_s /%	f_{cc0} /MPa	ε_{cc0} /×10^{-6}	ε_{sv0} /×10^{-6}	f_{rup} /MPa
	250	250	46.30	44.10	1 280	25	6.4	1.92	271	—	56.46	4 400	1 600	—
	250	250	46.30	44.10	1 288	50	6.4	0.96	271	—	50.14	3 400	1 700	—
	250	250	46.30	44.10	1 028	100	6.0	0.51	271	—	42.99	2 800	1 800	—
	250	250	46.30	44.10	1 288	100	6.4	0.48	271	—	45.46	3 200	1 500	—
	250	250	46.30	44.10	1 288	150	6.4	0.32	271	—	41.12	3 000	1 300	—
	250	250	84.80	78.52	1 288	25	6.4	1.92	271	—	89.12	3 700	1 300	—
	250	250	84.80	78.52	1 288	50	6.4	0.96	271	—	80.03	3 200	1 300	—
Han	250	250	84.80	78.52	1 028	100	6.0	0.51	271	—	74.39	3 000	1 500	—
	250	250	84.80	78.52	1 288	100	6.4	0.48	271	—	82.76	3 200	1 200	—
	250	250	84.80	78.52	1 288	150	6.4	0.32	271	—	72.96	2 700	1 700	—
	250	250	128.00	113.48	1 288	25	6.4	1.92	271	—	125.89	3 300	1 100	—
	250	250	128.00	113.48	1 288	50	6.4	0.96	271	—	111.59	3 100	1 100	—
	250	250	128.00	113.48	1 028	100	6.0	0.51	271	—	101.35	3 000	1 000	—
	250	250	128.00	113.48	1 288	100	6.4	0.48	271	—	102.66	3 000	1 000	—
	250	250	128.00	113.48	1 288	150	6.4	0.32	271	—	111.89	3 100	1 200	—

续附表2

文献来源	试件尺寸		混凝土		箍筋参数				纵筋参数		约束混凝土轴压性能			
	a/mm	a_{cor}/mm	f'_{c0} /MPa	f_{c0} /MPa	$f_{yv}(f_{0.2})$ /MPa	s /mm	d /mm	ρ_v/%	f_y /MPa	ρ_s /%	f_{cc0} /MPa	ε_{cc0} /$\times10^{-6}$	ε_{sv0} /$\times10^{-6}$	f_{rup} /MPa
	250	230	60.00	56.60	445	20	6	2.63	443	0.78	70.47	4 080	1 450	24.24
	250	230	60.00	56.60	445	20	6	4.48	443	1.57	80.24	6 960	屈服	48.39
	250	230	60.00	56.60	445	35	6	1.50	443	0.78	68.58	2 750	屈服	21.42
	250	230	60.00	56.60	445	35	6	2.56	443	1.57	70.54	3 650	2 110	38.71
	250	230	60.00	56.60	445	50	6	1.79	443	1.57	72.68	3 020	1 600	26.36
	250	230	60.00	56.60	445	65	6	0.80	443	0.78	72.01	2 960	1 170	17.42
	250	230	60.00	56.60	445	65	6	1.38	443	1.57	72.12	3 110	1 390	20.75
	250	230	124.00	110.71	400	55	11.3	3.33	—	—	120.80	—	屈服	32.80
Razvi	250	230	124.00	110.71	400	85	6.5	1.05	—	—	115.70	—	屈服	22.94
	250	230	124.00	110.71	400	85	11.3	3.24	—	—	117.80	—	屈服	31.52
	250	230	124.00	110.71	400	120	11.3	3.06	—	—	134.20	—	屈服	29.29
	250	230	81.00	75.00	400	85	6.5	1.05	—	—	75.20	—	屈服	13.76
	250	230	60.00	56.60	400	85	11.3	3.24	—	—	72.60	—	屈服	35.30
	250	230	124.00	110.71	570	55	6.5	2.16	—	—	121.60	—	屈服	40.57
	250	230	124.00	110.71	570	55	6.5	2.16	—	—	129.10	—	屈服	46.36
	250	230	92.00	84.40	570	55	6.5	2.16	—	—	94.30	—	屈服	31.59
	250	230	60.00	56.60	570	55	6.5	2.16	—	—	76.70	—	屈服	23.32

续附表2

文献来源	试件尺寸		混凝土		箍筋参数				纵筋参数		约束混凝土轴压性能			
	a/mm	a_{cor}/mm	f'_{c0} /MPa	f_{c0} /MPa	$f_{yv}(f_{0.2})$ /MPa	s /mm	d /mm	ρ_v/%	f_y /MPa	ρ_s /%	f_{cc0} /MPa	ε_{cc0} /$\times10^{-6}$	ε_{sv0} /$\times10^{-6}$	f_{rup} /MPa
Bing	250	230	72.30	67.57	445	20	6	2.63	443	0.78	84.33	6 040	1 620	35.25
	250	230	72.30	67.57	445	20	6	4.48	443	1.57	106.71	7 440	屈服	46.24
	250	230	72.30	67.57	445	35	6	1.50	443	0.78	82.45	3 860	屈服	21.40
	250	230	72.30	67.57	445	50	6	1.05	443	0.78	83.92	3 800	1 540	21.78
	250	230	72.30	67.57	445	50	6	1.79	443	1.57	80.56	5 260	2 090	28.46
	250	230	72.30	67.57	445	65	6	1.38	443	1.57	81.76	4 100	1 880	25.88
Cusson	200	195	95.40	87.52	410	50	9.5	2.80	406	2.2	117.34	3 300	—	27.99
	200	195	95.40	87.52	392	50	7.9	3.60	450	2.2	119.25	4 700	屈服	38.78
	200	195	96.40	88.44	392	50	7.9	2.00	406	3.2	107.97	3 400	1 450	23.67
	200	195	96.40	88.44	414	50	6.4	2.20	450	2.2	107.97	3 500	屈服	24.20
	200	195	96.40	88.44	414	50	6.4	2.30	450	2.2	116.64	3 600	1 621	23.78
	200	195	98.10	90.00	410	100	9.5	1.40	406	2.2	96.14	3 400	1 374	25.82
	200	195	98.10	90.00	410	100	9.5	2.50	450	2.2	101.04	3 400	1 640	32.66
	200	195	98.10	99.00	410	100	9.5	2.50	450	2.2	109.87	4 600	1 784	26.54
	235	195	95.40	87.12	392	50	7.9	3.40	450	2.20	124.02	4 800	屈服	29.05
	235	195	100.40	91.27	392	50	7.9	4.80	450	2.20	132.53	5 700	屈服	41.59
	235	195	100.40	91.27	392	50	7.9	4.80	450	2.20	146.58	6 000	屈服	43.35

续附表2

文献来源	试件尺寸		混凝土		箍筋参数				纵筋参数		约束混凝土轴压性能			
	a/mm	a_{cor}/mm	f'_{c0} /MPa	f_{c0} /MPa	$f_{yv}(f_{0.2})$ /MPa	s /mm	d /mm	ρ_v/%	f_y /MPa	ρ_s /%	f_{cc0} /MPa	ε_{cc0} /$\times10^{-6}$	ε_{sv0} /$\times10^{-6}$	f_{rup} /MPa
Cusson	235	195	96.40	88.44	414	50	6.4	3.10	450	2.20	115.68	4 000	屈服	32.99
	235	195	93.10	85.41	410	50	9.5	2.80	420	3.60	113.58	3 300	1 460	27.55
	235	195	93.10	85.41	392	50	7.9	3.40	450	3.60	121.03	4 700	屈服	35.37
	235	195	93.10	85.41	392	50	7.9	3.60	450	3.60	124.75	4 700	屈服	45.78
	235	195	93.10	85.41	392	50	7.9	4.80	450	3.60	131.27	6 400	屈服	45.61
Sharma	150	130	62.20	58.68	412	50	8	3.30	395	2.01	58.28	3 860	2 056	28.03
	150	130	61.85	58.35	520	50	8	3.30	395	2.01	61.66	4 270	2 150	24.40
	150	130	81.75	75.68	412	50	8	3.30	395	2.01	72.19	3 440	1 964	31.53
	150	130	81.80	75.74	520	50	8	3.30	395	2.01	77.16	3 610	—	38.25
	150	130	82.55	76.44	412	50	8	5.62	395	4.02	83.02	6 300	屈服	43.31
	150	130	62.80	59.25	412	75	8	2.20	395	2.01	54.26	3 120	—	22.19
	150	130	63.35	59.76	412	50	8	5.62	395	4.02	75.03	7 130	屈服	46.84
	150	130	82.50	76.39	412	30	8	5.50	395	2.01	82.78	5 100	屈服	40.57
Hong	250	250	39.20	37.33	379	85	6	1.02	271	—	39.90	3 800	屈服	21.59
	250	250	116.00	103.94	379	85	6	1.02	271	—	102.40	3 800	1 170	27.89
	250	250	116.00	103.94	379	150	6	0.58	271	—	105.10	3 400	屈服	25.79
	250	250	39.20	37.33	379	150	6	0.58	271	—	39.40	3 400	屈服	7.89

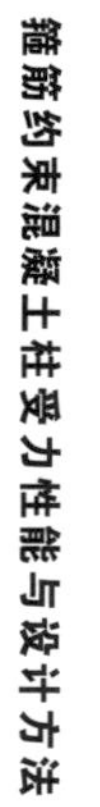

续附表2

文献来源	试件尺寸		混凝土		箍筋参数				纵筋参数		约束混凝土轴压性能			
	a/mm	a_{cor}/mm	f'_{c0} /MPa	f_{c0} /MPa	$f_{yv}(f_{0.2})$ /MPa	s /mm	d /mm	ρ_v/%	f_y /MPa	ρ_s /%	f_{cc0} /MPa	ε_{cc0} /$\times10^{-6}$	ε_{sv0} /$\times10^{-6}$	f_{rup} /MPa
Hong	250	250	80.00	74.07	379	40	6	2.16	271	—	96.90	4 400	1 790	34.74
	250	250	80.00	74.07	379	85	6	1.02	271	—	81.20	3 700	屈服	23.68
	250	250	80.00	74.07	379	150	6	0.58	271	—	75.40	2 900	屈服	18.42
	250	250	116.00	104.50	379	40	6	2.16	271	—	121.40	3 800	屈服	32.63
Han	250	220	44.50	42.38	500	50	8	1.74	360	2.29	43.16	3 900	—	22.71
	250	220	45.00	42.85	500	90	8	2.25	390	2.25	52.27	4 600	—	32.00
	250	220	86.00	79.63	440	50	10	4.17	360	2.36	91.55	4 400	—	42.00
	250	220	87.50	81.02	440	60	10	3.95	360	—	92.05	4 800	—	45.50
	250	220	85.90	79.54	440	60	10	4.17	390	—	90.85	6 900	—	43.50
Antonius	100	100	34.00	32.38	398	59	5.5	2.01	—	—	33.80	—	屈服	12.73
	100	100	45.00	42.86	398	50	5.5	2.01	—	—	42.75	—	屈服	13.75
	100	100	45.00	42.86	398	100	5.5	1.00	—	—	38.21	—	屈服	9.00
	100	100	67.00	63.21	398	100	5.5	1.00	—	—	54.81	—	屈服	11.81
	100	100	45.00	42.86	398	50	5.5	3.43	—	—	50.77	—	屈服	20.29
	100	100	45.00	42.86	398	50	5.5	3.02	—	—	42.02	—	屈服	19.31
	100	100	67.00	63.21	398	100	5.5	1.51	—	—	55.65	—	屈服	13.53
	100	100	45.00	42.86	398	100	5.5	1.82	—	—	38.19	—	屈服	10.16

续附表2

文献来源	试件尺寸		混凝土		箍筋参数				纵筋参数		约束混凝土轴压性能			
	a/mm	a_{cor}/mm	f'_{c0} /MPa	f_{c0} /MPa	$f_{yv}(f_{0.2})$ /MPa	s /mm	d /mm	ρ_v/%	f_y /MPa	ρ_s /%	f_{cc0} /MPa	ε_{cc0} /×10⁻⁶	ε_{sv0} /×10⁻⁶	f_{rup} /MPa
Hong	250	250	80.00	74.07	379	40	6	2.16	271	—	96.90	4 400	1 790	34.74
	250	250	80.00	74.07	379	85	6	1.02	271	—	81.20	3 700	屈服	23.68
	250	250	80.00	74.07	379	150	6	0.58	271	—	75.40	2 900	屈服	18.42
	250	250	116.00	104.50	379	40	6	2.16	271	—	121.40	3 800	屈服	32.63
Han	250	220	44.50	42.38	500	50	8	1.74	360	2.29	43.16	3 900	—	22.71
	250	220	45.00	42.85	500	90	8	2.25	390	2.25	52.27	4 600	—	32.00
	250	220	86.00	79.63	440	50	10	4.17	360	2.36	91.55	4 400	—	42.00
	250	220	87.50	81.02	440	60	10	3.95	360	—	92.05	4 800	—	45.50
	250	220	85.90	79.54	440	60	10	4.17	390	—	90.85	6 900	—	43.50
Antonius	100	100	34.00	32.38	398	59	5.5	2.01	—	—	33.80	—	屈服	12.73
	100	100	45.00	42.86	398	50	5.5	2.01	—	—	42.75	—	屈服	13.75
	100	100	45.00	42.86	398	100	5.5	1.00	—	—	38.21	—	屈服	9.00
	100	100	67.00	63.21	398	100	5.5	1.00	—	—	54.81	—	屈服	11.81
	100	100	45.00	42.86	398	50	5.5	3.43	—	—	50.77	—	屈服	20.29
	100	100	45.00	42.86	398	50	5.5	3.02	—	—	42.02	—	屈服	19.31
	100	100	67.00	63.21	398	100	5.5	1.51	—	—	55.65	—	屈服	13.53
	100	100	45.00	42.86	398	100	5.5	1.82	—	—	38.19	—	屈服	10.16

续附表2

文献来源	试件尺寸		混凝土		箍筋参数				纵筋参数		约束混凝土轴压性能			
	a/mm	a_{cor}/mm	f'_{c0}/MPa	f_{c0}/MPa	$f_{yv}(f_{0.2})$/MPa	s/mm	d/mm	ρ_v/%	f_y/MPa	ρ_s/%	f_{cc0}/MPa	ε_{cc0}/$\times 10^{-6}$	ε_{sv0}/$\times 10^{-6}$	f_{rup}/MPa
Shin	200	166	39.00	37.14	550	30	8	4.03	420	—	52.71	—	2 630	—
	200	166	54.00	51.43	550	100	6	0.68	420	—	42.69	—	1 120	—
	200	166	54.00	51.43	550	100	8	1.21	420	—	37.18	—	1 360	—
	200	166	54.00	51.43	550	50	8	2.20	420	—	52.33	—	1 530	—
	200	166	54.00	51.43	550	30	6	2.27	420	—	56.92	—	1 720	—
	200	166	54.00	51.43	550	30	8	4.03	420	—	64.72	—	2 250	—
Yishanana	350	310	38.30	36.48	476	60	8	1.91	424	2.05	69.30	7 800	2 190	—
	350	310	38.30	36.48	642	60	8	1.91	424	2.05	66.52	7 100	2 800	—
	350	310	38.30	36.48	642	60	8	1.91	617	1.31	62.48	6 400	2 800	—
	350	310	38.30	36.48	642	70	8	1.91	617	1.97	70.47	10 000	3 200	—

注：a 为网格式箍筋约束混凝土方柱的截面边长(mm)；a_{cor} 为网格式箍筋所围的混凝土核心截面的边长(mm)。

参考文献

[1] 江亿，胡姗. 中国建筑部门实现碳中和的路径[J]. 暖通空调,2021,51(5):13.

[2] 凡培红,戚仁广,丁洪涛. 我国建筑领域用能和碳排放现状研究[J]. 建设科技,2021(11): 19-22.

[3] 唐人虎,林立身,周洁婷,等. 碳金融在绿色建筑领域的应用现状与前景[J]. 建设科技,2019(5): 60-63.

[4] 王翠坤. 降低建筑领域碳排放 加快推进建筑低碳发展[J]. 中国勘察设计,2021(3): 30.

[5] 姚燕，王玲，吴浩，等. 高强高性能混凝土研究和应用现状与发展方向[J]. 建井技术,2018,39(4): 28-35.

[6] 徐永波. 高强混凝土的性能特点分析及其改进措施[J]. 安徽建筑,2015,22(3): 174-176.

[7] 中国建筑科学研究院. 混凝土结构设计规范:GB 50010—2010[S]. 北京:中国建筑工业出版社,2011.

[8] 中国钢铁工业协会. 预应力混凝土用钢棒: GB/T 5223.3—2017[S]. 北京: 中国标准出版社, 2017.

[9] 中国钢铁工业协会. 钢筋混凝土用钢 第 2 部分:热轧带肋钢筋:GB/T 1499.2—2018[S]. 北京:中国标准出版社,2018.

[10] 刘麟玮,谢剑. 高强箍筋约束混凝土柱峰值参数计算方法研究[C]. 北京:第 23 届全国结构工程学术会议,2014.

[11] 侯翀驰. 箍筋约束混凝土柱承载力与抗震性能研究[D]. 哈尔滨:哈尔滨工业大学,2020.

[12] 郑文忠,侯翀驰,常卫. 高强钢棒螺旋箍筋约束混凝土圆形截面柱受力性能试验研究[J]. 建筑结构学报,2018,39(6): 21-31.

[13] 王南,史庆轩,张伟,等. 箍筋约束混凝土轴压本构模型研究[J]. 建筑材料学报,2019,22(6): 933-940.

[14] 杨坤,史庆轩,姜维山. 高强箍筋约束高强混凝土的箍筋应力计算[C]. 大连:第十届全国混凝土结构基础理论与工程应用会议,2012: 421-426.

[15] 寇佳亮,孙方辉,梁兴文,等. 箍筋约束纤维增强混凝土轴心受压性能试验研究[J]. 建筑结构学报,2015,36(7): 124-131.

[16] LÉGERON F,PAULTRE P. Uniaxial confinement model for normal-and high-strength concrete columns[J]. Journal of Structural Engineering,2003,129(2): 241-252.

[17] SAATCIOGLU M,RAZVI S R. Strength and ductility of confined concrete[J]. Journal of Structural Engineering,1992,118(6): 1590-1607.

[18] ANTONIUS, IMRAN I, SETIYAWAN P. On the confined high-strength concrete and need future research[J]. Procedia Engineering, 2017, 171(2017): 121-130.

[19] MANDER J B, PRIESTLEY M J N, PARK R. Observed stress-strain behavior of confined concrete[J]. Journal of Structural Engineering, 1988,114(8): 1827-1849.

[20] SHARMA U K,BHARGAVA P,KAUSHIK S K. Behavior of confined high strength concrete columns under axial compression[J]. Journal of Advanced Concrete Technology,2005,3(2): 267-281.

[21] 李义柱. 600 MPa 级钢筋混凝土柱受力性能试验与理论研究[D]. 南京:东南大学,2019.

[22] KIM S. Confined concrete with varying yield strengths of spirals[J]. Magazine of Concrete Research,2017,69(5):217-229.

[23] EID R,KOVLER K,DAVID I,et al. Behavior and design of high-strength circular reinforced concrete columns subjected to axial compression[J]. Engineering Structures,2018,173(15): 472-480.

[24] HONG K,AKIYAMA M,YI S T,et al. Stress-strain behavior of high-strength concrete columns confined by low-volumetric ratio

rectangular ties[J]. Magazine of Concrete Research,2006,58(2): 101-115.

[25] DAVID M L. Behavior of spirally reinforced high-strength concrete columns under axial loading[D]. Canada:University of Toronto,1996.

[26] ISSA M A,TOBAN H. Strength and ductility enhancement in high-strength confined concrete[J]. Magazine of Concrete Research,1994, 46(168): 177-189.

[27] WEI Y,WU Y F. Compression behavior of concrete columns confined by high strength steel wire[J]. Construction and Building Materials, 2014(54): 443-453.

[28] HOU W,LIN G,LI X M,et al. Compressive behavior of steel spiral confined engineered cementitious composites in circular columns[J]. Advances in Structural Engineering,2020,23(14):3075-3088.

[29] BHADESHIA H,SVENSSON L E,GRETOFT B. Experimental study on behavior of confined concrete according to configuration of high-strength transverse reinforcement[J]. Journal of Materials Science Letters,1985,4(3): 305-308.

[30] SILVA P D. Effect of concrete strength on axial load response of circular columns[D]. Canada:McGill University, 2010.

[31] CHUNG H S,YANG K H,LEE Y H,et al. Stress-strain curve of laterally confined concrete[J]. Engineering structures,2002,24(9): 1153-1163.

[32] BING L. Strength and ductility of reinforced concrete members and frames constructed using high strength concrete[D]. New Zealand: University of Canterbury, 1994.

[33] 丁红岩,刘源,邱实. 高强箍筋约束高强混凝土轴心受压试验研究[J]. 建筑结构,2015,45(12):7-12.

[34] RICHART F E,BRANDTZAEG A,BROWN R L. A study of the failure of concrete under combined compressive stress[R]. United States: University of Illinois Bulletin,1928.

[35] RICHART F E,BRANDTZAEG A,BROWN R L. The failure of plain of spirally reinforced concrete in compression[R]. United States:University of Illinois Engineering Experiment Station Bulletin No. 190,1929.

[36] SUZUKI M,MITSUYOSHI A,HONG K N,et al. Stress-strain model of high-strength concrete confined by rectangular ties[C]. Proceeding of

13th World Conference Earthquake Engineering, Vancouver, Canada. 2008(8): 1-6.

[37] SHIN H O, MIN K H, MITCHELL D. Confinement of ultra-high-performance fiber reinforced concrete columns[J]. Composite Structures, 2017, 176: 124-142.

[38] 中国工程建设标准化协会. 高强箍筋混凝土结构技术规程:CECS 356—2013[S]. 北京:中国计划出版社,2014.

[39] SHEIKH S A, UZUMERI S M. Strength and ductility of tied concrete columns[J]. Journal of Structural Engineering, 1980, 106(5): 1079-1102.

[40] SHEIKH S A, UZUMERI S M. Analytical model for concrete confinement in tied columns[J]. Journal of Structural Engineering, 1982, 108(12): 2703-2722.

[41] MANDER J B, PRIESTLEY M J N, PARK R. Theoretical stress-strain model for confined concrete[J]. Journal of Structural Engineering, 1988, 114(8): 1804-1826.

[42] MANDER J B. Seismic design of bridge piers[D]. New Zealand: University of Canterbury, 1983.

[43] POPOVICS S. A numerical approach to the complete stress-strain curve of concrete[J]. Cement and Concrete Research, 1973, 3(5): 583-599.

[44] CUSSON D, PAULTRE P. Stress-strain model for confined high-strength concrete[J]. Journal of Structural Engineering, 1995, 121(3): 468-477.

[45] CUSSON D, PAULTRE P. High-strength concrete columns confined by rectangular ties[J]. Journal of Structural Engineering, 1994, 120(3): 783-804.

[46] RAZVI S R, SAATCIOGLU M. Confinement of high-strength concrete[J]. Journal of Structural Engineering, 1999, 125(3): 281-289.

[47] RAZVI S R, SAATCIOGLU M. Strength and deformability of confined high-strength concrete columns[J]. ACI Structural Journal, 1994, 91(6): 678-787.

[48] SAATCIOGLU M, RAZVI S R. High-strength concrete columns with square section under concentric compression[J]. Journal of Structural Engineering, 1998, 124(12): 1438-1447.

[49] RAZVI S R, SAATCIOGLU M. Circular high-strength concrete columns under concentric compression[J]. ACI Structural Journal, 1999,

96(5):817-825.

[50] RAZVI S R,SAATCIOGLU M. Tests of high-strength concrete columns under concentric loading[R]. Ottawa,ON, Canada:Report No. OCCEERC 96-03,Ottawa Caeleton Earthquake Engineering Research Centre,1996.

[51] BING L,PARK H. Stress-strain behavior of high-strength concrete confined by normal-strength transverse reinforcements[J]. ACI Structural Journal,2001,98(3):395-406.

[52] BADUGE S K,MENDIS P,NGO T,et al. Understanding failure and stress-strain behavior of very high strength concrete (> 100 MPa) confined by lateral reinforcement[J]. Construction and Building Materials,2018,189(20):62-77.

[53] BADUGE S K,MENDIS P,NGO T. Stress-strain relationship for very high strength concrete (> 100 MPa) confined by lateral reinforcement[J]. Engineering Structures,2018,177(15):795-808.

[54] BADUGE S K. Ductility design of very-high strength reinforced concrete columns (100 MPa-150 MPa)[D]. Australia:The University of Melbourne,2016.

[55] EID R,ROY N,PAULTRE P. Normal and high-strength concrete circular elements wrapped with FRP composites[J]. Journal of Composites for Construction,2009,13(2):113-124.

[56] EID R,KOVLER K,DAVID I,et al. Evaluation of transverse reinforcement requirements for high-strength concrete columns[C] // Structures Congress 2018. Fort Worth,Texas. Reston,VA:American Society of Civil Engineers,2018.

[57] AMERICAN CONCRETE INSTITUTE ACI 318. Building code requirements for structural concrete:ACI 318-14[S]. Michigan,USA: Farmington Hills, 2014.

[58] 戴自强,陆继贽,张祖光,等. 约束混凝土柱强度和变形的试验研究[J]. 天津大学学报,1984(4):16-24.

[59] 张秀琴,过镇海,王传志. 反复荷载下箍筋约束混凝土的应力-应变全曲线方程[J]. 工业建筑,1985(12):16-20.

[60] 钱稼茹,程丽荣,周栋梁. 普通箍筋约束混凝土柱的中心受压性能[J]. 清华大学学报(自然科学版),2002(10):1369-1373.

[61] 史庆轩，杨坤，刘维亚，等. 高强箍筋约束高强混凝土轴心受压力学性能试验研究[J]. 工程力学，2012，29(1)：141-149.

[62] 史庆轩，戎翀，张婷，等. 约束混凝土实用本构关系模型[J]. 建筑材料学报，2017，20(1)：49-54.

[63] 史庆轩，王南，王秋维，等. 高强箍筋约束高强混凝土轴心受压本构关系研究[J]. 工程力学，2013，30(5)：131-137.

[64] 史庆轩，王南，田园，等. 高强箍筋约束高强混凝土轴心受压应力－应变全曲线研究[J]. 建筑结构学报，2013，34(4)：144-151.

[65] SHI Q X，TIAN Y，WANG N，et al. Comparison study of high-strength concrete confined by normal and high-strength lateral ties[J]. Journal of Computational and Theoretical Nanoscience，2011，4(8/10)：2686-2691.

[66] SHI Q X，WANG N，WANG P，et al. Study of high-strength lateral ties stress of high-strength confined concrete[J]. Advanced Materials Research，2013(2331)：671-674.

[67] NIELSEN C V. Triaxial behavior of high-strength concrete and mortar[J]. ACI Materials Journal，1998，95(2)：144-151.

[68] LI Y Z，CAO S Y，JING D H. Concrete columns reinforced with high-strength steel subjected to reversed cycle loading[J]. ACI Structural Journal，2018，115(4)：1037-1048.

[69] 赵作周，张石昂，贺小岗，等. 箍筋约束高强混凝土受压应力－应变本构关系[J]. 建筑结构学报，2014，35(5)：96-103.

[70] CHEN M Y，ZHENG W Z，HOU X M. Experimental study on mechanical behavior of RPC circular columns confined by high-strength stirrups under axial compression[J]. Functional Materials，2017，23(4)：82-90.

[71] 周滔. 螺旋式高强箍筋约束 RPC 圆柱受压性能试验研究[D]. 哈尔滨：哈尔滨工业大学，2016.

[72] 陈志东. 高强复合箍筋约束 RPC 柱受压性能试验研究[D]. 哈尔滨：哈尔滨工业大学，2016.

[73] 陈明阳. 合理考虑约束箍筋作用的 RPC 柱受压试验与承载力计算[D]. 哈尔滨：哈尔滨工业大学，2022.

[74] LI Y Z，CAO S Y，LIANG H，et al. Axial compressive behavior of concrete columns with grade 600 MPa reinforcing bars[J]. Engineering

Structures,2018,172(1):497-507.

[75] LI Y Z,CAO S Y,JING D H. Axial compressive behaviour of RC columns with high-strength MTS transverse reinforcement[J]. Magazine of Concrete Research,2017,69(9):436-452.

[76] LI Y Z,CAO S Y,JING D H. Analytical compressive stress-strain model for concrete confined with high-strength multiple tied transverse reinforcement[J]. Structural Design of Tall and Special Buildlings,2018,27(2):1-19.

[77] 李明翰. 高强双重箍筋约束高强混凝土柱轴压性能试验研究[D]. 哈尔滨:哈尔滨工业大学,2019.

[78] 邓宗才,姚军锁. 箍筋约束超高性能混凝土柱受压性能研究进展[J]. 建筑科学与工程学报,2020,37(1):14-25.

[79] 邓宗才,姚军锁. 高强箍筋约束超高性能混凝土柱轴压性能[J]. 复合材料学报,2020,37(10):2590-2601.

[80] 邓宗才,姚军锁. 高强钢筋约束超高性能混凝土柱轴心受压本构模型研究[J]. 工程力学,2020,37(5):120-128.

[81] 姚军锁,邓宗才. 高强箍筋约束超高性能混凝土方形短柱轴压承载力计算方法[J]. 工业建筑,2021,51(2):26-31.

[82] 郭晓宇,亢景付,朱劲松. 超高性能混凝土单轴受压本构关系[J]. 东南大学学报(自然科学版),2017,47(2):369-376.

[83] 王振波,石金艳,刘君灿,等. HTRB630 钢筋约束混凝土柱轴压性能试验研究[J]. 江苏建筑,2021(2):23-26.

[84] 刘喜,吴涛,魏慧,等. 箍筋约束轻骨料混凝土轴心受压应力－应变曲线研究[J]. 建筑结构学报,2021,42(3):134-143.

[85] 中华人民共和国住房和城乡建设部. 活性粉末混凝土:GB/T 31387—2015[S]. 北京:中国标准出版社,2015.

[86] 中国钢铁工业协会. 金属材料 拉伸试验 第 1 部分:室温试验方法:GB/T 228.1—2021[S]. 北京:中国建筑工业出版社,2021.

[87] 中华人民共和国住房和城乡建设部. 混凝土结构试验方法标准:GB/T 50152—2012[S]. 北京:中国建筑工业出版社,2012.

[88] WILLIAM K L,WARNKE E P. Constitutive model for the triaxial behavior of concrete[C]. Schweiz,Zürich:International Association for Bridge and Structural Engineering,Proceedings:1975.

[89] LUBLINER J,OLIVER J,OLLER S, et al. A plastic-damage model for concrete[J]. International Journal of Solids & Structures,1989,25(3):299-326.

[90] 刘巍,徐明,陈忠范. ABAQUS混凝土损伤塑性模型参数标定及验证[J]. 工业建筑,2014,44(S1):167-171.

[91] 张战廷,刘宇锋. ABAQUS中的混凝土塑性损伤模型[J]. 建筑结构,2011,41(S2):229-231.

[92] 张劲,王庆扬,胡守营,等. ABAQUS混凝土损伤塑性模型参数验证[J]. 建筑结构,2008,38(8):127-130.

[93] 秦浩,赵宪忠. ABAQUS混凝土损伤因子取值方法研究[J]. 结构工程师,2013,29(6):27-32.

[94] 刘康,卢海陆. 混凝土塑性损伤模型在结构弹塑性分析中的开发应用[J]. 建筑结构,2013,43(SI):1171-1175.

[95] HOGNESTAD E,HANSON N W,MCHENRY D. Concrete stress distribution in ultimate strength design[J]. ACI Journal,1955,52(4):455-479.

[96] SANEZ L P. Discussion of equation for the stress-strain curves of concrete by Desayi and Krishnan[J]. ACI Journal,1964,61(9):381-393.

[97] HILLERBORG A,MODÉER M,PETERSSON P E. Analysis of crack formation and crack growth in concrete by means of fracture mechanics and finite elements[J]. Cement and Concrete Research,1976,6(6):773-781.

[98] 江见鲸,陆新征,叶列平. 混凝土结构有限元分析[M]. 北京:清华大学出版社,2005.

[99] ABAQUS. ABAQUS analysis user's manual,Version 6.13[M]. Washington D.C:Dassault Systems Simulia Corporation,2013.

[100] 马亚峰. 活性粉末混凝土(RPC200)单轴受压本构关系研究[D]. 北京:北京交通大学,2006.

[101] 甘丹. 钢管约束混凝土短柱的静力性能和抗震性能研究[D]. 兰州:兰州大学,2012.

[102] 薛岩. 钢筋混凝土柱箍筋约束性能及延性研究[D]. 西安:西安建筑科技大学,2015.

[103] RAMBERG W,OSGOOD W R. Description of stress-strain curves by

three parameters[M]. Washington D. C:Technical note 902, National Advisory Committee on Aeronautics,1943: 21-36.

[104] 王海翠. 双柱式钢管约束钢筋混凝土桥墩力学性能研究[D]. 重庆:重庆大学,2020.

[105] 陈约瑟. 圆钢管约束钢筋混凝土空心短柱轴压及偏压力学性能研究[D]. 重庆: 重庆大学,2017.

[106] 王宣鼎. 钢管约束型钢混凝土短柱轴压及偏压力学性能研究[D]. 哈尔滨:哈尔滨工业大学,2013.

[107] 郭敏. 高强箍筋约束高强混凝土受压性能模拟分析[D]. 哈尔滨:哈尔滨工业大学,2017.

[108] 朱蓉芬. 双层箍筋约束混凝土方形柱受力性能及有限元分析研究[D]. 赣州:江西理工大学,2013.

[109] 张明阳. 500 MPa级钢筋约束高强混凝土柱轴压力学性能研究及数值模拟[D]. 深圳:深圳大学,2017.

[110] 梁兴文,史庆轩. 混凝土结构设计原理[M]. 北京:中国建筑工业出版社,2008.

[111] 吕雪源,王英,符程俊,等. 活性粉末混凝土基本力学性能指标取值[J]. 哈尔滨工业大学学报,2014,46(10): 1-9.

[112] 白生翔. 钢筋混凝土构件基本抗震性能设计[R]. 北京:中国建筑科学研究院建研科技股份有限公司,2014.

[113] ALI M M,OEHLERS D J,GRIFFITH M C. The residual strength of confined concrete[J]. Advances in Structural Engineering,2010, 13(4): 603-618.

[114] WILLAM K J,WARNKE E P. Constitutive model for triaxial behavior of concrete, concrete structures subjected to triaxial stresses[C]. Bergamo,Italy:International Association Bridges and Structural Engineering,1974.

[115] WANG W L,ZHANG M Y,TANG Y,et al. Behaviour of high-strength concrete columns confined by spiral reinforcement under uniaxial compression[J]. Construction and Building Materials,2017, 154: 496-503.

[116] SHEIKH S A,TOKLUCU M T. Reinforced concrete columns confined by circular spirals and hoops[J]. ACI Structural Journal,1993,

90(3):542-553.
[117] KIM S J. Behavior of high-strength concrete columns[D]. United States: North Carplona State University,2007.
[118] ASSA B,NISHIYAMA M,WATANABE F. New approach for modeling confined concrete I: circular columns[J]. Journal of Structural Engineering,127(7): 743-750.
[119] 江见鲸,李杰,金伟良. 高等混凝土结构理论[M]. 北京:中国建筑工业出版社,2007.
[120] HAN B S,SHIN S W,BAHN B Y. A model of confined concrete in high-strength reinforced concrete tied columns[J]. Magazine of Concrete Research,2003,55(3): 203-214.
[121] HONG K N, HAN S H, YI S T. High-strength concrete columns confined by low-volumetric-ratio lateral ties[J]. Engineering Structures, 2006, 28(9): 1346-1353.
[122] AWATI M,KHADIRANAIKAR R B. Behavior of concentrically loaded high performance concrete tied columns[J]. Engineering Structures, 2012(37): 76-87.
[123] SHIN H O,YOON Y S,COOK W D,et al. Effect of confinement on the axial load response of ultra-high-strength concrete columns[J]. Journal of Structural Engineering,2015,141(6):04014151.
[124] YISHANANA M A,EL-ZANANTI A H,ANIS A R,et al. Effects of confinement with lateral reinforcement on normal & high strength concrete columns[C]. Jeju Island, Korea:ASEM 19,2019.
[125] SHEIKH S A,SHAH D V,KHOURY S S. Confinement of high-strength concrete columns[J]. ACI Structural Journal,1994, 91(1): 100-111.
[126] AZIZINAMINI A,KUSKA S S B,BRUNGARDT P,et al. Seismic behavior of square high-strength concrete columns[J]. ACI Structural Journal,1994,91(3): 336-345.
[127] THOMSEN J H,WALLACE J W. Lateral load behavior of reinforced concrete columns constructed using high-strength materials[J]. ACI Structural Journal,1994,91(5): 605-615.
[128] BAYRAK O,SHEIKH S A. High-strength concrete columns under

simulated earthquake loading[J]. ACI Structural Journal,1997, 94(6): 708-722.

[129] BAYRAK O,SHEIKH S A. Confinement reinforcement design considerations for ductile HSC columns[J]. Journal of Structural Engineering,1998,124(9): 999-1010.

[130] AHN J M,LEE J Y,BAHN B Y,et al. An experimental study of the behaviour of high-strength reinforced concrete columns subjected to reversed cyclic shear under constant axial compression[J]. Magazine of Concrete Research,2000,52(3):209-218.

[131] LEGERON F,PAULTRE P. Behavior of high-strength concrete columns under cyclic flexure and constant axial load[J]. ACI Structural Journal,2000,97(4): 591-601.

[132] PAULTRE P,LEGERON F,MONGEAU D. Influence of concrete strength and transverse reinforcement yield strength on behavior of high-strength concrete columns[J]. ACI Structural Journal,2001, 98(4): 490-501.

[133] BUDEK A M,PRIESTLEY M J N,LEE C O. Seismic design of columns with high-strength wire and strand as spiral reinforcement[J]. ACI Structural Journal,2002,99(5): 660-670.

[134] MATAMOROS A B,SOZEN M A. Drift limits of high-strength concrete columns subjected to load reversals[J]. Journal of Structural Engineering,2003,129(3): 297-313.

[135] HO J C M,PAM H J. Inelastic design of low-axially loaded high-strength reinforced concrete columns[J]. Engineering Structures, 2003(25):1083-1096.

[136] HWANG S K,YUN H D. Effects of transverse reinforcement on flexural behaviour of high-strength concrete columns[J]. Engineering Structures,2004(26): 1-12.

[137] HAN B C,PARK W S,YUN H D,et al. Seismic performance of high-strength concrete columns[J]. Magazine of Concrete Research, 2005(5): 247-260.

[138]沈聚敏,翁义军,冯世平. 周期反复荷载下钢筋混凝土压弯构件的性能[J]. 土木工程学报,1982,15(2): 53-64.

[139] 翁义军，沈聚敏，马宝民. 复合箍对钢筋混凝土柱延性的改善[J]. 建筑结构学报，1985，6(1)：41-47.

[140] 王清湘，赵国藩，林立岩. 高强混凝土柱延性的试验研究[J]. 建筑结构学报，1995，16(4)：22-31.

[141] 关萍，关群. 冷轧带肋钢筋作箍筋对高强混凝土柱延性的影响[J]. 大连大学学报，1999，20(4)：56-58.

[142] 肖岩，伍云天，尚守平，等. 高强混凝土柱抗震性能的足尺试验研究及理论分析[J]. 东南大学学报，2002，32(5)：746-749.

[143] XIAO Y，YUN H W. Experimental studies on full-scale high-strength concrete columns[J]. ACI Structural Journal，2002，99(2)：199-207.

[144] 阎石，肖潇，张曰果，等. 高强钢筋约束混凝土矩形柱的抗震性能试验研究[J]. 沈阳建筑大学学报(自然科学版)，2006，22(1)：7-10，29.

[145] 阎石，张曰果，王旭东. 圆形截面高强混凝土柱抗震性能试验研究[J]. 沈阳建筑大学学报(自然科学版)，2006，22(4)：538-542.

[146] 张国军，吕西林，刘建新. 高强约束混凝土框架柱基于位移的抗震设计[J]. 同济大学学报(自然科学版)，2007，35(2)：143-148.

[147] 孙治国，司炳君，王东升，等. 高强箍筋高强混凝土柱抗震性能研究[J]. 工程力学，2010，27(5)：128-136.

[148] 孙治国，司炳君，王东升，等. 高强箍筋高强混凝土柱约束箍筋用量研究[J]. 工程力学，2010，27(10)：182-189，213.

[149] 史庆轩，杨文星，王秋维，等. 高强箍筋高强混凝土短柱抗震性能试验研究[J]. 建筑结构学报，2012，33(9)：49-58.

[150] 李义柱，曹双寅，许鹏杰，等. 600 MPa 级钢筋混凝土柱抗震性能试验研究[J]. 工程力学，2018，35(11)：181-189.

名词索引